生产经营单位安全培训教材

生产经营单位主要负责人安全培训教材

（第二版）

《生产经营单位安全培训教材》编委会　组编

主　编：刘衍胜

副主编：曲世惠　李增波

图书在版编目(CIP)数据

生产经营单位主要负责人安全培训教材/《生产经营单位安全培训教材》编委会编. —2 版. —北京:气象出版社,2010.7

生产经营单位安全培训教材

ISBN 978 - 7 - 5029 - 5007 - 1

Ⅰ.①生… Ⅱ.①生… Ⅲ.①安全生产-生产管理-技术培训-教材 Ⅳ.①X92

中国版本图书馆 CIP 数据核字(2010)第 123799 号

Shengchan Jingying Danwei Zhuyao Fuzeren Anquan Peixun Jiaocai

生产经营单位主要负责人安全培训教材(第二版)

《生产经营单位安全培训教材》编委会 组编

出版发行:气象出版社

地　　址:北京市海淀区中关村南大街 46 号　　**邮政编码**:100081

总 编 室:010 - 68407112　　**发 行 部**:010 - 68406961　68407948

网　　址:http://www.cmp.cma.gov.cn　　**E-mail**:qxcbs@cma.gov.cn

责任编辑:彭淑凡　张盼娟　　**终　　审**:章澄昌

封面设计:翟劲松　　**责任技编**:吴庭芳

责任校对:赵　瑗

印　　刷:北京奥鑫印刷厂

开　　本:787 mm × 1092 mm　1/16　　**印　　张**:10.5

字　　数:276 千字

版　　次:2010 年 11 月第 2 版　　**印　　次**:2012 年 9 月第 11 次印刷

定　　价:20.00 元

《生产经营单位主要负责人安全培训教材》
编写委员会

序

安全生产事关人民群众生命财产安全，事关改革发展和社会稳定的大局。党中央、国务院始终高度重视，采取了一系列重大举措加强安全生产工作。十六届五中全会确立了“安全发展”的指导原则，《中共中央关于制定国民经济和社会发展第十一个五年规划的建议》将安全发展纳入社会主义现代化建设的总体战略，《国民经济和社会发展第十一个五年规划纲要》将安全生产纳入专节，把安全生产目标纳入我国经济社会发展规划。中央政治局第30次集体学习，专门研究安全生产的制度建设。国务院先后多次召开常务会议研究安全生产工作，提出12项治本之策。所有这些，为搞好安全工作、实现我国安全生产形势根本好转奠定了基础，指明了方向。

安全生产的教育培训是搞好安全生产、预防事故的重要环节。加强安全教育培训工作，是贯彻落实“安全第一、预防为主、综合治理”方针、建立安全长效机制的重要举措。确保安全生产的长治久安，必须坚持不懈地开展安全生产培训工作，全面提高企业各级负责人和安全生产管理人员的理论素养、业务本领和管理能力，全面提高所有从业人员的安全意识、安全素质和自我防护能力。安全教育和培训也是安全生产的一项法律制度。《中华人民共和国安全生产法》（简称《安全生产法》）明确规定“生产经营单位主要负责人和安全生产管理人员必须具备与本单位所从事的生产经营活动相应的安全生产知识和管理能力”，要求生产经营单位主要负责人和安全生产管理人员必须由有关主管部门对其安全生产知识和管理能力考核合格后方可任职；法律还规定“从业人员应当接受安全生产教育和培训，掌握本职工作所需的安全生产知识，提高安全生产技能，增强事故预防和应急处理能力”。

为贯彻落实《安全生产法》等法律法规规定，进一步提高生产经营单位主要负责人、安全生产管理人员、广大从业人员的安全素质，规范安全生产培训教育内容，《生产经营单位安全培训教材》编委会组织安全生产专家、工程技术人员，按照国家安全生产监督管理总局第3号令《生产经营单位安全培训规定》的有关要求，对安全生产知识的丰富内容进行了系统梳理和科学归类，并结合当前全国安全培训工作的实际，编写完成了《生产经营单位主要负责人安全培训教材》、《生产经营单位安全管理人员安全培训教材》、《生产经营单位从业人员三级安全教育培训教材》一套三本教材。在编写过程中，该编委会本着立足企业、面向全国、通俗易懂、服务实用的指导思想，突出了针对性、实用性、准确性和系统性，广泛吸纳新知识、新技术和新观点，坚持理论与实践相结合，基础知识与实用技术相结合，理论知识与案例分析相结合，使这一套教材达到了新颖、先进、实用的要求，基本适应了当前安全教育培训的需要。

希望这套教材出版后能得到广大安全教育培训工作者的认同，在加强教育培训、提高企业主要负责人、安全生产管理人员和广大从业人员的整体素质方面发挥积极作用。同时，希望各级教育培训单位和广大教育培训工作者多提意见和建议，共同修订和不断完善这一套教材，使安全教育培训工作既符合现实需要，又适应发展潮流，为促进全国安全生产形势的稳定好转作出更大贡献。

借此机会，也向在安全教育培训工作中不懈努力并作出贡献的干部职工和为这套教材编写、出版付出辛勤劳动的全体人员表示感谢！

国家安全生产监督管理总局党组成员　总工程师

（原国家安全生产监督管理总局新闻发言人　政策法规司司长）黄毅

二〇〇六年七月七日

再版前言

四年，弹指一挥间。2006年出版的《生产经营单位主要负责人安全培训教材》得到了广大读者的呵护和行业内人士的支持，保持了旺盛的生命力。四年来，我国安全生产形势有了新的发展和变化，安全生产法律法规体系不断完善，新的安全生产知识不断涌现，这些都需要生产经营单位主要负责人及时了解和掌握。

《安全生产法》第二十条规定“生产经营单位主要负责人必须具备与本单位所从事的生产经营活动相应的安全生产知识和管理能力”，《生产经营单位安全培训规定》（国家安全生产监督管理总局令第3号）明确了生产经营单位的主要负责人应当接受安全培训的规定以及具体的培训内容和时间，对广大生产经营单位主要负责人安全生产管理水平提出了更高的严格要求。

生产经营单位主要负责人直接领导、全面指挥生产经营单位日常生产经营活动，享有本单位包括安全生产事项的生产经营活动的最终决定权，因此，让广大生产经营单位主要负责人熟知相关的安全生产法律法规和政策、掌握必要的安全生产管理知识、了解预防安全事故的有效措施，对本单位各项安全生产工作有至关重要的影响。

本书以系统安全观为指导，以安全生产法律法规为依据，在广泛吸收现代安全生产科学技术成果和不断涌现的安全生产知识的基础上，对安全生产知识的丰富内容进行了全面的梳理和归类，建立起以人机安全工程为核心的、融合现代与传统的安全生产知识框架。本书从历史进程和科学原理的纵横主轴结合方面充实了内涵，第一章、第二章简要叙述了安全生产方针、安全管理原理、安全文化建设、社区安全、安全生产条件、安全生产法律法规标准与经济政策的基本内容；第三章以现代管理理念介绍了安全生产目标责任、措施经费、教育培训管理对策，系统说明了危险源辨识与监控、现场定置安全管理、安全标准化管理、职业健康安全管理体系等现代科学管理模式；第四章介绍了防坠落、防触电、防机械伤害、防火防爆、有毒有害因素预防知识；第五章明确了事故分类与等级、事故特性及预防对策、事故预警、事故应急救援和事故调查处理知识；第六章对典型事故案例进行了分析。

安全生产知识内容广泛，体系庞杂，涉及社会科学、自然科学，有理论层面、政策层面和实践经验层面，有管理性质、技术性质，也有管理技术性质。本书从生产经营单位安全生产管理的实际出发，针对生产经营单位主要负责人的工作特点，本着科学、系统、实用的原则，以传统与现代相融合的思路，从内容到形式尽力满足《生产经营单位安全培训规定》的要求，对一些概念作出明确的定义，对细节内容作出深入浅出的介绍，力求结构严谨、层次分明、语句通顺，有较强的可读性，尽力为生产经营单位主要负责人阅读时理清思路、培训时准确把握提供方便。

本书由青岛东方盛安全技术有限公司、中国职业安全健康协会青岛代表处、中国安全生产科学研究院青岛办事处、北京安创管理顾问有限公司山东办事处等单位组织编写，得到了山东、浙江、内蒙古、青岛、西安、济南、泰安、临沂、烟台、聊城、威海、邯郸、柳州、珠海等省级或市级安全生产监督管理部门和贵州省劳动保护科学技术学会、浙江省安全生产科学技术学会、黑龙江省安全生产管理协会、包头市劳动保护教育中心、阳泉市劳动保护教育中心的大力支持，本书编写过程中参考了很多生产经营单位安全教育培训经验和成熟做法，查阅了大量的书籍和文献，在此一并表示感谢。

由于编者水平所限，书中不当之处，望读者予以指正。

编　者

2010 年 10 月

前　　言

《中华人民共和国安全生产法》第二十条规定："生产经营单位主要负责人必须具备与本单位所从事的生产经营活动相应的安全生产知识和管理能力。"《生产经营单位安全培训规定》（国家安全生产监督管理总局令第3号）明确了生产经营单位的主要负责人应当接受安全培训的规定以及具体的培训内容和时间，这对广大生产经营单位主要负责人的安全生产管理水平提出了更高的严格要求。

经营单位主要负责人直接全面领导、指挥生产经营单位日常生产经营活动，享有本单位包括安全生产事项的生产经营活动的最终决定权，因此，让广大生产经营单位主要负责人熟知相关的安全生产法律法规和政策、掌握必要的安全生产管理知识、了解预防安全事故的有效措施，对本单位各项安全生产工作有至关重要的影响。

本书以系统安全观为指导，以安全生产法律法规为依据，在广泛吸收现代安全生产科学技术成果的基础上，对安全生产知识的丰富内容进行了梳理和归类，从历史进程和科学原理的纵横主轴分析了安全的丰富内涵，简要叙述了安全生产方针、安全管理原理、安全文化建设、安全生产法律法规标准与经济政策以及保障安全生产基本条件的基本内容；以现代管理理念介绍了安全生产目标责任、措施经费、教育培训管理对策，系统说明了危险源辨识与监控、现场定置安全管理、安全标准化管理、职业健康安全管理体系等现代科学管理模式；还以较大篇幅介绍了常见危险、危害因素预防安全知识以及典型事故案例内容。

由于安全生产知识内容广泛，体系庞杂，涉及社会科学、自然科学、有理论层面、政策层面和实践经验层面的，有管理性质、技术性质，也有管理技术性质。本书从生产经营单位安全生产管理的实际出发，针对经营单位主要负责人工作特点，本着科学、系统、实用的原则，以传统与现代相融合的思路，从内容到形式尽量满足《生产经营单位安全培训规定》的规定要求，对一些概念做出明确的定义，对细节内容做出了深入浅出的介绍，力求结构严谨、层次分明、语句通顺，有较强的可读性，尽力为经营单位主要负责人阅读时理清思路、培训时准确把握提供方便。

本书由青岛东方盛安全技术有限公司、中国职业安全健康协会青岛代表处、中国安全生产科学研究院青岛办事处、北京安创管理顾问有限公司山东办事处等单位组织编写，得到了浙江、内蒙古、青岛、西安、济南、泰安、临沂、烟台、聊城、威海、邯郸、柳州、珠海等安全生产监督管理部门和贵州省劳动保护科学技术学会、浙江省安全生产科学技术学会、黑龙江省安全生产管理协会、包头市劳动保护教育中心、阳泉市劳动保护教育中心的大力支持，本书编写过程中参考了很多生产经营单位安全教育培训经验，查阅了大量的书籍和文献，在此一并表示感谢。

由于编者水平所限，书中难免有不当之处，望读者予以指正。

编　者

2006年7月

目　录

第一章　安全生产基本知识

生产经营单位主要负责人直接领导、全面指挥生产经营单位日常生产经营活动，享有本单位包括安全生产事项的生产经营活动的最终决定权，因此，让广大生产经营单位主要负责人了解安全生产基本知识，增强安全生产意识，对做好本单位安全生产工作至关重要。

本章以系统安全的观点，从历史发展进程和科学原理内涵纵横两个主轴对安全进行了分析。在纵向安全分析中，主要就我国安全生产状况的过去、现在、未来进行了归纳说明，对安全生产方针形成的过程和内涵作出了注解；在横向安全分析中，对安全科学的丰富内涵进行了基本论述，对安全文化建设等内容作出了深入浅出的介绍。此外，结合工作实际，本章用一定篇幅对安全生产的相关条件进行了阐述。

第一节　我国安全生产总体状况

新中国成立的几十年，是我国社会经济发展不平凡的几十年，也是安全生产发展不平凡的几十年，安全生产的命运始终与国家的命运紧密相连。一次次事故高峰凸显安全生产的困境，又昭示着安全生产工作进入新的阶段。安全就是生命，安全就是效益，警示人们在搞好经济建设的同时，必须十分注重安全生产工作，否则，就会受到历史规律的惩罚。“以铜为镜可以正衣冠，以史为镜可以知更替”，回顾我国安全生产发展史，就会更加自觉地开辟未来。

一、安全生产发展简史

我国60多年安全生产发展的曲折过程，大致分为以下六个阶段。

第一阶段：初建时期（1949—1958年）。新中国成立后，党和政府通过出台了一些真正保障劳动人民利益的职业安全健康的新政策、新法规，对安全生产的一些基本问题作了规定，如著名的“三大规程”（指国务院颁布的《工厂安全卫生规程》、《建筑安装工程安全技术规程》、《工人职员伤亡事故报告规程》）和“五项规定”（指《国务院关于进一步加强安全技术教育的决定》等规定），为我国的安全生产和劳动保护事业的健康发展起到了基础性的作用。这一时期，许多事故隐患被排除，生产环境得到改善，我国整体安全生产状况良好。

第二阶段：调整时期（1958—1966年）。从1958年下半年开始，由于“大跃进”时期忽视科学规律，冒险蛮干，只讲生产，不讲安全，大量削减安全设施，伤亡事故明显上升，造成新中国成立以来伤亡事故的第一个高峰。随着1961年开始的经济调整，安全生产工作也开始进行调整，全国相继开展了安全生产大检查、安全生产教育、严肃处理伤亡事故、加强安全生产责任制等广泛的群众运动，职工伤亡事故逐年下降，安全生产工作逐步转入正轨。

第三阶段：动乱时期（1966—1978年）。在“文化大革命”时期，安全生产工作被认为是“活命哲学”而受到批判，工业生产秩序混乱，劳动纪律涣散，安全管理工作出现倒退，伤亡事故急剧上升，形成了新中国成立以来的第二个事故高峰，这是安全生产工作遭受破坏和倒退的阶段。

第四阶段：恢复发展时期（1978—1990年）。1978年12月召开的中国共产党第十一届三中全会，确立了改革开放的方针。《中共中央关于认真做好劳动保护工作的通知》（中央〈78〉76号文件）和《国务院批准国家劳动总局、卫生部关于加强厂矿生产经营单位防尘防毒工作的报告》（国务院〈79〉100号文件）两个文件的发布，特别是对“渤海二号平台”等事故的严肃处理，强化了领导干部的安全生产意识，确定了“安全第一，预防为主”的方针，初步建立了职业安全法规体系、安全监察体系和检测检验体系，安全生产责任制得以逐步落实，职业安全健康的科研、教育工作也得到长足发展，同时，在劳动保护、安全生产方面加强了国际合作与交流。安全生产工作迎来了第二个春天。

第五阶段：逐步完善时期（1991—2000年）。随着改革的不断深入和社会主义市场经济体制的建立与完善，我国的职业安全法制建设也加快了进程。这一时期《中华人民共和国劳动法》（简称《劳动法》）、《中华人民共和国工会法》（简称《工会法》）、《中华人民共和国妇女权益保障法》（简称《妇女权益保障法》）、《中华人民共和国矿山安全法》（简称《矿山安全法》）、《中华人民共和国煤炭法》（简称《煤炭法》）、《乡镇生产经营单位法》、《中华人民共和国消防法》（简称《消防法》）以及《生产经营单位职工伤亡事故报告和处理规程》（国务院令75号）等法律、法规的颁布和实施，对推动我国的安全生产工作发挥了重要作用。同时，我国依据《中华人民共和国标准化法》（简称《标准化法》）审批和发布了一批安全生产和劳动安全健康标准，为从技术条件或管理业务方面解决安全生产专业问题提供了技术规范。尽管在这一时期也有过一些波折，诸如由于矿业秩序的混乱，乡镇生产经营单位、“三来一补”和私营生产经营单位等对职业安全健康工作的忽视，造成严重的伤亡事故，但这是在经济发展过程中出现的问题。总的来看，这一时期我国的伤亡事故稳中有降，安全生产工作属于逐步完善阶段。

第六阶段：规范提高时期（2001年至今）。进入新的世纪，随着我国经济建设的持续快速发展，安全生产面临新的情况和问题。党和政府采取了一系列强有力的措施，加快了安全生产法制建设，先后颁布实施了《安全生产法》等一系列安全生产法律、法规，改革和完善了国家安全生产监管体制，在重点行业和领域集中开展了一系列专项治理，增加了安全生产投入，制定和实施了一些有利于安全生产的经济政策，加大了安全生产监督、监察执法力度，严肃了事故查处。2004年国务院颁布了《国务院关于进一步加强安全生产工作的决定》，2005年国家安全生产监督管理局升格为国家安全生产监督管理总局，“政府统一领导、部门依法监管、生产经营单位全面负责、群众广泛参与、社会普遍支持”的安全生产新格局逐步形成，安全生产事业进入新的时期。

二、安全生产现状

随着我国经济建设进入人均GDP 1 000～3 000美元的新阶段，安全生产状况面临新的机遇和挑战。我国安全生产状况尽管总体稳定、趋于好转，但形势依然严峻。1996—2005年的全国安全生产统计分析表明，当前安全生产呈现出以下特点。

1. 特大事故多

2001—2005年，全国共发生一次死亡30人以上特别重大事故73起，平均每年发生15起；一次死亡10～29人特大事故587起，平均每年发生117起。一次死亡30人以上特别重大事故中，煤矿事故起数最多，平均每年发生8起，占58%。一次死亡10～29人特大事故中，道路交通、煤矿事故起数最多，平均每年发生42起，各占36%。特别是从2004年第三季度到2005年底，煤矿相继发生了6起死亡百人以上的特别重大事故，损失惨重，造成了严重的社会影响。

2. 事故总量大

1996—2002年，全国各类事故死亡人数持续上升，从1996年的10.3万人上升到2002年的13.9万人，年平均增长率为5.1%；从2002年开始，各类事故死亡人数呈下降趋势，但近十年平均每年发生各类事故70多万起，死亡12万多人，伤残70多万人。在各类事故中，道路交通事故起数和死亡人数最多，平均每年发生50多万起，死亡9万多人，约占各类事故起数和死亡人数的71%、75%；工矿商贸生产经营单位事故死亡人数居第二位，平均每年发生1.6万多起，死亡1.6万多人，约占各类事故死亡人数的13%。我国每年因各类事故造成的经济损失均在2 500亿元以上。

3. 职业危害严重

据卫生部统计，截止到2002年全国累计检出尘肺病患者58万余例，累计因尘肺病死亡近14万人，病死率为22%；每年新发尘肺病超过1万例。目前，全国有50多万个厂矿存在不同程度的职业危害，实际接触粉尘、毒物和噪声等职业危害的职工高达2 500万人以上，农民工成为职业危害的主要受害群体。

4. 与发达国家相比差距大

进入20世纪90年代中期以来，发达国家工业生产中一次死亡3人以上的重特大事故已大幅度减少，粉尘、毒物、噪声等职业危害因素已基本得到有效控制，目前更加关注的是改善工作条件、缓解工作压力和实现体面劳动。而我国近年来重特大事故起数和死亡人数，以及接触职业危害人数、职业病患者累积数量、死亡数量和新发病人数量，仍是比较严重的国家之一。特别是煤矿、道路交通领域，安全生产状况与发达国家相比差距大。2005年煤矿百万吨死亡率为2.81，约是美国的70倍、南非的17倍、波兰的10倍、俄罗斯和印度的7倍；道路交通万车死亡率为7.60，约是发达国家平均水平的5倍。严峻的安全生产状况不仅严重威胁着人民群众生命安全和健康，也影响到社会安定、和谐及国际形象。

造成安全生产事故多发、安全生产形势严峻的原因，有深层次的原因、浅层次的原因，有历史的原因、也有发展中的原因，概括起来有以下几个方面。

（1）经济快速增长，增长方式落后。经济快速增长给安全生产带来了挑战。经过多年的发展，我们很多总量都是世界第一或名列前茅。但落后的经济增长方式没有改变，还是高耗能，高污染，高投入，高排放，低回报，低收益。我国用了全世界31%的煤炭、29%的钢材、8%的石油、45%的水泥，创造了全世界4%的GDP。这种增长方式如果不转变到依靠科技进步和人的素质上来，是支撑不下去的。但经济增长方式不是一两年能够转变的，是个深层次的问题。

（2）长期投入不足，安全欠账严重。据国有煤矿统计，有505亿元的安全欠账，大概有三分之一的设备要淘汰。投入不足不仅是安全投入不足，基础产业更是投入不足。安全投入不足，使生产经营单位安全生产保障水平低，这显然是我国事故隐患问题严重、事故高发的重要原因之一。

（3）行业管理弱化，生产经营单位管理滑坡。自改革开放以来，我国由计划经济转为市场经济，实行政企分离，发展经济。这些年由于行业管理没有跟上去，行业的技术标准、设计规范有的多年没修改。用落后的规程、标准，不可能建立具有时代先进水平的工厂，也不可能生产出具有国际竞争力的产品。归结起来，监管不扎实，执法不严格，责任不落实，措施不到位。

（4）安全生产责任主体不到位。有的生产经营单位进入市场，精简机构，减员增效，恰恰把安全机构给取消了。有的经理人、投资人、主要负责人重效益，轻安全，不重视安全隐患整改，安全责任不落实。一些生产经营单位安全基础薄弱，从业人员安全素质不高，存在着严重的事故隐患。

（5）农村劳动力转移。由于农村劳动力的剩余，已有1.3亿农村劳动力转移，这是社会进步的体现，是不可阻挡的。还有1亿农民等着劳动力转移，他们进城务工主要从事一些苦、脏、累、险的工作，但用人单位、政府有关部门没有对他们进行相关安全知识和操作技能的培训。全面提高从业人员的安全素质，是生产经营单位工作的当务之急。

（6）我国煤矿地质条件和其他国家不同。我国露天矿较少，井工矿占95%，高瓦斯矿占46%，容易自燃的煤层占一半，条件比较恶劣。与美国、西方发达国家甚至和发展中国家相比，存在着先天不足。我国是产煤大国，现在矿井的平均深度是420 m，而且每年往下延伸20 m，煤矿工人为此付出更多的劳动和艰辛。我国煤矿产量占全世界的31%，但煤矿死亡人数占全世界煤矿死亡人数的79%。安全形势严峻，任务繁重。

（7）事故风险转移对安全生产工作提出了更高要求。随着经济快速发展和全球化进程加快，工业发达国家的一些危险性较大的产业正向我国转移。同时，我国一些危险性较大的产业也将出现由发达地区向欠发达和不发达地区、大型生产经营单位向中小型生产经营单位、城市向农村转移的趋势。这些变化加大了事故风险，使安全生产面临新的挑战。

三、安全生产未来目标与思路措施

1. 我国安全生产发展规划和奋斗目标

2004年初国务院颁布的《国务院关于进一步加强安全生产工作的决定》（以下简称《决定》）中明确了我国安全生产的中长期奋斗目标。

第一阶段：到2007年，建立起较为完善的安全监管体系，全国安全生产状况稳定好转，重点行业和领域事故多发状况得到扭转，工矿生产经营单位事故死亡人数、煤矿百万吨死亡率、道路交通万车死亡率等指标均有一定幅度的下降。

第二阶段：到2010年即“十一五”规划完成之际，初步形成规范完善的安全生产法治秩序，全国安全生产状况明显好转，重特大事故得到有效遏制，各类生产安全事故和死亡人数有较大幅度的下降。

第三阶段：到2020年即全面建成小康社会之时，实现全国安全生产状况的根本性好转，亿元国内生产总值事故死亡率、十万人事故死亡率等指标，达到或接近世界中等发达国家水平。

依据十六届五中全会《中共中央关于制定国民经济和社会发展第十一个五年规划的建议》提出的“‘十一五’期间要使安全生产状况进一步好转”的奋斗目标，十届全国人大四次会议通过的规划纲要把安全生产列为专节，规划“十一五”期间亿元国内生产总值生产安全事故死亡率降低35%，工矿商贸生产经营单位十万从业人员生产安全事故死亡率降低25%。

2. 加强安全生产工作的基本思路

今后一个时期，加强我国安全生产工作的基本思路是用“以人为本”的科学发展观统揽安全生产工作全局，坚持“安全发展”的指导原则，认真贯彻“安全第一、预防为主、综合治理”方针，实施“标本兼治、重在治本”，在采取断然措施、坚决遏制煤矿等重特大事故的同时，加快实施治本之策，努力推进安全生产保障“五要素”到位。加快实现我国安全生产状况的明显好转。“五要素”的含义有以下方面。

（1）安全文化，即安全意识。就是要加强宣传教育工作，普及安全常识，强化全社会的安全意识，强化公民的自我保护意识。领导干部要按照“三个代表”重要思想要求，树立“以人为本”的执政理念，真正树立和落实科学发展观，时刻把人民生命财产安全放在首位。

要切实落实“安全第一、预防为主、综合治理”的安全生产方针。行业和生产经营单位要确立具有自己特色的安全生产管理原则，落实各种事故防范预案，加强职工安全培训，确立“不伤害自己、不伤害别人、不被别人伤害”的安全生产理念。安全是生产经营单位和社会永恒的主题，要始终当作生产经营单位管理的薄弱环节来抓，要真正做到警钟长鸣，居安思危，常抓不懈。

(2) 安全法制。要健全《安全生产法》的配套法律、法规、规章和安全标准，行业、生产经营单位要结合实际，建立和完善安全生产规章制度，要将那些被实践证明切实可行的措施和办法上升为制度和法规，逐步建立健全全社会的安全生产法律法规体系。用法律、法规来规范政府、生产经营单位、职工和公民的安全行为，真正做到“有章可循、有章必循、违章必纠”，体现安全监管的严肃性和权威性，使“安全第一”的思想观念真正落实到日常生产生活中。

(3) 安全责任。责任心是安全生产的灵魂。生产经营单位是安全管理的责任主体，生产经营单位法定代表人、生产经营单位“一把手”是安全生产的第一责任人。第一责任人要切实负起职责，制定和完善生产经营单位安全生产方针和制度，层层落实安全生产责任制，完善生产经营单位规章制度，治理安全生产重大隐患，保障发展规划和新项目的安全“三同时”。各级政府是安全生产的监督管理主体，要切实落实地方政府、行业主管部门及出资人机构的监管责任，要建立严格、科学、合理的安全生产问责制，严格执行安全生产责任追究制度，深刻吸取事故经验教训。

(4) 安全科技。安全是生产经营单位管理、科技进步的综合反映，安全需要科技的支撑，实现科技兴安。生产经营单位要采用先进实用的生产技术，组织安全生产技术研究开发。国家要积极组织重大安全技术攻关，如煤与瓦斯突出、静电危害、高压油气井喷等重大安全技术，研究制定行业安全技术标准、规范；积极开展国际安全技术交流，努力提高我国安全生产技术水平。

(5) 安全投入。安全需要投入，安全生产要付出成本，设备老化、安全设施缺失是安全的心腹之患，隐患不除，永无宁日。要解决安全欠账，消除安全隐患，加快安全技术改造，需要解决资金渠道，建立生产经营单位、地方、国家多渠道的安全投资机制。生产经营单位是安全投资主体，要按规定从成本中列支安全生产专项资金，加强财务审计，确保专款专用。

3. 推进安全生产保障“五要素”到位的主要措施

(1) 把安全发展的科学理念纳入社会主义现代化建设的总体战略，纳入“十一五”经济社会发展规划中。要把安全发展的科学理念和指导原则融入国家、地方、部门和行业、生产经营单位的发展战略和中长期规划中，纳入“十一五”经济社会发展规划中。要坚持把实现安全发展、保障人民群众生命财产安全和健康作为关系全局的重大责任，与经济社会发展各项工作同步规划、同步部署、同步推进，促进安全生产与经济社会发展相协调。

(2) 贯彻“安全第一，预防为主，综合治理”方针，治理隐患、防范事故，标本兼治、重在治本。要把预防作为安全生产工作的主体性任务，把工作重心转移到治理隐患上来，关口前移、重心下移，掌握安全生产工作的主动权。坚持标本兼治，重在治本，扭转重点行业领域重特大事故多发、安全生产形势依然严峻的局面。

(3) 加强安全法制建设，实施依法治安。要严刑厉法，重典治乱，在法律的贯彻执行上动真从严，解决“执法不严、工作不实”问题。建立联合执法机制，提高执法效率，健全安全生产法律法规体系。

（4）落实两个主体、两个责任制，并将其纳入政绩、业绩考核。政府是安全生产的监管主体，生产经营单位是安全生产的责任主体。安全生产工作必须建立、落实政府行政首长负责制和生产经营单位法定代表人负责制。两个主体、两个负责制相辅相成，共同构成安全生产工作的基本责任制度。

（5）实施科技兴安战略，用科技创新引领和支撑安全发展。加快煤矿瓦斯重大事故防控、重大突发事件应急技术等安全科技重大项目、重点课题研究攻关；研发集成先进技术装备，为隐患治理和安全技术改造提供技术支撑；加强安全学科建设，化解安全专业人才危机。

（6）强化经济政策导向作用，增加安全投入。认真落实《国务院关于进一步加强安全生产工作的决定》中明确的生产经营单位提取安全费用、提高事故伤亡赔偿标准、实行安全生产风险抵押三项经济政策；抓紧矿产资源税费改革，这是建立煤炭可持续发展的基金制度；发挥工伤保险的事故预防作用，建立多元化的安全生产投入机制。

（7）加强安全文化建设，提高全民安全素质，加强社会监督。宣传普及安全法律和安全知识，倡导和树立“以人为本”的安全价值观，营造“关爱生命、关注安全”的舆论氛围，使社会公众自觉遵法守法，人人做到“不伤害自己，不伤害别人，也不被别人伤害”。实施强制性安全培训和教育，如生产经营单位必须按照《安全生产法》的要求，对生产经营单位主要负责人、安全生产管理人员和从业人员进行安全培训；高危行业从业人员和特种作业人员必须经培训和考核合格，并取得相应资格证书后，才能任职和上岗作业。加强对安全生产的舆论监督和社会监督，将安全生产纳入“平安建设”。

第二节　我国安全生产管理

我国安全生产管理包括宏观管理和微观管理两个部分。宏观安全生产管理主要是指全社会的管理，重点是各级政府及有关部门依据法律法规实施的安全生产监督管理；微观安全生产管理主要是指生产经营单位内部各层次的管理，重点是以生产经营单位法人代表为主要责任人的生产经营单位实施的安全生产管理。

一、安全生产方针

安全生产方针是安全生产管理的总指针，是生产经营单位和安全管理政府、部门安全生产监督管理的共同方针。它不仅概括了安全生产的特点、性质，而且提出了做好安全生产工作的目标、方式，实际上也是对安全生产工作经验的总结。

我国安全生产方针的提出经历了一个历史的进程，完成了从不成熟到比较完善的历程，经过几十年的不断探索，是我们对安全生产规律认识的深化，是长期实践经验的总结。1952 年第二次全国劳动保护工作会议首先提出劳动保护工作必须贯彻“安全生产”方针，1987 年全国劳动安全监察工作会议正式提出安全生产工作必须做到“安全第一，预防为主”。2002 年《安全生产法》以法律形式规定安全生产管理坚持“安全第一，预防为主”的方针。十六届五中全会《中共中央关于制定国民经济和社会发展第十一个五年规划的建议》中进一步明确安全生产方针为“安全第一，预防为主，综合治理”。

在“安全第一，预防为主，综合治理”的安全生产方针中，“安全第一”是指在生产劳动过程中，安全始终是第一位的，是头等重要的大事，生产必须安全，安全才能促进生产，抓生产首先必须抓安全；“预防为主”是指实现安全生产的最有效措施是对事故积极预防、主动预防，在每一项生产中都首先要考虑安全因素，经常查隐患、找问题、堵漏洞、防微杜渐、防患于未然，自觉形成一套预防事故、保证安全的制度，把事故隐患消灭在萌芽状态；“综合治理”是保证安全的具体方式和措施，安全生产工作的立足点，必须始终放在预防事故和治理隐患上，而且通过法律、经济、行政、教育等多种形式和手段进行综合治理。

贯彻“安全第一，预防为主，综合治理”方针，就是要牢牢把握安全生产工作的主动权，把有效防范各类事故作为安全生产工作的主体性任务，坚持关口前移、重心下移，把主要精力放在治理隐患、遏制事故、减少伤亡上。各个重点行业和领域，都要针对突出的问题和薄弱环节，深入进行专项整治，消除事故隐患。

二、安全生产管理体制

我国安全生产管理体制经历了一个复杂的发展变化过程，完成了从计划经济的管理体制到有计划的市场商品经济体制再到社会主义市场经济体制的过渡。安全生产管理体制不断发展，现行的安全生产管理新格局是“政府统一领导，部门依法监管，企业全面负责，社会监督支持”。几个层面互相关联，互相作用，共同构成市场经济条件下安全生产工作的监督体系，对安全生产的监督管理更加规范。

“政府统一领导”是指安全生产工作必须在国务院和地方各级人民政府的领导下，依据国家关于安全生产的法律法规做统一要求。无论何种所有制形式或经营方式的生产经营单位，政府对安全生产的要求都是相同的，都必须保障安全生产的技术和物质条件，保证安全生产的要求，无一例外。

“部门依法监管”是指安全生产监管部门和相关部门，要依法履行综合监督管理和相关方面的监督管理职责。目前在安全生产的监督管理中处于核心地位的是各级负有安全生产监督管理职能的部门。

“企业全面负责”是指企业主要负责人对企业安全生产全面负责，全面落实安全生产责任制，这是国家经济体制改革的需要，是政府简政放权、企业经营管理自主权扩大的必然结果。

“社会监督支持”是指要发挥全社会各方面的作用，在全社会形成关爱生命、关注安全的舆论氛围。它包括各个层次、各种方式的监督，既有行政手段，又有法律手段、社会舆论、新闻媒体等等方面的监督。

三、国家安全生产监督管理职能分工

1. 关于工矿商贸企业的安全生产监督管理问题

工矿商贸企业的安全生产监督管理实行分级管理，分级负责。国家安全生产监督管理总局负责中央管理的工矿商贸企业的安全生产监督管理并承担相应的行政监管责任，地方各级人民政府安全生产监督管理部门负责本地区工矿商贸企业的安全生产监督管理并承担相应的行政监管责任。

2. 关于公安、交通、铁路、民航、水利、建筑、国防科技、邮政、信息产业、旅游、特种设备、消防、核安全等有专门的安全生产主管部门的行业和领域的安全监督管理问题

公安、交通、铁路、民航、水利、建筑、国防科技、邮政、信息产业、旅游、质检、环保等国务院部门具体负责本行业或领域内的安全生产监督管理工作，并承担相应的行政监管职责；国家安全生产监督管理总局从综合监督管理全国安全生产工作的角度，指导、协调和监督上述部门的安全生产监督管理工作。特种设备的安全监督管理、特种设备作业人员的考核、特种设备生产的调查处理由国家质量监督检验检疫总局负责。

3. 关于烟花爆竹安全监督管理的职责分工

国家安全生产监督管理总局负责烟花爆竹生产经营单位贯彻执行安全生产法律法规的情

况，负责烟花爆竹生产经营单位安全生产条件审查和生产安全许可证、销售许可证发放工作，组织查处不具备安全生产基本条件的烟花爆竹生产经营单位，组织查处烟花爆竹安全生产事故；公安部负责烟花爆竹运输通行证发放、烟花爆竹运输路线确定工作，管理烟花爆竹禁放工作，实施烟花爆竹厂点四邻安全距离等公共安全管理，侦查非法生产、买卖、储存、运输、邮寄烟花爆竹的刑事案件；国家发展和改革委员会负责拟定烟花爆竹行业规划、产业政策和有关标准、规范。

4. 关于职业卫生监督管理的职责分工

国家安全生产监督管理总局负责作业场所职业卫生的监督检查工作，组织查处危害事故和有关违法行为；卫生部负责拟订职业卫生法律法规、标准，规范职业病的预防、保健、检查和救治，负责职业卫生技术服务机构资质认定和职业卫生评价及化学品毒性鉴定工作。

四、安全生产的社会监督支持

1. 社会监督

作为政府监督管理的补充，城乡社区基层组织在安全生产监督方面发挥的作用十分重要。遍及城市、乡村的居民委员会、村民委员会是安全生产监督的社会力量。依靠和发挥社区基层组织，及时发现和查处事故隐患和安全生产违法行为，必将对强化监督管理和行政执法起到推动作用。所以，《安全生产法》规定，居民委员会、村民委员会发现其所在区域内的生产经营单位存在事故隐患和安全生产违法行为时，应当向当地人民政府或者有关部门报告。

2. 舆论监督

当今安全生产工作得到全社会的高度重视，舆论监督发挥了极大的作用。各种大众传媒在安全生产工作具有重要的舆论宣传和导向的地位。安全文化、安全理念、安全信息的传播，离不开正面舆论的宣传引导。党和国家非常重视舆论监督对安全生产的推动作用，具体体现在相关法律之中。《安全生产法》第六十七条明确规定，新闻、出版、广播、电影、电视等单位有进行安全生产宣传教育的义务，有对违反安全生产法律、法规的行为进行舆论监督的权利。

3. 社会举报

安全生产违法行为具有隐秘性、广泛性，仅仅依靠各级人民政府和负责安全生产监督管理的部门是不能全部发现和查处的，必须依靠全社会的监督举报。任何单位和个人对事故隐患或者安全生产违法行为均有权向负有安全生产监督管理职责的部门报告或者举报。

五、安全生产管理理论与实践

安全生产管理理论和方法来自实践和科学技术的研究，安全生产实践推动着安全生产管理理论和方法的不断提升。安全管理工程理论和方法是促进安全生产的重要手段和措施。

1. 安全生产管理理论和方法的发展

（1）从安全生产管理对象看，安全生产管理由近代的事故管理发展到现代的隐患管理。早期，人们把安全管理等同于事故管理，显然，仅仅围绕事故本身做文章，安全管理的效果是有限的。只有强化隐患控制，消除危险，事故的预防才高效。因此，20 世纪 60 年代发展了安全系统工程，它强调了系统的危险控制，揭示了隐患管理的机理。21 世纪，隐患管理将得到推广和普及。

（2）从安全生产管理过程看，由早期的事故后管理发展到 20 世纪 60 年代以安全系统工程为标志的强化超前和预防的管理。随着安全管理科学的发展，人们逐步认识到，安全管理是人类预防事故的三大对策之一，科学的管理要协调安全系统中的人—机—环境诸因素，管理不仅是技术的一种补充，更是对生产人员、生产技术和生产过程的控制与协调。21 世纪，要落实这种认识和过程。

（3）从安全生产管理理论看，由新中国成立初期的事故致因理论基础上的管理发展到现代的预防为主的科学管理。20 世纪 30 年代美国著名的安全工程师海因里希，提出了 1∶29∶300 安全管理法则、事故模型和规律的事故致因理论，为研究近代工业事故作出了非凡贡献。到了 20 世纪后期，现代安全管理理论有了全面的发展，如安全系统工程、安全人机工程、安全行为科学（心理学）、安全经济学、风险分析安全评价等。21 世纪，安全生产管理科学园地将更是百花争艳。

（4）从安全生产管理技术和方法角度看，由传统的行政、经济手段，以及常规的监督检查，发展到现代的法治、科学和文化手段；从基本的标准化、规范化管理，发展到以人为本、科学管理的技术与方法。21 世纪，安全管理系统工程、安全评价、风险管理、预防型管理、目标管理、无隐患管理、行为抽样技术、重大危险评估与监控等现代安全管理技术和方法，将会大放异彩，安全文化的手段将成为重要的安全管理方法。

2. 安全生产管理实践

安全管理科学来源于安全生产的实践。通过多年的实践，提出了一些具体可行的做法。例如，在宏观管理方面，有安全生产方针、安全生产工作体制、安全行政管理、安全设备设施管理、劳动环境及卫生条件管理、事故管理等；在微观的综合管理方面：有安全生产“五大原则”、“全面安全管理”、“三负责制”、“四查工程”、安全检查表、“0123 管理法”（这是鞍山钢铁公司多年总结出的一种有效的安全生产管理模式，即：0——重大事故为零的管理目标；1——第一把手为第一责任者；2——岗位、班组标准化的双标建设；3——全面、全过程、全员的“三全”安全管理）、“01467 管理法”（这是燕山石化总结的一种安全管理模式，即：0——重大人身、火灾爆炸、生产、设备交通事故为零；1——一把手抓安全，是企业安全第一责任者；4——全员、全过程、全方位、全天候的安全管理和监督；6——安全法规标准系列化、安全管理科学化、安全培训实效化、生产工艺设备安全化、安全卫生设施现代化、监督保证体系化；7——规章制度保证体系、事故抢救保证体系、设备维护和隐患整改保证体系、安全科研与防范保证体系、安全检查监督保证体系、安全生产责任制保证体系、安全教育保证体系）等，还有专门性的管理技术，如“5S”活动、“五不动火”管理、审批火票的“五信五不信”、“四查五整顿”、“巡查挂牌制”、防电气误操作“五步操作管理法”、人流物流定置管理、“三点控制”、“八查八提高”活动、班组安全活动、安全班组建立等。随着现代企业制度的建立和安全科学技术的发展，企业更需要发展科学、合理、有效的现代安全管理方法和技术，也要实践更多的现代安全管理方法和技术。

3. 现代安全管理理论和方法

目前，现代安全管理和安全管理工程中最活跃、最前沿的研究发展领域包括以下内容：安全管理哲学、安全系统论、安全控制论、安全消息论、安全经济学、安全协调学、安全思维模式、事故预测与预防理论、事故突变理论、事故致因理论、事故模型学、安全法制管理、无隐患管理法、安全行为抽样技术、安全经济技术与方法、安全评价、安全行为科学、安全管理的微机应用、安全决策、事故判定技术、本质安全技术、危险分析、风险分析方法、系统安全发行方法、系统危险分析、“PDCA”循环法、危险控制技术、安全文化建设等。

现代安全管理的意义和特点在于：要变传统的纵向单因素安全管理为现代的横向综合安全管理；变传统的事故管理为现代的事件分析与隐患管理（变事后型为预防型）；变传统的被动的安全管理对象为现代的安全管理动力；变传统的静态安全管理为现代的安全动态管理；变过

去企业只顾生产经济效益的安全辅助管理为现代的效益、环境、安全与卫生的综合效果的管理；变传统的被动、辅助、滞后的安全管理程式为主动、本质、超前的安全管理程式；变传统的外迫型指标管理为内激型的安全目标管理。

六、安全生产管理与技术的内容

安全生产管理内容繁杂，涉及面广。有社会科学的，有自然科学的，也有社会科学与自然科学相交叉的；有理论层面的，有政策层面的，也有工作实践经验层面的；有属于管理的，有属于技术的，也有属于管理技术性的。本着科学、系统、实用的原则，以安全生产法律法规为依据，在广泛整理现代安全生产科学技术成果的基础上，对安全生产管理与技术的基本内容进行了梳理和归类，主要内容如下。

1. 安全生产法律法规标准与经济政策

安全生产法律法规标准与经济政策是搞好安全生产的法律依据、标准依据和政策依据。随着我国经济建设、法制建设进程的不断推进，作为法律体系重要部分的安全生产法律体系不断完善，作为标准化重要内容的安全生产标准体系不断深化，适应市场经济体制的安全生产经济政策不断出台，为搞好安全生产工作注入了强大活力。

我国安全生产法律法规标准与经济政策内容十分丰富，在宪法这一根本大法的指导下，全国人大、国务院相继审议颁布出台了一系列安全生产法律法规以及含有安全生产相关内容的法律法规。如《安全生产法》、《中华人民共和国职业病防治法》（简称《职业病防治法》）、《消防法》、《矿山安全法》、《中华人民共和国道路交通安全法》（简称《道路交通安全法》）、《中华人民共和国海上交通安全法》（简称《海上交通安全法》）以及《中华人民共和国刑法》（简称《刑法》）、《劳动法》、《工会法》、《未成年人保护法》、《妇女权益保护法》等法律；《国务院关于特别重大事故调查程序暂行规定》、《企业职工伤亡事故报告和处理规定》、《国务院关于特大安全事故行政责任追究的规定》、《危险化学品安全管理条例》、《特种设备安全监察条例》、《安全生产许可证条例》和《国务院关于进一步加强安全生产工作的决定》等安全生产行政法规。这些法律法规是搞好安全生产的基本依据。

2. 生产经营单位安全管理基础

生产经营单位是生产经营活动的主体，也是安全事故发生的载体。因此，生产经营单位作为安全生产工作的直接承担者，只有切实遵守安全生产法律法规，加强各项安全生产管理，完善安全生产条件，才能从根本上避免、预防和消除生产安全事故。

按照人机系统思想，安全管理基础应该从安全生产条件入手，明确人员安全行为、设备设施安全状态、作业环境条件和及时发现问题的具体对策，为做好生产经营单位安全管理奠定基础。《安全生产法》规定了一些基本的安全生产条件，《安全生产许可证条例》、《危险化学品安全管理条理》、《特种设备安全监察条例》等行政法规对高危行业、特殊物品、特种设备的安全准入提出了具体要求。这些条件和要求就是安全生产的基本条件。依法规范安全生产条件，就可以把监管的关口放在生产经营活动之前，从源头上降低事故发生的风险，提高整体安全生产水平。

人是最活跃、最关键的要素，安全管理的根本任务是防止人员发生伤亡事故和职业伤害，而导致事故发生的主要原因又是人员的不安全行为，因此，加强人员安全教育培训，提高人员安全素质，规范作业安全管理，控制人员不安全行为是安全管理的基本任务。设备设施安全管理通过运用各种技术、经济和组织措施，对设备设施从规划、设计、制造、购置、安装、使用、维护、修理、改造、更新直至报废的整个寿命周期进行全过程的安全管理，成为安全管理的重要基础。作业环境是生产劳动场所各种构成要素的总和，作业环境安全管理涉及作业空间布局、作业环境照明、安全标志布设以及现场定置管理的作业环境和谐要求和面向职业有害因素的控制和预防的措施等。

3. 生产经营单位现代安全管理

进入21世纪以来，我国安全管理思想由传统向现代快速转变，安全管理乘着科学的翅膀，呈现出新的思路、新的理论和新的模式。一些适合生产经营单位的现代安全管理方式方兴未艾，重大危险源辨识与监控、安全质量标准化管理、职业健康安全管理体系认证、事故应急预案管理等科学管理模式正在加速推广。

对危险源特别是重大危险源进行识别和监控管理是我国近几年大力推进的安全生产工程之一。1996年2月国家科委组织专家鉴定和验收了由原劳动部主持完成的“八五”国家科技攻关课题《重大危险源的评价和宏观控制技术研究》。1999年，北京、上海、天津、青岛、深圳、成都六城市进行了重大危险源的辨识、分析和评价应用试点，取得了实际工作的经验。2003年11月，国家安全生产监督管理局又在部分省开展了重大危险源申报登记试点工作。2004年国家安全生产监督管理局提出了《关于开展重大危险源监督管理工作的指导意见》，系统地规范了重大危险源的管理内容和要求。安全质量标准化的基本内容就是生产经营单位在各个生产岗位、生产环节的安全质量工作，必须符合法律、法规、规章、规程的规定，达到和保持一定的标准，使生产经营单位的生产始终处于良好的安全运行状态，这项活动是在2004年在全国逐步开展的。2001年12月，原国家经贸委根据我国实际情况颁布了《职业健康安全管理体系指导意见》和《职业健康安全管理体系审核规范》。国家质量监督检验检疫总局根据我国开展职业健康安全管理体系工作的具体情况，颁布了《职业健康安全管理体系规范》（GB/T 28001—2001）国家标准，进一步规范了我国职业健康安全管理体系认证工作的开展。当事故或灾害不可能完全避免的时候，建立重大事故应急救援体系，组织及时有效的应急救援行动，已成为抵御事故风险或控制灾害蔓延、降低危害后果的关键甚至是唯一手段，这正是近几年加强事故应急预案管理的目的所在。

4. 安全技术与危险作业安全知识

安全生产本质上是安全与生产的有机统一，生产必须安全，安全为了生产。安全技术作为融合生产与安全于一体的专门技术，既是生产持续进行的保障，也是安全可靠性的保障。通常所谓安全技术实际上就是指侧重于保障安全的专门技术。

安全技术的内容十分丰富，涉及各行各业，方方面面。机械安全技术、电气安全技术、防火防爆安全技术、危险化学品安全技术、特种设备安全技术是比较典型的、常用的技术。机械安全技术对在使用机械的全过程的各种状态下，使人的身心免受外界因素危害的存在状态和保障条件进行分析。电气安全技术针对电能形态，对预防触电事故、静电事故、雷击事故、电磁辐射事故和电气装置事故的安全技术进行分析。防火防爆安全技术对火灾和爆炸技术进行分析。危险化学品安全技术对危险化学品的生产、储存、运输、销售和使用过程。特种设备安全技术对锅炉、压力容器、压力管道、电梯、起重机械、厂内机动车辆、客运索道、大型游乐设施等特种设备的各个环节进行专业的说明。

此外，在生产过程中，人、设备设施、作业环境、物流等要素的相互关系构成了不同的作业形式。作业现场，是一个动态、复杂、多变的系统，各要素相互依赖、相互作用、相互联系，如其中之一失控，对整个系统将产生影响，往往会造成事故和损失。容易发生危险的作业称为危险作业，形式也比较多。掌握常见的危险危害因素预防知识是十分必要的。

第三节 安全科学原理

一、安全生产管理基本原理

安全生产管理要遵循管理的普遍规律，既服从管理的基本原理与原则，也要服从安全特殊性的原理与原则。原理与原则的本质与内涵是一致的。一般来说，原理更基本，更具普遍意义；原则更具体，对行为更有指导性。

1. 系统原理

系统原理是现代管理学的最基本原理之一。它是指人们在从事管理工作时，运用系统观点、理论和方法，对管理活动进行充分的系统分析，以达到管理的优化目标，即用系统论的观点、理论和方法来认识和处理管理中出现的问题。

所谓系统是由相互作用和相互依赖的若干部分组成的有机整体。任何管理对象都可以作为一个系统，系统可以分为若干个子系统，子系统可以分为若干个要素，即系统是由要素组成的。按照系统的观点，管理系统具有6个特征，即集合性、相关性、目的性、整体性、层次性和适应性。

安全生产管理系统是生产管理的一个子系统，它包括各级安全管理人员、安全防护设备与设施、安全管理规章制度、安全生产操作规范和规程以及安全生产管理信息等。安全贯穿生产活动的方方面面，安全生产管理是全方位、全天候和涉及全体人员的管理。

系统原理中包含以下4大原则。

（1）动态相关性原则。动态相关性原则告诉我们，构成管理系统的各要素是运动和发展的，它们相互联系又相互制约。显然，如果管理系统的各要素都处于静止状态，就不会发生事故。

（2）整分合原则。高效的现代安全生产管理必须在整体规划下明确分工，在分工基础上有效综合，这就是整分合原则。运用该原则，要求企业管理者在制定整体目标和宏观决策时，必须将安全生产纳入其中，资金、人员和体系都必须将安全生产作为一项重要内容考虑。

（3）反馈原则。反馈是控制过程中对控制机构的反作用。反馈原则是指成功的高效管理，离不开灵活、准确、快速的反馈。企业生产的条件和外部环境在不断变化，所以必须及时采集、反馈各种安全生产信息，及时采取行动。

（4）封闭原则。在任何一个管理系统内部，管理手段、管理过程等必须构成一个连续封闭的回路，才能形成有效的管理活动，这就是封闭原则。封闭原则告诉我们，在企业安全生产中，各管理机构之间、各种管理制度和方面之间，必须具有紧密的联系，形成相互制约的回路，才能有效。

2. 人本原理

在管理中必须把人的因素放在首位，体现以人为本的指导思想，这就是人本原理。

以人为本有两层含义，其一是一切管理活动都是以人为本展开的，人既是管理的主体，又是管理的客体，每个人都处在一定的管理层面上，离开人就无所谓管理；其二是管理活动中，作为管理对象的要素和管理系统各环节，都是需要人掌管、运作、推动和实施的。

人本原理包含三大原则：动力原则、能级原则、激励原则。

（1）动力原则。推动管理活动的基本力量是人，管理必须有能够激发人的工作能力的动力，这就是动力原则。对于管理系统，有三种动力，即物质动力、精神动力和信息动力。

（2）能级原则。现代管理认为，单位和个人都具有一定的能量，并且可按照能力的大小顺序排列，形成管理的能级，就像原子中电子的能级一样。在管理系统中，建立一套合理能级，根据单位和个人能级的大小安排其工作，才能发挥不同能级的能量，保证结构的稳定性和规律的有效性。

（3）激励原则。管理中的激励就是利用某种外部诱因的刺激调动人的积极性和创造性，以科学的手段，激发人的内在潜力，使其充分发挥积极性、主动性和创造性，这就是激励原则。人的工作动力来源于内在动力、外部压力和工作吸引力。

3. 预防原理

安全生产管理工作应该做到预防为主，通过有效的管理和技术手段，减少和防止人的不安全行为和物的不安全状态，这就是预防原理。在可能发生人身伤害、设备或设施损坏和环境破坏的场合，事先采取措施，防止事故发生。

预防原理包含四大原则：偶然损失原则、因果关系原则、3E 原则、本质安全化原则。

（1）偶然损失原则。事故后果以及后果的严重程度，都是随机的、难以预测的。反复发生的同类事故，并不一定产生完全相同的后果，这就是事故损失的偶然性。偶然损失原则告诉我们，无论事故损失大小，都必须做好预防工作。

（2）因果关系原则。事故的发生是许多因素互为因果连续发生的最终结果，只要发生事故的因素存在，发生事故是必然的，只是时间或迟或早而已，这就是因果关系原则。

（3）3E 原则。造成人的不安全行为和物的不安全状态的原因可归结为四个方面，即技术原因、教育原因、身体和态度原因以及管理原因。针对这四方面的原因，可以采取三种防止对策，即工程技术（Engineering）对策、教育（Education）对策和法制（Enforcement）对策，即所谓 3E 原则。

（4）本质安全化原则。本质安全化原则是指一开始就从本质上实现安全化，从根本上消除事故发生的可能性，从而达到预防事故发生的目的。本质安全化原则不仅可以应用于设备、设施，还可以应用于建设项目。

4. 强制原理

采取强制管理的手段控制人的意愿和行为，使个人的活动、行为等受到安全生产管理要求的约束，从而实现有效的安全生产管理，这就是强制原理。所谓强制就是绝对服从，不必经被管理者同意便可采取控制行为。

强制原理包含两大原则：安全第一原则、监督原则。

（1）安全第一原则。安全第一就是要求在生产和其他活动时把安全工作放在一切工作的首要位置。当生产和其他工作与安全发生矛盾时，要以安全为主，生产和其他工作要服从安全，这就是安全第一原则。

（2）监督原则。监督原则是指在安全工作中，为了使安全生产法律法规得到落实，必须设立安全生产监督管理部门，对企业生产中的守法和执法情况进行监督。

二、事故成因模式

事故发生原因不尽相同，通过大量事故案例剖析，运用系统工程观点方法分析可知，每一种事故的发生都取决于人、物、环境、管理四个基本要素。导致事故发生的原因分为直接原因和间接原因，还有主要原因和次要原因。由于事故发生原因排列组合的复杂性、多样性，很难找到一种能解释各种事故的普遍模式，比较成熟的事故模式有如下几种。

1. 事故成因连锁模式

该模式认为，事故发生实际上是事故成因（起因）、事故爆发、事故补救、事故后果等一系列事故的连锁反应结果。事故一旦发生后，就会出现能量的无序释放和物质的无序运动，这种释放和运动是按自然规律自动进行的，一直到系统达到平衡状态才会停止。人们所采取的补救措施就是尽快使系统达到平衡状态，以减少事故损失。事故的爆发是由一系列的因素（原因）造成的，没有事故的成因（起因），就不会爆发事故。因此，要预防事故的发生，就必须研究事故的成因。

2. 轨迹交叉事故模式

该模式认为，事故是由于人的不安全行为和物的不安全状态，在一定的空间和时间里相互交叉的结果。该模式揭示，事故的发生由三方面因素造成：人的不安全行为，物的不安全状态，管理因素（即空间和时间的调度）。

环境条件和物的状态不良以及管理上的缺陷可能形成生产中的事故隐患，由于人为原因的触发，就可能导致事故发生。简而言之，事故的发生不外乎是物的不安全状态（或称故障）和人的不安全行为（失误）两大因素共同作用的结果。在能量失控的情况下，人、物两大系统各自运动轨迹的交叉点就构成事故的“时空”。事故的发生往往不是简单的人、物两个系列轨迹交叉，而是非常复杂的情况。

3. 多米诺骨牌效应事故模式

该模式认为，伤亡事故是一系列因素连续发生的结果。这些因素包括：社会环境和管理、人为过失、不安全行为和不安全状态、意外事件、伤亡。这五个因素形成连锁反应，以因果关系依次发生。

用多米诺骨牌原理来阐述就是，一种可以防止的伤亡事故的发生，是一系列事故按照一定顺序发生的结果。按因果顺序，伤亡事故的五因素是：社会环境和管理欠缺，促成人的过失；人为的过失又造成了不安全行为或机械、物质危害；后者促进了意外事件（包括未遂事故）和由此产生的人身伤亡事件。五因素连锁反应构成了事故。伤害之所以产生，是由于前面因素的作用。在意外事件和伤害发生之前，一切工作应以环境内机械的危害及人为不安全行为为中心。防止伤亡事故发生的着眼点，应集中于中心，即设法消除事件，使系列中断，伤害便不会发生。

4. 能量不正常转移模式

该模式认为，任何造成伤害或损失的事故都是由能量传递失控而引起的。人的生产活动，是通过人体本身进行的作业活动，以能量传递与转换来完成的；机器设备等在生产过程中，也是通过能量传递的形式来达到其作业目的。当人的活动行为处于非正常状态的时候，人体作业活动的能量转换失去控制，人体就会与具有能量的设备发生接触或碰撞，以致遭到打击而被伤害。当机器、设备非正常运行时，会使其能量传递产生能量逸散，这种能量逸散失去一定的控制时，就会释放出非正常能量传递，致使设备遭到破坏或人身受到伤害。

5. 综合事故模式

该模式认为，事故的直接原因是指人的不安全行为、物的不安全状态和环境的不安全条件，这些人、物、环境因素构成了生产中的危险因素（事故隐患）；间接原因是指管理缺陷，即管理失误和管理责任；基础原因包括经济、文化、学校教育、民族习惯、社会历史和法律等因素。偶然事件触发是指由于起因物和肇事人的作用，而造成一定类型的事故和伤害的过程。

事故的发生过程是由社会因素引起管理因素，管理因素引起危险因素造成的，通过偶然事件（起因物和肇事人）触发而发生事故与伤害。

综合事故模式考虑了各种事故现象和因素，因而能比较准确地、全面地描述事故的成因过程，有利于事故的分析、预防和处理。

三、事故预防对策

采取综合、系统的对策是搞好安全生产及有效预防事故的基本原则。随着现代安全科学技术的发展，安全系统工程、安全科学管理、事故致因理论、安全法制建设等学科和方法技术的发展，在安全生产和减灾方面总结出了一系列的对策。安全法制对策、安全管理对策、安全教育对策、安全工程技术对策、安全经济手段等都是目前在安全生产和事故预防及控制中发展起来的方法和对策。

1. 安全法制对策

安全法制对策就是利用法制的手段，对生产的建设、实施、组织，以及目标、过程、结果等进行安全的监督与监察，使之符合安全生产的要求。安全生产的法制对策是通过如下几方面的工作来实现的。

（1）落实生产经营单位的安全生产责任制度，明确生产经营单位的主要负责人是安全生产的第一责任人，对安全生产实施全面综合管理；明确各级领导、各职能部门和各类人员的安全生产责任，并通过检查考核等工作的开展使其得到落实，使安全生产时时、处处、事事有人管。

（2）实行强制性的国家安全生产监督管理。国家安全生产监督管理就是指国家授权相关行政部门设立监督管理机构，以国家名义并运用行政权力，对企业、事业单位和有关机关履行安全生产职责、执行安全生产法律法规的情况，依法进行的监督、管理、纠正和惩戒工作，是以国家名义依法进行的具有高度权威性、公正性的监督执法活动。

（3）完善国家的安全法律法规、技术标准和生产经营单位的安全生产规章制度及操作规程，并保证其贯彻实施。

（4）实施有效的群众监督。群众监督是指从业人员在工会的统一领导下，监督生产经营单位全面执行国家有关安全生产方面的法律、法规、规章和标准；参与制订安全生产规章制度和劳动保护措施；监督安全技术和劳动保护经费的落实和正确使用；对安全生产提出建议。

2. 工程技术对策

工程技术对策是指通过工程项目和技术措施，实现生产的本质安全化，或改善劳动条件，提高生产的安全性。例如，对于火灾的防范，可以采用防火工程、消防技术等技术对策；对于尘毒危害，可以采用通风工程、防毒技术、个体防护等技术对策；对于电气事故，可以采取能量限制、绝缘、释放等技术方法；对于爆炸事故，可以采取改良爆炸器材、改进炸药等技术对策。在具体的工程技术对策中，可采用如下技术原则。

（1）消除潜在危险的原则。即从本质上消除事故隐患，是理想、积极、进步的事故预防措施。其基本的做法是以新的系统、新的技术和工艺代替旧的不安全系统和工艺，从根本上消除事故发生的条件。例如，用不可燃材料代替可燃材料；以导爆管技术代替导爆索起爆方法；改进机器设备，消除人体操作对象和作业环境的危险因素，排除噪声、尘毒对人体的影响等，从本质上实现安全生产。

（2）降低潜在危险程度的原则。即在系统危险不能根除的情况下，尽量地降低系统的危险程度，使系统一旦发生事故，所造成的后果严重程度最小。如手电钻工具采用双层绝缘措施；利用变压器降低回路电压；在高压容器中安装安全阀、泄压阀抑制危险发生等。

（3）冗余性原则。就是通过多重保险、后援系统等措施，提高系统的安全系数，增加安全裕量。如在工业生产中降低额定功率；增加钢丝绳强度；飞机系统采用双引擎；系统中增加备用装置或设备等措施。

（4）闭锁原则。在系统中通过一些原器件的机器连锁或电气互锁，作为保证安全的条件。如冲压机械的安全互锁器，金属剪切机室安装出入门互锁装置，电路中的自动保安器等。

（5）能量屏障原则。在人、物与危险之间设置屏障，防止意外能量作用到人体和物体上，以保证人和设备的安全。如建筑高空作业的安全网、反应堆的安全壳等，都起到了屏障作用。

（6）距离防护原则。当危险和有害因素的伤害作用随距离的增加而减弱时，应尽量使人与危险源距离远一些。噪声源、辐射源等危险因素可采用这一原则减小其危害。化工厂建在远离居民区、爆破作业时的危险距离控制，均是这方面的例子。

（7）时间防护原则。即使人暴露于危险、有害因素的时间缩短到安全程度之内。如开采放射性矿物或进行有放射性物质的工作时，缩短工作时间；粉尘、毒气、噪声的安全指标，随工作接触时间的增长而减少。

（8）薄弱环节原则。即在系统中设置薄弱环节，以最小的、局部的损失换取系统的总体安全。如电路中的保险丝、锅炉的熔栓、煤气发生炉的防爆膜、压力容器的泄压阀等。它们在危险情况出现之前就发生破坏，从而释放或阻断能量，以保证整个系统的安全性。

（9）坚固性原则。这是与薄弱环节原则相反的一种对策。即通过增加系统强度来保证其安全性。如加大安全系数、提高结构强度等措施。

（10）个体防护原则。根据不同作业性质和条件配备相应的保护用品及用具。采取被动的措施，以减轻事故和灾害造成的伤害或损失。

（11）代替作业人员的原则。在不可能消除和控制危险及有害因素的条件下，以机器、机械手、自动控制器或机器人代替人或人体的某些操作，摆脱危险和有害因素对人体的危害。

（12）警告和禁止信息原则。采用光、声、色或其他标志等作为传递组织和技术信息的目标，以保证安全。如宣传画、安全标志、板报、警告等。

显然，工程技术对策是治本的重要对策。但是，工程技术对策需要安全技术及资金作为基本前提，因此，在实际工作中，特别是在目前我国安全科学技术和社会经济基础较为薄弱的条件下，这种对策的采用受到一定的限制。

3. 安全管理对策

管理就是创造一种环境和条件，使置身于其中的人们能协调地进行工作，从而完成预定的使命和目标。安全管理是通过制定和监督实施有关安全生产法律、法规、规章、标准和规章制度等，规范人们在生产活动中的行为。安全管理对策是实现安全生产的基本的、重要的、日常的对策。安全管理包括人的安全管理和设备设施的安全管理。安全管理对策具体由管理的模式、组织管理的原则、安全信息流技术等方面来实现。

4. 安全教育对策

安全教育指对企业各级领导、管理人员以及操作工人进行安全思想教育和安全技术知识教育。安全思想教育的内容包括国家有关安全生产的方针政策、法律法规和企业的安全生产规章制度。通过教育提高各级领导和广大职工的安全意识、政策水平和法制观念，牢固树立安全第一的思想，并自觉贯彻执行。安全技术知识教育包括一般生产技术知识、一般安全技术知识和专业安全技术知识的教育，安全技术知识寓于生产技术知识之中，在对职工进行安全教育时必须把二者结合起来。

四、安全科学知识体系

1. 安全科学

安全科学即安全学，这是安全学科的基础科学，包括安全系统学、安全人机学、安全管理学、安全设备学、安全法学等。其知识结构主要是较高水平的基础理论知识和专业知识，特点在于提高研究、设计和分析安全问题的能力。

2. 安全工程学

安全工程学是技术科学，包括安全设备工程学、卫生设备工程学、安全管理工程学、安全信息论、安全运筹学、安全控制论、安全人机工程学、安全生理学、安全心理学等。其知识结构主要是系统的基础理论知识和理论，特点在于提高认识和分析安全问题的能力。

3. 安全工程

安全工程是工程技术，包括安全设备工程、卫生设备工程、安全管理工程、安全系统工程、安全人机工程等。其知识结构主要是一定基本理论知识和较好的专业基础知识，特点在于实际分析和解决安全问题的能力。

4. 专业安全知识

各行业不同，具体的专业要求也不一样。总体来讲，包括各专门行业的安全知识和相关的安全技术，如矿山安全、机电安全、防火防爆等。

第四节　安全文化建设

安全伴随人类的产生而产生，进而物质形态的安全文化与之俱生。安全文化的概念起源于20世纪80年代的国际核工业领域。国际原子能机构在1991年编写的75-INSAG-4评审报告中，首次定义了安全文化的概念。由此，安全文化从核安全文化、航空航天安全文化逐渐拓宽并发展到全民安全文化。

一、安全文化基本知识

安全文化广义上讲是人类安全活动所创造的安全生产、安全生活的精神、观念、行为与物态的总和，狭义上强调文化或安全内涵的某一层面，即：安全文化是安全价值观与安全行为准则的总和。

1. 安全文化层次

广义的安全文化的构成要素具有层次性，由表及里表现为以下方面。

(1) 安全物质文化——器物层。安全物质文化是为了保证人们的安全生活和安全生产而以物质形态存在的条件、环境和设施的总和，或者说能够满足人们安全需求的各种物态要素或物质财富的总称。它们是安全文化的物质载体，居于安全文化的表层或最外层。安全物质文化是安全文化的根本保障和基础。

(2) 安全行为文化——行为层。安全行为文化是在安全精神文化和安全制度文化指导下，人们借助于一定的安全物质文化，在生活和生产过程中的安全行为表现，居于安全文化的中间层。行为文化既是精神文化和制度文化的反映，同时又反作用于精神文化和制度文化。

(3) 安全制度文化——制度层。安全文化中一切制度化的法规、法令、标准、社会组织形式，作为安全文化的重要的、带有强制性的组成部分。安全制度文化是协调生产关系、规范组织和个体行为的各项法规和制度，居于安全物质文化和安全精神文化之间，是安全文化的中间层次，发挥着协调、保障、制约和促进的作用。

（4）安全精神文化——精神层。安全精神文化居于安全文化的内层或最里层，是指为全体成员所共同遵守、用于指导和支配人们安全行为的以价值观为核心的意识观念的总称。作为安全文化的软件和核心，安全精神文化对安全制度文化、安全行为文化和安全物质文化起着主导和决定的作用。

以上四个层次构成了安全文化的整体结构，它们相互联系、相互影响、相互渗透、相互制约，其中安全物质文化是基础；安全精神文化是核心和精髓；作为中介的安全行为文化和安全制度文化是安全精神文化通向安全物质文化的桥梁和纽带。

2. 安全文化特点

（1）安全文化是硬、软两种文化的结合，安全物质条件是安全文化的硬件，安全精神因素是安全文化的软件。安全文化的发展过程就是硬、软两种文化相互影响、相互制约而又融会贯通的过程。

（2）安全文化是强制性与非强制性的结合。管理制度、行为准则是强制的要求，必须遵守；而人们的意识、情感和主观能动性又可以通过精神力量去暗示、启发和领悟，进而成为人们的自觉或自发行为。

（3）安全文化是普遍性和特殊性的结合。安全文化追求的安全价值观念体现了普遍的安全文化特征，而每个领域、每个时期、每个行业的个性特点，使得安全文化又呈现出多姿多彩的独特特征。安全文化共性与个性的结合构成了整个社会和谐统一的安全文化机制。

3. 安全文化特征

（1）人本性特征。安全文化所要解决的问题是生产、生活领域中人们从事一切活动的安全和健康问题，突出了从事一切活动的人们的身心安全和健康，体现了尊重人权、关爱生命、珍惜人生、以人为本的思想。

（2）群体性特征。安全文化是组织内的共同性文化，是全体成员所认同的安全理念、安全目标、安全行为规范等，或者说，是全体成员达成的安全共识。安全的保障有赖于组织中全体成员而非某部分人员的积极参与。

（3）继承性特征。任何时代、任何地域的安全文化，都是经过传播、继承、优化、融合发展而成的，都具有历史继承性，能体现人们长期生活和生产的方式与痕迹。

（4）时代性特征。任何安全文化的内容都不是固定不变的，而是随着社会的进步、经济的发展和人们需求的变化而不断地增添新的内容，表现出强烈的时代性特征，反映了人们的最新安全需求。

（5）系统性特征。安全文化以辩证的观点系统地分析安全问题，把安全事故的发生和出现看成是由自然和人为多种因素共同发生作用所致，所以，安全事故的预防和安全问题的解决不仅依赖于科学的安全设施、设备、环境和方法，更取决于人们的态度和行为。

4. 安全文化功能

（1）凝聚功能。安全文化是大家的共识，体现着一种强烈的整体意识。具体表现为：全体成员在安全的观念、目标和行为准则等方面保持一致，有利于形成强烈的心理认同力量，表现出强大的凝聚力和向心力。

（2）导向功能。安全文化具有巨大的感召力，通过教育培训手段和安全氛围的烘托，使安全价值观念和安全目标在全体成员中达成共识，并以此引导人们安全行为的方向和规范，指引人们向安全生产和经营的既定目标前进。

（3）激励功能。始于领导层对安全文化的重视、安全行为的强调，特别是对安全操作活动竞赛的组织和奖励等，对员工来说，自然而然地会形成一种无形的激励作用，激发他们积极地进行安全生产和经营。

（4）约束功能。若违背安全文化的道德规范和行为准则，必然会受到群众舆论和规章制度的无形约束。置于达成共识的强烈安全文化氛围中，员工个人也会产生自控意识，达到内在的自我约束。

（5）协调功能。安全文化的形成，使人们对安全有了共识，有共同的价值观、态度和信念，不仅便于相互间的沟通，也便于团结协作。而且，安全文化也能成为协调矛盾的尺度和准则。

二、安全文化建设观点

进行安全文化建设活动，需要正确的态度和观点予以指导才能沿着正确的方向前进。现代社会需要以下安全文化基本观点。

1. “安全第一”的哲学观

“安全第一”是一个相对、辩证的概念，相对于其他方式或手段而言，是在人类活动的方式上（或生产技术的层次上），并在与之发生矛盾时，必须遵循的原则。建立起辩证的“安全第一”哲学观，才能处理好安全与生产、安全与效益的关系，才能做好企业的安全工作。

2. 重视生命的情感观

安全维系人的生命安全与健康，“生命只有一次”、“健康是人生之本”；反之，事故对人类安全的毁灭，则意味着生存、健康、幸福、美好的毁灭。因此，充分认识人的生命与健康的价值，强化“善待生命，珍惜健康”的“人之常情”是我们社会每一个人应建立的情感观。以人为本，尊重与爱护职工是企业法人代表或雇主应有的情感观。

3. 安全效益的经济观

实现安全生产，保护职工的安全与健康，不仅是企业的工作责任和任务，而且是保障生产顺利进行、企业效益实现的基本条件。“安全就是效益”，安全不仅能“减损”而且能“增值”，这是企业法人代表应建立的“安全效益经济观”。

4. 预防为主的科学观

要高效、高质量地实现企业的安全生产，必须走预防为主之路，必须采用超前管理、预期型管理的方法，这是生产实践证实的科学真理。

5. 人机系统观

保障安全生产要通过有效的事故预防来实现。安全系统的要素是：人——人的安全素质，物——设备与环境的安全可靠性，能量——生产过程的控制，信息——充分可靠的安全信息流。

三、安全文化建设的内容

与安全文化的构成要素相对应，企业安全文化建设的内容包括以下方面：

1. 建立稳定可靠、标准规范的安全物质文化

安全物质文化需要依靠技术进步和技术改造来不断提高本质安全化程度，主要包括三方面的内容。

（1）作业环境安全。生产场所中有不同程度的噪声、高温、尘毒和辐射等有害物质，它们直接影响作业人员的身心健康和生命安全，应将其控制在规定的标准范围内，创造舒适、安全的工作条件，使环境条件符合人的心理和生理要求。

（2）工艺过程安全。工艺过程主要指对生产操作、质量等方面的控制过程。工艺过程安全应做到操作者了解物料、原料的性质，正确控制好温度、压力和质量等参数。

（3）设备控制过程安全。通过对生产设备和安全防护设施的管理来实现设备控制过程安全。在具体实践中应做到：从设备的设计、制造和订货等方面全面考虑其防护能力、可靠性和稳定性；对设备要正确使用、精心护养和科学检修；开发应用并推广安全新技术、新产品和新设施。

2. 建立符合安全伦理道德和遵章守纪的安全行为文化

安全行为文化的建设包括以下两方面的内容。

（1）多渠道、多手段保证让员工在掌握安全知识的基础上，熟练掌握各种安全操作技能。

（2）严格进行安全规程操作。

3. 建立健全完善的安全制度文化

安全制度文化指的是与物态、心态、行为安全文化相适应的组织机构和规章制度的建立、实施及控制管理的总和，主要包括以下方面。

（1）建立健全完善的企业安全管理机制。主要指建立起切实执行“企业负责”、各方面各层次责任落实、横向到边、纵向到底、队伍素质高的高效运作的企业安全管理网络；建立起切实履行“群众监督”职责、奖惩严明、上下结合、对各层次进行有效监督的企业劳动保护监督体系。

（2）建立完善的企业安全管理基本法规、专业安全规章制度和奖惩制度，使其规范化、科学化、适用化，并严格执行。

4. 建立“安全第一、预防为主”的安全精神文化

（1）首先应通过多种形式的宣传教育提高员工的保护意识，包括应急安全保护意识、间接安全保护意识和超前的安全保护意识，并进行生产作业安全知识、公共生活安全知识等的教育培训。

（2）进行安全伦理道德教育，为他人和集体的安全考虑，自觉约束自己的行为，承担起应尽的责任和义务。这种教育不仅要面向普通的员工，更要集中于各级管理人员和技术人员。

四、企业安全文化建设方式

企业安全文化建设的实质和根本内涵是将企业安全理念和安全价值观表现在决策者和管理者的态度和行动中，落实在企业的管理制度中，将安全管理融于企业整个管理实践中，将安全法规、制度落实在决策者、管理者和员工的行为方式中，将安全标准落实在生产的工艺、技术和过程中，由此形成一种良好的安全生产气氛。通过安全文化的建设，影响企业各级管理人员和员工的安全生产自觉性，以文化的力量保障企业安全生产和经济发展。企业安全文化的建设可通过如下方式来进行。

1. 班组及职工的安全文化建设

运用传统有效的安全文化建设手段，如三级教育（333 模式）、特殊教育、日常教育、全员教育、持证上岗、班前安全活动、标准化岗位和班组建设、技能演练等；推行现代安全建设手段，如“三群（群策、群力、群观）”对策、班组建小家活动、事故判定技术、危险预知活动、风险抵押制、“仿真”演习等，进行班组和职工的安全建设。

2. 管理层及决策者的安全文化建设

运用传统有效的安全文化建设手段，如全面安全管理、责任制、“三同时”、“五同时”、“三同步”监督制、定期检查制、有效的行政管理手段、常规的经济手段等；推行现代的安全文化建设手段，如“三同步原则”、“三负责制”、意识及管理素质教育、目标管理法、无隐患管理法、系统科学管理、人机环境设计、系统安全评价、应急预案对策、事故保险对策、三因

（人、物、环境）安全检查等。

3. 生产现场的安全文化建设

运用传统的安全文化建设手段，如安全标语（旗），安全标志（禁止标志、警告标志、指令标志）、事故警示牌等；推行现代的安全文化建设手段，如技术及工艺的本质安全化、现场“三标”建设、“三防”管理（尘、毒、烟）、“四查”工程（岗位、班组、车间、厂区）、“三点”控制（事故多发点、危险点、危害点）等。

4. 企业人文环境的安全文化建设

运用传统的安全文化建设手段，如安全宣传墙报、安全生产周（日、月）、安全竞赛活动，安全演讲比赛、事故报告会等；推行现代的安全文化建设手段，如安全文艺（晚会、电影、电视）活动，安全文化月（周、日），事故祭日、安全贺年（个人）活动、安全宣传的“三个一”工程（一场晚会、一幅新标语、一块墙报），青年职工的“六个一”工程（查一个事故隐患、提一条安全建议、创一条安全警语、讲一件事故教训、当一周安全监督员、献一笔安全经费）等。

五、安全社区建设

所谓社区是在一定地域范围内，按照一定规范和制度结合而成的，具有一定共同经济利益和心理因素的社会群体和社会组织。安全社区是指建立跨部门合作的组织机构和程序，联络社区内相关单位和个人共同参与事故与伤害预防和安全促进工作，持续改进地实现安全目标的社区。

通过建设安全社区，整合社区资源，强化社区功能，开展安全促进活动，大力推广安全文化和安全科技知识，提高全员安全意识和防范能力，是促进安全生产形势稳定好转的重要措施，也是建立安全生产长效机制的客观要求。安全社区建设体现了先进的社区建设理念，贯彻了公众参与、公众受益的原则，是社区改革发展的需要。安全社区建设也是我国适应全球经济一体化、满足政府和企业的社会责任要求的重要内容。开展社区安全促进活动，不但可以提升社区的服务水平，同时还可以帮助提升社区的社会形象。

1. 安全社区的由来

1975 年，瑞典 Falkoping 推行社区安全计划；1982 年，瑞典 Lidkoping 实施安全社区计划；1989 年，在瑞典斯德哥尔摩举行第一届预防事故和伤害世界大会，会议通过的决议《安全社区宣言》提出：“任何人都平等享有健康及安全的权利。”2006 年 2 月，国家安全生产监督管理总局颁布《安全社区建设基本要求》（AQ/T 9001—2006），提出了安全社区建设基本要求和安全社区评定程序与办法。

2. 安全社区标准与指标

《安全社区建设基本要求》的制定依据中国社区特点、安全社区和安全文化的建设要求而提出，参考了“平安社区”、“绿色社区”、“文明社区”等社区建设的有关要求，参考了世界卫生组织社区安全促进合作中心的安全社区准则的技术内容、国际劳工组织 ILO/OSH 2001《职业安全健康管理体系导则》和 GB/T 28001—2001《职业健康安全管理体系规范》中相关条款内容的要求。安全社区评定指标共设有 12 个一级评定指标，45 个二级评定指标。

对安全社区评定指标的判定按下列标准执行：45 个二级评定指标中 A 级指标个数≥30 个的评定为合格；B 级指标缺陷经整改、并经专家组两个月内复审达到 A 级后且指标个数≥30 个的，评定为合格；C 级指标评定为不合格；若某一级指标下的二级指标评定均为 B，则安全社区评定视为不合格。

3. 安全社区的安全促进项目与检测内容

安全社区的安全促进项目主要包括 12 项：

（1）交通安全；

（2）消防安全；

（3）工作场所安全；

（4）家居安全；

（5）老年人安全；

（6）儿童安全；

（7）学校安全；

（8）公共场所安全；

（9）体育运动安全；

（10）涉水安全；

（11）社会治安；

（12）防灾减灾与环境安全。

安全社区检测内容主要包括 9 项：

（1）事故与伤害预防目标的实现情况；

（2）安全促进计划与项目的实施效果；

（3）重点场所、设备与设施安全管理状况；

（4）高危人群与高风险环境的管理情况；

（5）相关安全健康法律、法规、标准的符合情况；

（6）社区人员安全意识与安全文化素质的提高情况；

（7）工作、居住和活动环境中危险有害因素的监测；

（8）全员参与度及其效果；

（9）事故、伤害、事件及不符合的调查。

4. 安全社区创建档案内容

安全社区创建档案的形式包括文字（书面或电子文档）、图片和音像资料等，内容主要包括 6 项：

（1）组织机构、目标、计划等相关文件；

（2）相关管理部门的职责，关键岗位的职责；

（3）社区重点控制的危险源，高危人群、高风险环境和弱势群体的信息；

（4）安全促进项目方案；

（5）安全管理制度、安全作业指导书和其他文件；

（6）安全社区创建活动的过程记录，包括创建活动的过程、效果记录；安全检查和监测与监督的记录等。

第五节　安全生产条件

安全生产条件实际上就是不发生事故的条件。生产经营单位是安全生产的主体，如果生产经营单位不具备基本安全生产条件，迟早要发生事故。依法规范安全生产条件，就可以把监管的关口放在生产经营活动之前，从源头上降低事故发生的风险，提高整体安全生产水平。

不同生产经营单位的安全生产条件差异大，各有自身的特殊性。如果法律不加区别地规定统一的安全生产条件，将会挂一漏万，并且也难以操作。法律只能实事求是地作出灵活的和可操作的规定，将各类生产经营单位的安全生产条件分解到相关的安全生产立法中去。

《安全生产法》规定了一些基本的安全生产条件，《安全生产许可证条例》、《危险化学品安全管理条例》、《特种设备安全监察条例》等行政法规对高危行业、特殊物品、特种设备的安全准入提出了具体要求。

一、关于生产经营单位基本条件

《安全生产法》规定："生产经营单位应当具备本法和有关法律、行政法规和国家标准或者行业标准规定的安全生产条件；不具备安全生产条件的，不得从事生产经营活动。"

《安全生产许可证条例》中对危险化学品、烟花爆竹、民用爆破物品的生产储存单位，矿山、建筑施工企业提出了取得安全生产许可证应符合的12项条件要求。

《危险化学品安全管理条例》对从事危险化学品的生产、经营、储存、运输、使用以及进口危险化学品的经营、储存、运输、使用和处置等活动规定了具体条件。

《特种设备安全监察条例》对从事特种设备的生产（含设计、制造、安装、改造、维修)、使用、检验检测活动规定了具体条件。

《建设工程安全生产管理条例》对与建设工程有关的建设单位、勘察及设计单位、工程监理、施工、设备租赁等单位的要求作出了相应规定。

二、关于安全生产责任制与安全生产规章制度

所谓安全生产责任制是指建立和实施生产经营单位的全员、全过程、全方位的安全生产责任制度。安全生产责任制是生产经营单位保障安全生产的最基本、最重要的管理制度。只有明确安全生产责任，分清责任，各尽其责，才能形成严密科学的安全生产责任体系。

安全生产规章制度是生产经营单位搞好安全生产，实现科学管理的重要依据。生产经营单位从事生产经营的各个工种、工序、工艺和环节之间相互关联，需要制订一整套严密、协调的行为规范和管理制度，需要遵循一定的程序加以衔接。只有建立健全安全生产规章制度和操作规程，才能保证生产经营作业的有序进行，才能堵塞安全管理漏洞，才能有效监控重大危险源，整改事故隐患，保证生产经营作业正常、安全地运行。

《安全生产法》第五条规定生产经营单位的主要负责人对本单位的安全生产工作全面负责。第十七条规定其对本单位安全生产工作负有建立、健全本单位安全生产责任制、组织制定本单位安全生产规章制度和操作规程、保证本单位安全生产投入的有效实施；督促、检查本单位的安全生产工作，及时消除生产安全事故隐患；组织制定并实施本单位的生产安全事故应急救援预案；及时、如实报告生产安全事故等职责。《安全生产法》所称的生产经营单位主要负责人必须是直接全面领导、指挥生产经营单位日常生产经营活动、享有本单位生产经营活动包括安全生产事项的最终决定权，能够承担生产经营单位安全生产工作主要领导责任的决策人。这样规定有三个好处，一是主要负责人有权有责，权责一致；二是安全生产责任明确具体，具有可操作性；三是实施责任追究时有充分的依据。

《国务院关于进一步加强安全生产工作的决定》（以下简称《决定》）第十条要求"依法加强和改进生产经营单位安全管理……强化生产经营单位安全生产主体地位，进一步明确安全生产责任，全面落实安全保障的各项法律法规"。《矿山安全法》、《危险化学品安全管理条例》《特种设备安全监察条例》、《建设工程安全生产管理条例》等均对生产经营单位提出相同要求。

三、关于安全管理机构与安全管理人员配备

生产经营单位加强安全生产管理，应有必要的安全生产管理机构和人员。《安全生产法》第十九条对生产经营单位安全生产管理的机构和人员保障问题，从两方面作出了规定：一是高危行业的生产经营单位，如矿山、建筑施工单位和危险物品的生产、经营、储存单位，应当设置安全生产管理机构或者配备专职管理人员。二是其他生产经营单位，按照从业人员的数量，配置安全生产管理机构或者安全生产管理人员，从业人员超过三百人的，应当设置安全生产管理机构或者配备专职安全生产管理人员；从业人员在三百人以下的，应当配备专职或者兼职的安全生产管理人员，或者委托具有国家规定的相关专业技术资格的工程技术人员提供安全生产管理服务。

在《建设工程安全生产管理条例》和各省市制定的相应法规中对此作出了更为具体的规定。

四、关于人员培训与资质

从业人员的安全素质，直接关系到生产经营单位的安全生产水平状况。从大量事故教训看，许多生产安全事故都是由于从业人员没有经过严格的安全生产教育和培训，缺乏安全生产意识，缺乏安全操作技能，因而导致生产安全事故的发生。因此，要提高从业人员安全素质，重要措施之一就是加强并强制进行全员安全教育和培训。生产经营单位有关人员必须具备法定的安全资质条件，《安全生产法》从三个方面对此作出了规定。

(1)《安全生产法》第二十一条规定，生产经营单位应当对从业人员进行安全教育和培训。从业人员只有经过考试合格的，才能上岗作业。未经安全生产教育和培训合格的从业人员，不得上岗作业。《安全生产法》还规定采用新工艺、新技术、新材料和新设备时，也要对从业人员进行专门的安全教育和培训。

(2) 鉴于特种作业人员所从事的岗位存在较大的危险性，特种作业人员安全素质的高低，直接关系到生产经营单位的安全生产。对特种作业人员的培训内容、培训时间和安全素质应有更高、更严格的要求，必须对他们进行专门安全培训并且取得相应资格，不能等同于一般的从业人员。所以，《安全生产法》第二十三条第一款规定，生产经营单位的特种作业人员必须按照国家有关规定经专门的安全作业培训，取得特种作业操作资格证书，方可上岗作业。特种作业人员的范围较广，有关国家标准和国务院有关部门对主要的特种作业人员的范围有所规定。

(3)《安全生产法》第二十条规定，生产经营单位的主要负责人和安全生产管理人员必须具备与本单位所从事生产经营活动相应的安全生产知识和管理能力；危险物品的生产、经营、储存单位以及矿山、建筑施工单位的主要负责人和安全生产管理人员，应当由有关主管部门对其安全生产知识和管理能力考核合格后方可任职。

在《决定》第十二条中提出："搞好安全生产技术培训。加强安全生产培训工作，整合培训资源，完善培训网络，加大培训力度，提高培训质量。生产经营单位必须对所有从业人员进行必要的安全生产技术培训，其主要负责人及有关经营管理人员、重要工种人员必须按照有关法律、法规的规定，接受规范的安全生产培训，经考试合格，持证上岗。"

五、关于安全资金投入

当前安全生产存在的主要问题之一，就是生产经营单位不能正确处理效益与投入的关系，有的要钱不要命，不惜以最低的投入甚至牺牲从业人员生命为代价，追求高额利润，其结果是安全投入普遍不足，"安全欠账"严重，从而导致大量事故发生。

《安全生产法》第十八条将安全投入列为保障安全生产的必要条件之一，要求“生产经营单位应当具备的安全生产条件所必需的资金投入，由生产经营单位的决策机构、主要负责人或者个人经营的投资人予以保证，并对由于安全生产所必需的资金投入不足导致的后果承担责任”。

为保证安全费用的有效提取，《决定》进一步提出两项规定，一是要形成企业安全生产投入的长效机制，借鉴煤矿提取安全费用的经验，在条件成熟后，逐步建立对高危行业生产企业提取安全费用制度；二是为强化生产经营单位的安全生产责任，各地区可结合实际，依法对矿山、道路交通运输、建筑施工、危险化学品、烟花爆竹等领域从事生产经营活动的企业，收取一定数额的安全生产风险抵押金。

六、关于建设项目“三同时”

生产经营单位为了扩大生产经营规模，经常要进行相应的新建、改建、扩建工程项目建设。建设项目的安全设施是投产后实现安全生产的基础保证设施，安全设施不完善必然会留下不安全因素和事故隐患，在生产经营过程中可能会酿成生产安全事故。《安全生产法》第二十四条规定：“生产经营单位的建设项目的安全设施必须做到“三同时”，即生产经营单位新建、改建、扩建工程项目的安全设施，必须与主体工程同时设计、同时施工、同时投入生产和使用。安全设施投资应当纳入建设项目概算。”

《决定》在“建立安全生产行政许可制度”中进一步把所有建设项目“三同时”纳入了国家行政许可的范围，要求“新建、改建、扩建项目的安全设施必须同时设计、同时施工、同时投产和使用（简称‘三同时’），对未通过‘三同时’审查的建设项目，有关部门不予办理行政许可手续，企业不准开工投产”。

七、关于设备、作业环境

生产经营作业需有一定的场所、设施和设备，其中往往存在一些危险因素，容易被人忽视。为了加强作业现场、设备设施的安全管理，《安全生产法》对此作出四方面规定。

（1）生产经营单位应当在有较大危险因素的生产经营场所和有关设施、设备上，设置明显的安全警示标志；安全设备的设计、制造、安装、使用、检测、维修、改造和报废，应当符合国家标准或者行业标准；必须对安全设备进行经常性维护、保养，并定期检测，保证正常运转。

（2）鉴于特种设备是各种设备中技术性最为复杂和用途最为特殊的，需要较高的安全性能和操作技术。经常或者定期对特种设备进行检测、检验，是保证特种设备性能良好、运行正常的重要措施。《安全生产法》第三十条作出了以下三方面要求的规定：一是国家涉及生命安全、危险性较大的特种设备，实行强制性检测检验制度。二是特种设备必须由专业生产经营单位生产，实行定点厂家生产，可以保证质量，防止假冒伪劣产品；非定点厂家不得生产特种设备。三是特种设备只能由取得专业资质的检测、检验，取得安全使用证或者安全标志，方可投入使用。

为规范特种设备的安全管理，国务院颁发的《特种设备安全监察条例》明确了特种设备的概念是指涉及生命安全、危险性较大的锅炉、压力容器（含气瓶，下同）、压力管道、电梯、起重机械、客运索道、大型游乐设施。该条例对特种设备的设计、制造、安装、改造、维修、使用、检验检测等及其监督检查环节均作出了全面、具体的规定。

（3）安全生产科技进步，是提升安全生产科技含量，保障安全生产的重要条件。为了加强生产安全工艺、设备管理，加快技术更新和改造，杜绝生产经营单位使用陈旧、落后的生产工艺和设备，避免危及人身安全，《安全生产法》规定国家对严重危及生产安全的工艺、设备实行淘汰制度。生产经营单位不得使用国家明令淘汰、禁止使用的危及生产安全的工艺、设备。

(4) 为保证生产设施、作业场所与周边建筑物、设施保持安全合理的空间，确保紧急疏散人员时畅通无阻，《安全生产法》第三十四条规定：“生产、经营、储存、使用危险物品的车间、商店、仓库不得与员工宿舍在同一座建筑物内，并应当与员工宿舍保持安全距离。生产经营场所和员工宿舍应当设有符合紧急疏散要求、标志明显、保持畅通的出口。”

八、关于重大危险源、危险物质、危险作业

(1) 生产经营单位对重大危险源实施及时、有效的监控，是《安全生产法》对其设定的法律义务。生产经营单位应对本单位的重大危险源登记建档，摸清底数；要定期进行检测检验、评估、监控，发现安全问题及时采取措施；制定应急预案和紧急情况下应当采取的应急措施，并告知从业人员和有关人员；应当按规定将本单位重大危险源及有关安全措施、应急措施报有关地方人民政府负责安全生产监督管理的部门和有关部门备案。违反规定将受到行政处罚或者刑事处罚。

(2) 各种危险物品使用管理不当是引发重大、特大生产安全事故的重要因素。加强危险物品的日常安全管理和重点监控，也是落实“预防为主”的重要措施。《安全生产法》中规定的生产经营单位生产、经营、运输、储存、使用危险物品或者处置废弃危险物品，必须执行有关法律、法规和国家标准或者行业标准，建立专门的安全管理制度，采取可靠的安全措施，接受有关主管部门依法实施的监督管理。

目前我国已有相关法律、法规对此作出了更为详细的规定，如《危险化学品安全管理条例》对危险化学品的监督管理职责分工，危险化学品的生产，储存的规划与审批，设立危险化学品生产、储存企业的条件，生产装置和储存设施的选址，危险化学品生产、储存和使用的安全管理，危险化学品经营销售许可制度，危险化学品的运输资质认定制度，危险化学品的登记等方面均有详细的规定。《民用爆炸物品管理条例》也对民用爆炸物品的管理作出相应规定。

(3) 爆破、吊装作业属于危险作业，我国多次发生因爆破或吊装施工指挥不当造成的重大、特大人员伤亡事故。《安全生产法》对此提出两方面要求：一是“生产经营单位进行爆破、吊装等危险作业，应当安排专门人员进行现场安全管理”。二是现场安全管理的重点是“必须确保操作规程的遵守和安全措施的落实”。要落实法律规定，施工必须编制施工组织设计、制定严格的操作规程和周密的安全措施，明确分工和安全责任，各司其职，密切协同，保证万无一失。

九、关于生产安全事故的救援与查处

《决定》提出了我国安全生产工作的近期目标是遏制重大、特大事故，预防和减少一般事故。目前，我国受生产力发展水平的制约，在短时期内还难以完全杜绝生产安全事故。因此，做好事故应急救援和调查处理工作必不可少，并且非常重要，这是各级人民政府及其负有安全生产监督管理职责的部门和生产经营单位义不容辞的法定职责。《安全生产法》确立的事故应急救援和调查处理制度主要包括事故应急预案的制定和事故应急体系的建立，高危生产经营单位的应急救援、事故报告，重大事故的应急抢救、调查处理的原则，事故责任的追究，事故统计和公布等内容。具体有以下几方面的要求：

(1) 生产经营单位发生生产安全事故后，事故现场有关人员应当立即报告本单位负责人。

（2）单位的主要负责人应当迅速采取有效措施，组织抢救，防止事故扩大，减少人员伤亡和财产损失，并按照国家有关规定立即如实报告当地负有安全生产监督管理职责的部门，不得隐瞒不报、谎报或者拖延不报，不得故意破坏事故现场、毁灭有关证据，并不得在事故调查处理期间擅离职守。

（3）危险物品的生产、经营、储存单位以及矿山、建筑施工单位应当建立应急救援组织；生产经营规模较小的，可以不建立应急救援组织，但应当指定兼职的应急救援人员。

危险物品的生产、经营、储存单位以及矿山、建筑施工单位应当配备必要的应急救援器材、设备，并进行经常性维护、保养，保证正常运转。

调查处理的原则、事故责任的追究等内容将在后面伤亡事故的章节中专题叙述。

十、关于生产经营项目、场所、设备对外租赁承包

有的生产经营单位将其生产经营项目、场所、设备发包或者出租给不具备安全生产条件或者相应资质的单位或者个人后，不进行安全生产管理和协调，由此导致事故发生后无人负责的现象，出现责任不明或者推卸责任的情况。为依法规范承包、租赁各方的安全管理，《安全生产法》规定，生产经营单位不得将生产经营项目、场所、设备发包或者出租给不具备安全生产条件或者相应资质的单位或者个人。当生产经营项目、场所有多个承包单位、承租单位时，生产经营单位应当与承包单位、承租单位签订专门的安全生产管理协议，或者在承包合同、租赁合同中约定各自的安全生产管理职责；生产经营单位对承包单位、承租单位的安全生产工作统一协调、管理。

针对一些不同单位、不同工种的人员在同一作业区域内交叉作业，彼此之间的安全责任不明，安全管理脱节的问题，《安全生产法》第四十条规定，两个以上生产经营单位在同一作业区域内进行生产经营活动，可能危及对方生产安全的，应当签订安全生产管理协议，明确各自的安全生产管理职责和应当采取的安全措施，并指定专职安全生产管理人员进行安全检查与协调。

十一、关于从业人员的权益

随着社会化大生产的不断发展，劳动者在生产经营活动中的地位不断提高，人的生命价值也越来越受到党和国家的重视。关心和维护从业人员的人身安全权利，是实现安全生产的重要条件，也是贯穿《安全生产法》的主线。《安全生产法》第六条规定，生产经营单位的从业人员有依法获得安全生产保障的权利，并应当依法履行安全生产方面的义务。在本书第三章对从业人员的安全生产权利和义务作了比较全面、明确的规定，并且设定了严格的法律责任，为保障从业人员的合法权益提供了法律依据。

1. 从业人员的权利

（1）获得安全保障、工伤保险和民事赔偿的权利

《安全生产法》第四十三条、四十四、四十八条规定：生产经营单位必须依法参加工伤社会保险，为从业人员缴纳保险费；与从业人员订立的劳动合同，应当载明有关保障从业人员劳动安全、防止职业危害的事项，以及依法为从业人员办理工伤社会保险的事项；生产经营单位不得以任何形式与从业人员订立协议，免除或者减轻其对从业人员因生产安全事故伤亡依法应当承担的责任；因生产安全事故受到损害的人员，除依法享有获得工伤社会保险外，依照有关民事法律尚有获得赔偿的权利的，有权向本单位提出赔偿要求。

（2）得知危险因素、防范措施和事故应急措施的权利

《安全生产法》规定，生产经营单位从业人员有权了解其作业场所和工作岗位存在的危险

因素及事故应急措施。要保证从业人员这项权利的行使，生产经营单位就有义务事前告知其有关危险因素和事故应急措施。

（3）对本单位安全生产的批评、检举和控告的权利

从业人员是生产经营单位的主人，他们对安全生产管理中的问题和事故隐患最了解、最熟悉，具有他人不能替代的作用。《安全生产法》规定从业人员有权对本单位的安全生产工作提出建议；有权对本单位安全生产工作中存在的问题提出批评、检举、控告。

（4）拒绝违章指挥和强令冒险作业的权利

在生产经营活动中经常出现企业负责人或者管理人员违章指挥和强令从业人员冒险作业的现象，由此导致事故发生，造成大量人员伤亡。因此，法律赋予从业人员拒绝违章指挥和强令冒险作业的权利。

（5）紧急情况下的停止作业和紧急撤离的权利。

生产经营场所存在不可避免的自然和人为的危险因素，这些因素将会或者可能会对从业人员造成人身伤害。在紧急情况下，最大限度地保护现场作业人员的生命安全是第一位的。《安全生产法》第四十七条规定："从业人员发现直接危及人身安全的紧急情况时，有权停止作业或者在采取可能的应急措施后撤离作业场所。"

为保证从业人员依法行使安全生产方面的权利，《安全生产法》还规定了生产经营单位不得因从业人员对本单位安全生产工作行使相应权利，而在工资、福利待遇或者合同期限方面给予打击报复。

2. 从业人员的义务

作为法律关系内容的权利与义务是对等的，没有无权利的义务，也没有无义务的权利。从业人员依法享有权利，同时必须承担相应的法律义务和法律责任。《安全生产法》不但赋予了从业人员安全生产权利，也设定了相应的法定义务。

（1）遵章守规、服从管理的义务

前面已讲到生产经营单位必须制订本单位的安全生产规章制度和操作规程，这是从业人员从事生产经营，确保安全的具体规范和依据。遵守规章制度和操作规程，对从业人员来讲就是依法进行安全生产。《安全生产法》第四十九条规定，从业人员在从业过程中，应当严格遵守本单位的安全生产规章制度和操作规程，服从管理。依照法律规定，从业人员不服从管理，违反安全生产规章制度和操作规程的，由生产经营单位给予批评教育，依照有关规章制度给予处分；造成重大事故，构成犯罪的，依照刑法有关规定追究刑事责任。

（2）正确佩戴和使用劳保用品的义务

《安全生产法》规定，生产经营单位必须为从业人员提供符合国家标准或者行业标准的劳动防护用品。但实践中由于一些从业人员缺乏安全知识，往往不按规定佩戴或者不能正确佩戴和使用劳动防护用品，由此导致人身伤害时有发生，造成不必要的伤亡。因此，正确佩戴和使用劳动防护用品是从业人员必须履行的法定义务，这是保障从业人员人身安全和生产经营单位安全生产的需要。

（3）接受安全培训、掌握安全生产技能的义务

从业人员的安全生产意识和安全技能的高低，直接关系到生产经营活动的安全可靠性。科学技术的发展，更需要具有系统的安全知识，熟练的安全生产技能，以及对不安全因素和事故隐患、突发事故的预防、处理能力和经验。为了明确从业人员接受培训、提高安全素质的法定义务，《安全生产法》第五十条规定："从业人员应当接受安全生产教育和培训，掌握本职工

作所需的安全生产知识，提高安全生产技能，增强事故预防和应急处理能力。”这对提高生产经营单位从业人员的安全意识、安全技能，预防、减少事故和人员伤亡，具有积极意义。

（4）发现事故隐患或者其他不安全因素及时报告的义务

从业人员直接进行生产经营作业，他们是事故隐患和不安全因素的第一当事人。如果从业人员具有高度的责任心，防微杜渐，防患于未然，及时发现并报告事故隐患和不安全因素，就可以预防事故发生。为此，《安全生产法》第五十一条规定：“从业人员发现事故隐患或者其他不安全因素，应当立即向现场安全生产管理人员或者本单位负责人报告；接到报告的人员应当及时予以处理。”

第二章　安全生产法律法规

安全生产法律法规是我国法律法规的重要组成部分，是开展各项安全生产工作的基本依据。安全生产法律法规内容丰富，涉及面广，有国家立法权的机关制定的法律，也有国务院及其所属的部、委员会发布的行政法规、决定、命令、指示、规章以及地方性法规等。认真学习、自觉贯彻落实这些法律法规，是全社会完善市场经济体制的必然要求，也是生产经营单位搞好安全管理的内在需求。

本章针对生产经营单位主要负责人的岗位特点，分别从安全生产法律体系、安全生产标准体系、安全生产经济政策、安全生产法律责任等方面对安全生产法律法规知识进行了较为系统的叙述，并对常用的安全生产法律法规分别进行了简要的介绍。

第一节　安全生产法律体系

安全生产法律体系是指我国全部现行的、不同的安全生产法律规范形成的有机联系的统一整体，是国家法律法规体系的一部分。

一、安全生产法律体系的特征

具有中国特色的安全生产法律体系正在构建之中。这个体系具有三个特点。

1. 法律规范的调整对象和阶级意志具有统一性

加强安全生产监督管理，保障人民生命财产安全，预防和减少生产安全事故，促进经济发展，是党和国家各级人民政府的根本宗旨。国家所有的安全生产立法，体现了工人阶级领导下的最广大的人民群众的最根本利益，都是围绕着“三个代表”重要思想，围绕着“执政为民”这一根本宗旨，围绕着“基本人权的保护”这个基本点而制定。安全生产法律规范是为巩固社会主义经济基础和上层建筑服务的，是工人阶级乃至国家意志的反映，是由人民民主专政的政权性质所决定的。生产经营活动中所发生的各种社会关系，需要通过一系列的法律规范加以调整。

2. 法律规范的内容和形式具有多样性

安全生产贯穿于生产经营活动的各个行业、领域，各种社会关系非常复杂。这就需要针对不同生产经营单位的不同特点，针对各种突出的安全生产问题，制定各种内容不同、形式不同的安全生产法律规范，调整各级人民政府、各类生产经营单位、公民之间在安全生产领域中产生的社会关系。这个特点就决定了安全生产立法的内容和形式又是各不相同的，它们所反映和解决的问题是不同的。

3. 法律规范的相互关系具有系统性

安全生产法律体系是由母系统与若干个子系统共同组成的。从具体法律规范上看，它是单个的；从法律体系上看，各个法律规范又是母体系不可分割的组成部分。安全生产法律规范的层级、内容和形式虽然有所不同，但是它们之间存在着相互依存、相互联系、相互衔接、相互协调的辩证统一关系。

二、安全生产法律体系的作用

安全生产法律体系对于促进我国生产力的发展和社会主义现代化建设事业的顺利进行有着

重要作用。其作用主要表现为以下几个方面。

1. 确保广大劳动者的生命安全与健康的合法权益

我国的安全生产法规是以搞好安全生产、工业卫生，保障职工在生产中的安全与健康为目的，是党和国家代表最广大人民群众的根本利益在立法上的具体体现。它不仅从管理上规定了人们的安全行为规范，也从生产技术、设备上规定了实现安全生产和保障职工安全与健康所需的物质条件。制订出各种保证安全生产的措施，强调人人都必须遵守规章，尊重自然规律、经济规律和生产规律，才能保证劳动者得到符合安全与健康要求的劳动条件，切实维护劳动者安全与健康的合法权益。

2. 加强安全生产法制化管理

安全生产法规是加强安全生产法制化管理的章程，很多安全生产法规都明确规定了各个方面加强安全生产、安全生产管理的职责，推动了各级领导对安全生产工作的重视，把这项工作摆在领导的重要议事日程。

3. 指导用人单位安全生产工作，推动经济发展

安全生产法规反映了保护劳动者在生产过程中的安全与健康所必须遵循的客观规律，对用人单位搞好安全生产经营工作提出了明确的要求，保障企业生产经营活动正常进行。同时，由于它是一种法律规范，具有法律约束力，要求人人遵守。因此，它对指导经济建设工作具有强制性推行的作用。

4. 保证用人单位经济效益的实现和国家经济建设的顺利发展

安全生产是关系到用人单位自身利益的大事，通过安全生产立法，使劳动者的安全与健康得以保障，员工能够在安全与健康的环境下从事劳动生产，这必然会激发其劳动积极性和创造性，从而提高劳动生产率。安全生产法规和标准的遵守与执行，必然提高生产过程的安全性，从而提高用人单位的生产效率和效益，对促进国民经济建设的顺利发展具有重要作用。

5. 对保持社会稳定起到促进作用

保持社会稳定是推进我国政治、经济体制改革以及各项工作顺利进行的重要条件。在我国的经济建设过程中，协调用人单位与员工之间、人与人之间、人与自然之间的关系，对维护经济发展的正常秩序，为劳动者提供安全、健康的劳动条件和工作环境，为生产经营者提供可行、安全可靠的生产技术和条件，避免和减少伤亡事故和职业病的发生，保持我国社会稳定起到促进作用。

安全生产法规对安全生产条件提出与现代化建设相适应的强制性要求，这就迫切要求用人单位的主要负责人在生产经营决策以及技术、装备方面采取相应措施，以改善劳动条件、加强安全生产管理为出发点，加速实施技术改造的步伐，推动社会生产力的发展，提高生产力的水平，促进国家现代化建设的顺利进行。

三、安全生产法律体系的构成

1. 宪法

《中华人民共和国宪法》（简称《宪法》）第四十二条规定："中华人民共和国公民有劳动的权利和义务。国家通过各种途径，创造劳动就业条件，加强劳动保护，改善劳动条件，并在发展生产的基础上，提高劳动报酬和福利待遇。国家对就业前的公民进行必要的劳动就业训练。"第四十三条规定："中华人民共和国劳动者有休息的权利。国家发展劳动者休息和休养的设施，规定职工的工作时间和休假制度。"第四十八条规定："国家保护妇女的权利和利益。"宪法中这些规定，是我国职业安全健康立法的法律依据和指导原则。

2. 刑法

《刑法》对违反各项劳动安全健康法律法规，情节严重者的刑事责任作了规定。第一百三十六条规定："违反爆炸性、易燃性、放射性、毒害性、腐蚀性物品的管理规定，在生产、储存、运输、使用中发生重大事故，造成严重后果的，处三年以下有期徒刑或者拘役；后果特别严重的，处三年以上七年以下有期徒刑。"第一百三十七条规定："建设单位、设计单位、施工单位、工程监理单位违反国家规定，降低工程质量标准，造成重大安全事故的，对直接责任人员，处五年以下有期徒刑或者拘役，并处罚金；后果特别严重的，处五年以上十年以下有期徒刑，并处罚金。"

3. 有关安全生产的专项法

专项法是针对特定的安全生产领域和特定保护对象而制定的单项法律。《安全生产法》是我国安全生产管理的综合性法律，是加强安全生产管理的重要法律依据。《中华人民共和国劳动法》在《安全生产法》出台之前，起到了安全生产领域基本法的作用，是我国制定各项安全生产专项法律、法规的依据。其中第六章"劳动安全卫生"及第七章"女职工和未成年工特殊保护"主要涉及安全健康与劳动保护工作的内容。1992 年 11 月，第七届全国人民代表大会常务委员会第二十八次会议通过的《矿山安全法》，随后陆续颁布的《海上交通安全法》、《消防法》，2001 年 10 月 27 日，第九届全国人民代表大会常务委员会第二十四次会议通过的《职业病防治法》都属于此类。

4. 安全生产相关法

安全生产涉及社会生产活动各方面，因而我国制定颁布的一系列法律均与此相关。如《中华人民共和国全民所有制企业法》的第三章"企业的权利和义务"中第四十一条指出："企业必须贯彻安全生产制度，改善劳动条件，做好劳动保护和环境保护工作，做到安全生产和文明生产。"《标准化法》第一章规定"工业产品的设计、生产检验、包装、储存、运输、使用的方法或者生产、储存、运输过程中的安全、卫生要求"和"建筑工程的设计、施工方法和安全要求"。其他一些法律，如《妇女权益保障法》、《中华人民共和国环境保护法》、《中华人民共和国卫生防疫法》和《工会法》中部分条款也与安全生产有关，属于此类。

5. 安全生产行政法规

我国现行的法规分行政法规和地方法规两种。

安全生产行政法规是由国务院组织制定并批准公布的，是为实施安全生产法律或规范安全生产监督管理制度而制定并颁布的一系列具体规定，是实施安全生产监督管理和监察工作的重要依据。安全生产的行政法规有《国务院关于特大安全事故行政责任追究的规定》（国务院令 302 号）、《危险化学品安全管理条例》（国务院令 344 号）、《工伤保险条例》（国务院令 375 号）、《建设工程安全生产管理条例》（国务院令 393 号）《安全生产许可证条例》（国务院令 397 号）、《国务院关于进一步加强安全生产工作的决定》（2004 年 1 月）、《烟花爆竹安全管理条例》（国务院令 455 号）、《生产安全事故报告和调查处理条例》（国务院令 493 号）、《特种设备安全监察条例》（国务院令 549 号 2009 年修正）等。

安全生产地方性法规是指由有立法权的地方权力机关——人民代表大会及其常务委员会依照法定职权和程序制定和颁布的、施行于本行政区域的规范性文件。各省人民代表大会及其常务委员会通过的《安全生产条例》等有关国家法律法规的实施办法、条例等均属安全生产的地方法规。

6. 安全生产规章

规章是指国家行政机关依照行政职权所制定、发布的针对某一类事件、行为或者某一类人员的行政管理的规范性文件。安全生产规章分部门规章和地方政府规章两种。

安全生产部门规章是指国务院的部、委员会和直属机构依照法律、行政法规或者国务院的授权制定的在全国范围内实施安全生产行政管理的规范性文件。如国家安全生产监督管理总局局长办公会议审议通过的自2008年1月1日起施行的《安全生产违法行为行政处罚办法》、自2008年2月1日起施行的《安全生产事故隐患排查治理暂行规定》以及自2006年3月1日起施行的《生产经营单位安全培训规定》等。国家质量技术监督检验总局颁布的《特种设备安全事故报告和调查处理办法》等。

安全生产地方政府规章是指有地方性法规制定权的地方人民政府依照法律、行政法规、地方性法规或者本级人民代表大会或其常务委员会授权制定的在本行政区域实施行政管理的规范性文件。如各省政府、具有立法权的较大市政府依据国家法律法规，结合本辖区安全生产的需要制定的相关规定。

7. 安全生产标准

根据《劳动法》和《标准化法》的规定，安全生产标准属强制性标准，从而赋予了安全生产标准的法律地位，也是我国安全生产法规体系中的一个重要组成部分。国家标准、行业标准分为强制性标准和推荐性标准。凡保障人体健康、人身、财产安全的标准和法律、行政法规规定强制执行的标准是强制性标准，其他标准是推荐性标准。制定标准应当有利于保障安全和人民的身体健康，保护消费者的利益，保护环境。安全及卫生标准包括主要标准、基础标准、方法标准、作业场所分级标准等。

8. 国际公约

经我国批准生效的国际劳工公约，也是我国安全生产法规形式的重要组成部分。国际劳工公约，是国际安全生产法律规范的一种形式，它不是由国际劳工组织直接实施的法律规范，而是采用会员国批准，并由会员国作为制定国内安全生产法规依据的公约文本。国际劳工公约经国家权力机关批准后，批准国应采取必要的措施使该公约发生效力，并负有实施已批准的劳工公约的国际法义务。到目前为止，我国全国人民代表大会批准加入的以劳动安全卫生内容为主的国际公约共有20项。作为安全生产的国际法规范，这些国际公约在国内同样具有法律效力。随着我国加入WTO和经济的发展，相信将有更多的国际公约会被我国采纳。

四、安全生产法律体系的主要形式

1. 法律

根据《中华人民共和国立法法》（简称《立法法》）规定，全国人民代表大会及其常务委员会行使国家立法权。全国人民代表大会制定和修改刑事、民事、国家机构和其他的基本法律。全国人大常委会制定和修改除应当由全国人民代表大会制定的法律以外的其他法律；法律通过后由国家主席签署予以公布。签署公布法律的主席令应载明该法律的制定机关、通过和施行日期。法律签署公布以后，及时在全国人民代表大会常务委员会公报和在全国范围内发行的报纸上刊登。在常务委员会公报上刊登的法律文本为标准文本。

2. 行政法规

国务院根据宪法和法律，制定行政法规。国务院有关部门认为需要制定行政法规，应当向国务院报请立项。行政法规由总理签署国务院令公布，并及时在国务院公报和在全国范围内发行的报纸上刊登。在国务院公报上刊登的行政法规为标准文本。

3. 地方性法规、自治条例和单行条例

（1）地方性法规。我国《立法法》规定，省、自治区、直辖市的人民代表大会及其常务委员会根据本行政区域的具体情况和实际需要，在不同宪法、法律、行政法规相抵触的前提下，可以制定地方法规。较大的市人民代表大会及其常务委员会根据本市的具体情况和实际需要，在不同宪法、行政法规和本省、自治区的地方性法规相抵触的前提下，可以制定地方性法规，报省、自治区人民代表大会常务委员会批准后施行。所称较大的市是指省、自治区的人民政府所在地的市，经济特区所在地的市和经国务院批准的较大的市。

（2）自治条例和单行条例。民族自治地方的人民代表大会有权依照当地民族的政治、经济和文化的特点，制定自治条例和单行条例。自治区的自治条例和单行条例报全国人民代表大会常务委员会批准后生效。自治州、自治县的自治条例和单行条例，报省、自治区、直辖市的人民代表大会常委会批准后生效。

4. 规章

国务院各部委、审计署和具有行政管理职能的直属机构，可以根据法律和国务院的行政法规、决定、命令，在本部门的权限范围内，制定规章。省、自治区、直辖市和较大的市的人民政府，可以根据法律、行政法规和本省、自治区、直辖市的地方性法规，制定规章。部门规章由部门首长签署命令予以公布。地方政府规章由省长或者自治区主席或者市长签署命令予以公布。部门规章签署公布后，及时在国务院公报或者部门公报和在全国范围内发行的报纸上刊登。地方规章签署公布后，及时在本级人民政府公报和在本行政区域范围内发行的报纸上刊登。在各类公报上刊登的文本为标准文本。

五、安全生产法律法规的法律效力及相互关系

（1）安全生产法律法规是党和国家的安全生产方针政策的集中表现，是上升为国家和政府意志的一种行为准则。它以法律的形式规定人们在生产过程中的行为准则，用国家强制性的权力来维护企业安全生产的正常秩序。因此，有了各种安全生产法律法规，就可以使安全生产工作做到有法可依、有章可循。无论是单位或个人，只要违反了这些法规，都要负法律责任。

（2）安全生产法律的地位和效力次于宪法，其规定不得同宪法相抵触。安全生产法律效力高于行政法规、地方性法规和行政规章。

（3）行政法规的法律地位和法律效力次于宪法和法律，但高于地方性法规、行政规章。行政法规在中华人民共和国领域内具有约束力。这种约束力体现在两个方面：一是具有拘束国家行政机关自身的效力；二是具有拘束行政管理相对人的效力。

（4）地方性法规的法律效力高于本级和下级地方政府规章。地方性法规与部门规章之间对同一事项的规定不一致，不能确定如何适用时，由国务院提出意见，国务院认为应当适用地方性法规的，应当决定在该地方适用地方性法规的规定；认为应当适用部门规章的，应当提请全国人民代表大会常务委员会裁决。

（5）部门规章之间、部门规章与地方政府规章之间具有同等效力，在各自的权限范围内施行。部门规章之间、部门规章与地方政府规章之间对同一事项的规定不一致时，由国务院裁决。

（6）同一机关制定的法律、行政法规、地方性法规、自治条例和单行条例、规章，特别规定与一般规定不一致的，适用特别规定；新规定与旧规定不一致的，适用新的规定。

第二节　安全生产标准体系

标准是法律的延伸。安全标准就是关于安全生产的技术规范。安全生产标准的涵义是为规

范生产作业行为，改善生产工作场所或领域的劳动条件，保护劳动者免受各种伤害，保障劳动者人身安全和健康，实现安全生产，所制定并实施的相关准则和依据。

我国的安全生产技术标准化工作，是在20世纪80年代初期的改革开放起步的，现行安全生产国家标准，涉及设计、管理、方法、技术、检测检验、职业健康和个体防护用品等多个方面，有近1 500项，已经成为安全生产的重要技术支撑。

一、设计、管理类标准

这类标准主要是指一些为提高安全生产设计、监察和综合管理需要的标准。经常使用、比较重要的有如下标准。

1. 作业环境危害方面

《工业企业设计卫生标准》规定了111种毒物和9种粉尘的车间空气中最高容许浓度，为车间的设计提供了重要的劳动卫生学依据。职业危害程度分级标准有：《体力劳动强度分级》、《冷水作业分级》、《低温作业分级》、《高温作业分级》、《高处作业分级》、《毒作业分级》、《职业性接触毒物危害程度分级》、《生产性粉尘危害程度分级》等。另外，还有车间空气中有毒、有害气体或毒物含量方面的数十种标准。

2. 事故管理方面

为便于事故的管理和统计分析，在总结我国安全生产工作经验的基础上，吸收国外的先进标准，制定了我国的《企业职工伤亡事故分类》、《企业职工伤亡事故调查规则》、《企业职工伤亡事故经济损失统计标准》、《火灾事故分类》、《职工工伤与职业病致残程度鉴定标准》和《事故伤害损失工作日标准》等。

3. 安全教育方面

为了加强特种作业人员的安全技术培训、考核和管理，公布了《特种作业人员安全技术考核管理规则》、《起重机司机安全技术考核标准》、《爆破作业人员安全技术考核标准》。特种作业人员经安全技术培训后，必须进行考核，经考核合格取得操作证者，才能独立作业。取得操作证的特种作业人员，必须定期进行复审，复审的时间一般为每两年一次，复审不合格者可在两个月内再进行一次复审，仍不合格者，收缴操作证。凡超出复审期限未经有关部门同意，不得继续从事特种作业。

二、生产设备、工具类标准

这类标准主要是为了保证生产设备、工具的设计、制造、使用符合安全卫生要求的标准，大致可分为如下三方面。

1. 生产设备、工具设计原则及安全卫生标准

《生产设备安全卫生设计总则》国家标准主要规定了设备设计中有关安全卫生的基本设计原则、一般要求、常见事故和职业危害的防护要求等。对生产设备上的一些通用安全防护装置也制定了一些标准，如《固定式钢直梯安全技术条件》、《固定式钢斜梯安全技术条件》、《固定式工业防护栏杆安全技术条件》、《固定式钢平台》等。

2. 压力机械类安全卫生标准

压力机械是发生重伤事故最多的一种机械，工人在操作时经常发生手指轧伤或冲断事故，这种机械使用的面也比较广。为了减少这类事故，国家连续发布了《冲压车间安全生产通则》、《压力机械安全装置技术要求》、《压力机用感应式安全装置技术条件》、《压力机用光电式安全装置技术条件》、《压力机用手持电磁吸盘技术条件》、《磨削机械安全规程》、《冷冲压安全规程》等标准。

3. 易发生事故的机械类安全卫生标准

对一些容易发生事故的机器设备，还制定了专业的安全卫生标准。在机器设备中，死亡事故最多的是起重机械事故，《起重机械安全规程》、《起重吊运指挥信号》、《塔式起重机安全规程》、《起重机械危险部位与标志》等标准，加强了超重吊运作业的安全科学管理。

三、生产工艺安全卫生标准

这类标准主要是对一些经常发生工伤事故和容易产生职业病的生产工艺，规定了最基本的安全卫生要求。

1. 预防工伤事故的生产工艺安全标准

在由于工艺缺陷而造成的工伤事故中，厂内机动车辆的运输事故数量最多。1984 年国家发布了《工业企业厂内运输安全规程》，该规程对厂内的铁路运输、公路运输、装卸作业等方面的安全要求，都作了具体规定。此外，为了预防爆炸火灾事故，国家还发布了《粉尘防爆安全规程》、《爆破作业安全规程》、《大爆破安全规程》、《拆除爆破安全规程》、《氢气使用安全技术规程》、《氯气安全规程》和《橡胶工业静电安全规程》等标准。

2. 预防职业病的生产工艺劳动卫生工程标准

这类标准有《生产过程安全卫生要求总则》、《玻璃生产配件防尘技术规程》、《立窑水泥防尘规程》、《橡胶生产配炼车间防尘规程》等，主要是针对生产中各种危害严重的工艺，从厂房布局、通风净化、工艺设备、安全设施、组织管理等方面提出了防尘和防毒要求。为了预防有机溶剂的危害，国家还发布了 5 项涂装作业安全技术规程，规程对涂料的选用、涂装工艺、涂装设备、通风净化以及安全管理等提出要求。

四、防护用品类标准

这类标准是为了控制生产劳动防护用品质量，使其达到工作中职工的安全与健康要求。劳动防护用品分为 7 大类。

1. 头部防护类

头部防护类有《安全帽一般技术条件》及冲击吸收性能、耐穿透性能、耐燃烧性能、侧面刚性、耐水性能、防寒耐压性能等试验方法标准。

2. 呼吸器官防护类

防尘防毒呼吸器官防护类，有《自吸过滤式防尘口罩通用技术条件》和《过滤式防毒面具通用技术条件》标准，还有过滤式防毒面具的 6 种试验方法标准及 12 种滤毒罐的检验标准。

3. 眼、面防护类

在眼、面防护类中，有《焊接防目镜　面罩》、《炉窑护目镜和面罩》及一些试验方法标准。

4. 听觉器官防护类

听觉器官防护类有防噪声耳塞、防噪声耳罩等相关标准。

5. 防护服装类

防护服装类有浮体救生衣等相关标准。

6. 手、足防护类

手、足防护类有《皮安全鞋》、《防静电鞋、导电鞋技术要求》等相关标准。

7. 防坠落类

防坠落类有《安全带》、《安全网》等标准。

第三节　安全生产经济政策

安全生产经济政策是我们党和国家的一项重要政策。安全生产经济政策就是运用经济杠杆手段促进国家、企业加大安全生产的投入，改善安全生产条件，减少事故的发生，保障人民生命和财产安全，达到实现安全生产的目的。

一、安全生产经济政策的提出

新中国成立以来，我国经历了由社会主义计划经济向社会主义市场经济的转变，尽管党和政府保护从业人员的生命安全和身体健康、实现安全生产的宗旨不变，但各项安全生产经济政策在随着社会的发展而不断调整完善，主要可以分为三个阶段。

1. 计划经济时期

在计划经济时期，安全生产经济的投入主要依靠国家实施。1954 年制定的宪法以及后来各次修订的宪法中均规定“国家通过各种途径，创造劳动就业条件，加强劳动保护，改善劳动条件，并在发展生产的基础上，提高劳动报酬和福利待遇”。

1963 年 3 月颁发的《国务院关于加强企业生产中安全工作的几项规定》中提出：“企业在编制生产、技术、财务计划的同时，必须编制安全技术措施计划。安全技术措施计划的范围，包括以改善劳动条件、防止伤亡事故、预防职业病和职业中毒为目的的各项措施，不要与生产、基建和福利等措施相混淆。安全技术措施计划所需的经费，按照现行规定，属于增加固定资产的，由国家拨款；属于其他零星开支的，摊入生产成本。企业主管部门应该根据所属企业安全技术措施的需要，合理的分配国家拨款。劳动保护费的拨款，企业不得挪作他用。”在原劳动部下发的关于尘毒治理的有关文件中也有国家拨款使用的有关规定。自此以后，安全技术措施经费便是安全费用的统一提法。

2. 改革开放初期

改革开放初期，我国进行了企业经济体制改革，国务院颁布的转换国有企业经营机制条例使企业拥有了生产经营、资金使用等各项自主权。由于企业的主要负责人安全生产意识不强，单纯追求经济效益，造成企业为发展生产而相应减少了安全生产费用的投入。国有企业设备老化、安全设施不健全，人员培训不到位；民营企业的安全投入就更少甚至没有。由于相关的安全生产法律法规尚不健全，安全生产经济政策不配套，安全生产经费的投入呈现无序状态。初步统计，仅国有重点煤矿“一通三防”欠账就高达 40 多亿元。政府有关部门对此无法依法实行监督管理，形成了 20 世纪 90 年代的安全生产事故高峰期。应该说这一时期的安全生产经济政策是失控的。

3. 提出安全生产经济政策时期

随着改革开放的不断深入，国家高度重视由于安全生产投入不足造成重特大事故高发的严重形势。科学技术的发展，对生产经营单位的设备和环境条件也提出了新的要求。在完善安全生产法律法规的同时，国家要调整相应的安全生产经济政策。《安全生产法》的颁布要求生产经营单位应保证安全生产条件所必需的资金投入，国务院的《决定》又进一步提出了建立企业提取安全费用制度和安全生产风险抵押金制度。温家宝总理在全国安全生产工作会议上指出，高度重视运用经济政策和经济调控手段，要认真落实企业安全费用提取、加大生产经营单位对伤亡事故经济赔偿和建立企业安全生产风险抵押金三项政策。加大各级政府对安全生产的投入，建立健全安全生产激励约束机制。至此，提出了适应我国经济发展的安全生产经济政策。

二、安全生产经济政策的作用

（1）安全生产经济政策是国家实施宏观调控、保障经济社会持续、协调、健康发展的重要手段。

做好市场经济条件下的安全生产工作，需要运用法律手段、经济手段和必要的行政手段。国家明确的企业安全费用提取、加大生产经营单位对伤亡事故经济赔偿和建立企业安全生产风险抵押金三项政策，使安全生产经济政策工作取得了突破性进展，有效地改变了长期以来安全生产工作领域经济手段缺乏、经济政策导向作用发挥不够的情况。各级政府在依法规范安全生产工作的同时，可以依据相应的经济政策，调控安全生产行为，实现安全生产。

（2）安全生产经济政策体现了“以人为本”的科学发展观和“安全第一，预防为主，综合治理”的安全生产方针。

实施有利于安全生产的经济政策，对安全隐患釜底抽薪，为企业安全注入了活力，促使生产经营单位建立自我约束、持续改进的安全生产长效机制，尽快实现我国安全生产状况的稳定好转。

（3）安全生产经济政策反映了加强安全生产工作的实际需要。

建立企业安全费用提取制度，可以强制企业加大安全投入，扭转安全欠账过多、安全基础薄弱的现状，提高企业的安全管理水平，减少事故发生。加大生产经营单位对伤亡事故经济赔偿，既有助于维护从业人员的切身利益，使工亡人员家属和伤残人员的生活得到保障；又有助于形成促使生产经营单位主动加大安全投入、自觉防范伤亡事故的机制。建立企业安全生产风险抵押金，主要用于发生重特大事故后的抢险和救灾，有利于形成经济约束机制，防止一些生产经营单位或个体业主在重特大事故发生后逃避经济责任。

三、安全生产经济政策的主要内容

1. 建立提取安全费用制度

《安全生产法》规定“生产经营单位应当具备的安全生产条件所必需的资金投入，由生产经营单位的决策机构、主要负责人或者个人经营的投资人予以保证”，明确了企业安全费用的提取责任。《决定》第十三条规定“为保证安全生产所需的资金投入，形成企业安全生产投入的长效机制，借鉴煤矿安全费用的经验，在条件成熟后，逐步建立对高位行业生产企业提取安全费用制度”，这是改革开放后首次提出安全费用的提取要求。目前安全费用的提取和使用，在煤矿已经得到落实，提高到吨煤提取10～15元。国有煤矿基本实现了，民营煤矿还要加强监督。该费用要用在隐患治理上，专款专用。国家正在制定下一步相关规定，在其他高危行业也将借鉴煤矿经验尽快实行提取安全费用制度。

2. 加大对伤亡事故经济赔偿

《决定》第十四条规定要依法加大生产经营单位对伤亡事故的经济赔偿，要依据《安全生产法》等有关法律法规，向受到生产安全事故伤害的员工或家属支付赔偿金，进一步提高企业生产安全事故伤亡赔偿标准，建立企业负责人自觉保障安全投入，努力减少事故的机制。目前全国许多省市人民代表大会、政府结合本地区实际情况，分别制定了地方法规或政府规章，提高了生产安全事故伤亡赔偿标准，对死亡家属的补偿基本在20万元以上，比《工伤保险条例》中的因工伤死亡的补偿有较大的提高。国务院出台的《生产安全事故报告和调查处理条例》进一步规范，强制推行工伤保险，高危行业实行意外伤害保险。

3. 建立安全生产风险抵押金

《决定》第十八条规定，为强化生产经营单位的安全生产责任，各地区可结合实际，依法对矿山、道路交通运输、建筑施工、危险化学品、烟花爆竹等领域从事生产经营活动的企业，收取一定数额的安全生产风险抵押金。企业生产经营期间发生生产安全事故的，转作事故抢险救灾和善后处理所需资金。这是我国首次提出风险抵押金制度，目前在煤矿也已实施，按照其年产量提取不同数额的风险抵押金，下一步也将逐步在其他高危行业实行。

4. 保障工伤保险经费

工伤保险采取损失补偿与事故预防及职业康复相结合、工伤保险费的征收要与事故预防相结合的原则，能够保障因工作遭受事故伤害或者患职业病的职工获得医疗救治和经济补偿，促进工伤预防和职业康复，所以企业所支付的工伤保险费用可间接地看作预防事故发生的安全措施费用。

（1）工伤保险基金的来源。工伤保险基金的来源主要有三个方面：工伤保险费及其利息收入，工伤保险费滞纳金和工伤保险基金经营收入。

（2）行业差别费率制。按风险程度征收的原则实行行业差别费率制，不同的生产经营单位、行业，作业的操作过程具有不同的危险程度，对安全风险大、工伤事故和职业病容易发生的多征收，对风险小、工伤事故和职业病少的少征收。一般费率值为1% ~3%，低风险行业费率可按不超过1%取值，高风险行业可取3%左右。

（3）浮动费率制度。根据对企业安全生产状况的评估定期调整，实行浮动费率制度。对同一企业，要根据其安全生产工作力度的大小和效果的好坏，定期进行评估，对工伤保险费率进行浮动。

（4）工伤保险费的数额。用人单位缴纳工伤保险费的数额为本单位职工工资总额乘以单位缴费费率之积，即：

企业缴纳保险费额 = 本单位职工工资总额 × 该单位保险费率

工伤社会保险费的缴纳比率按用人单位的工资总额确定，列入生产经营单位成本，并强制定期向社会保险机构缴纳。国家对工伤社会保险事业的帮助则表现为：规定工伤保险费一律在生产经营单位纳税前提取，并且筹集的工伤社会保险基金免收税款，还给以优惠存储利率。

5. 推动矿山资源税的改革

资源税问题在党的十六届五中全会中提出，写入了中央经济工作会议文件、“十一五”纲要、“十一五”科技纲要和“十一五”安全规划纲要。由于现在资源税仅和企业产量挂钩，导致私采乱挖、资源浪费甚至破坏、权钱交易等危害，对矿山企业实行以储量为基数和回采率挂钩的矿山资源税的改革是最有效的经济政策，办矿先掏钱买资源，必然使矿主会精心开采自己掏钱买来的资源。通过资源、环保、安全、技术还有劳动保险，逐步解决小矿山的安全问题。

6. 减轻企业经济负担的政策

从2005年开始，国家每年出资30亿元，连续三年共90亿元，加上各级政府配套资金，三年政府加企业带动投资500亿元，补上了国有煤矿历史上的安全欠账，用于国有煤矿安全技术改造，重点支持瓦斯综合治理和利用的科技攻关工程。在市场经济的前提下，政府考虑国有煤矿原由国家出资，过去欠账现在由出资人补上，也符合《安全生产法》的规定。另外，通过解决企业办社会问题，逐步减轻企业的负担，使其集中精力做好生产及安全工作。

7. 其他政策

其他政策包括奖励政策、加大处罚力度等规定，也属于安全生产经济政策范围。如《安全生产法》规定“县级以上各级人民政府及其有关部门对报告重大事故隐患或者举报安全生产违法行为的有功人员，给予奖励”。其他的法律法规中也有相应的奖励规定，通过经济奖励政策，提高全社会的参与程度，加大社会监督力度，搞好安全生产。2000 年以后制定的有关安全生产法律法规均相应加大了安全生产违法行为的处罚力度，通过加大经济处罚力度，使生产经营单位的负责人认识到，违法安全生产的规定必须付出大的经济代价，从而提高其加强安全生产工作的自觉性，加大投入，改善安全生产条件，杜绝和减少事故发生，实现安全生产的长治久安。

第四节 安全生产法律责任

安全生产法律体系规定了各法律关系主体必须履行的义务和承担的责任，内容丰富。鉴于《安全生产法》是安全生产领域的基本法律，现主要依照该法以及《刑法》的规定，对安全生产法律责任予以说明。

一、安全生产法律责任形式

追究安全生产违法行为的法律责任的形式有三种，即行政责任、民事责任和刑事责任。在现行有关安全生产的法律、行政法规中，《安全生产法》采用的法律责任形式最全，设定的处罚种类最多，实施处罚的力度最大。

1. 行政责任

它是指责任主体违反安全生产法律规定，由有关人民政府和安全生产监督管理部门、公安机关依法对其实施行政处罚的一种法律责任。行政责任在追究安全生产违法行为的法律责任方式中运用最多。《安全生产法》针对安全生产违法行为设定的行政处罚，共有责令改正、责令限期改正、责令停产停业整顿、责令停止建设、停止使用、责令停止违法行为、罚款、没收违法所得、吊销证照、行政拘留、关闭等 11 种，这是我国有关安全生产的法律、行政法规设定中行政处罚的种类最多的。

2. 民事责任

它是指责任主体违反安全生产法律规定造成民事损害，由人民法院依照民事法律强制其进行民事赔偿的一种法律责任。民事责任的追究是为了最大限度地维护当事人受到民事损害时享有获得民事赔偿的权利。《安全生产法》是我国众多的安全生产法律、行政法规中唯一设定民事责任的法律。《安全生产法》第八十六条规定："生产经营单位将生产经营场所、设备发包或者出租给不具备安全生产条件或者相应资质的单位或者个人的……导致发生生产安全事故给他人造成损害的，与承包方、出租方承担连带赔偿责任。"第九十五条中规定："生产经营单位发生生产安全事故造成人员伤亡、他人财产损失的，应当依法承担赔偿责任。"

3. 刑事责任

刑事责任是指责任主体违反安全生产法律规定构成犯罪，由司法机关依照刑事法律给予刑罚的一种法律责任。依法处以剥夺犯罪分子人身自由的刑罚，是三种法律责任中最严厉的。为了制裁那些严重的安全生产违法犯罪分子，《安全生产法》设定了刑事责任。《刑法》有关安全生产违法行为的罪名，主要有重大责任事故罪、重大劳动安全事故罪、危险物品肇事罪和提供虚假证明文件罪以及国家工作人员职务犯罪等。

二、安全生产违法行为行政处罚的决定机关

安全生产违法行为行政处罚的决定机关亦称行政执法主体，是指法律、法规授权履行法律实施职权和负责追究有关法律责任的国家行政机关。在目前的安全生产监督管理体制下，《安全生产法》规定的行政执法主体有以下 4 种。

1. 县级以上人民政府负有安全生产监督管理职责的部门

县级以上人民政府负责安全生产监督管理的部门是《安全生产法》主要的行政执法主体。除了法律特别规定之外的行政处罚，安全生产监督管理部门均有权决定。这是强化安全生产综合监管部门的法律地位和执法手段的需要。

2. 县级以上人民政府

经停产整顿仍不具备安全生产条件的生产经营单位，规定由负责安全生产监督管理的部门报请县级以上人民政府按照国务院规定的权限决定予以关闭。关闭的行政处罚的执法主体只能是县级以上人民政府，其他部门无权决定此项行政处罚。

3. 公安机关

拘留是限制人身自由的行政处罚，由公安机关实施。为了保证对限制人身自由行政处罚主体的一致性，《安全生产法》第九十条规定："给予拘留的行政处罚由公安机关依照《治安管理处罚条例》的规定决定。"对违反《安全生产法》有关规定需要予以拘留的，除公安机关以外的其他部门、单位和个人，都无权擅自抓人。

4. 法定的其他行政机关

在《安全生产法》公布实施之前，国家已经制定了一些有关安全生产的法律、行政法规，其中对有关行政处罚的机关已经明确。为了保持法律执法主体的连续性，界定安全生产综合监管部门与安全生产专项监管部门的行政执法权力，《安全生产法》第九十四条规定："有关法律、行政法规对行政处罚的决定机关另有规定的，依照其规定。"依照有关安全生产法律、行政法规履行某些行政处罚权力的，主要有公安、工商、铁道、交通、民航、建筑、质检和煤矿安全监察等专项安全生产监管部门和机构，他们在有关法律、行政法规授权的范围内，有权决定相应的行政处罚。对于《安全生产法》明确规定而其他有关法律、行政法规没有规定的安全生产违法行为，应由负责安全生产监督管理的部门作为行政执法主体，依照《安全生产法》实施行政处罚。

三、安全生产违法行为的责任主体

安全生产违法行为的责任主体，是指依照《安全生产法》的规定享有安全生产权利、负有安全生产义务和承担法律责任的社会组织和公民。责任主体主要有4种。

1. 有关人民政府和负有安全生产监督管理职责的部门及其领导人、负责人

《安全生产法》明确规定了各级地方人民政府和负有安全生产监督管理职责的部门对其管辖行政区域和职权范围内的安全生产工作进行监督管理。监督管理既是法定职权，又是法定职责。如果由于有关地方人民政府和负有安全生产监督管理职责的部门的领导人和负责人违反法律规定而导致重大、特大事故，执法机关将依法追究因其失职、渎职和负有领导责任的行为所应承担的法律责任。

2. 生产经营单位及其负责人、有关主管人员

《安全生产法》对设置安全生产管理机构或者配备专职安全生产管理人员作出了规定，对生产经营单位主要负责人、安全生产管理机构、安全生产管理人员的资质进行了明确。作为安全生产工作的直接管理者，保障安全生产是他们义不容辞的责任。

3. 生产经营单位的从业人员

从业人员直接从事生产经营活动，他们往往是各种事故隐患和不安全因素的第一知情者和直接受害者。从业人员的安全素质高低，对安全生产至关重要。所以，《安全生产法》在赋予他们必要的安全生产权利的同时，设定了他们必须履行的安全生产义务。如果因从业人员违反

安全生产义务而导致重大、特大事故，那么必须承担相应的法律责任。

4. 安全生产中介服务机构和安全生产中介服务人员

从事安全生产评价认证、检测检验、咨询服务等工作的中介机构及其安全生产的专业工程技术人员，必须具有执业资质才能依法为生产经营单位提供服务。如果中介机构及其工作人员对其承担的安全评价、认证、监测、检验事项出具虚假证明，视情节轻重，将追究其行政责任、民事责任和刑事责任。

四、生产经营单位的法律责任

《安全生产法》规定追究生产经营单位法律责任的安全生产违法行为有 25 种，按以下形式予以追究。

(1) 责令限期改正，逾期未改正的，责令停产停业整顿。

责令限期改正，逾期未改正的，责令停产停业整顿的行为有：生产、经营、储存、使用危险物品的车间、商店、仓库与员工宿舍在同一座建筑内，或者与员工宿舍的距离不符合安全要求的；生产经营场所和员工宿舍安全出口不符合规定；两个以上生产经营单位在同一作业区域内进行可能危及对方安全生产的生产经营活动时，未签订安全生产管理协议；生产经营单位未与承包单位、承租单位签订专门的安全生产管理协议或者未在承包合同、租赁合同中明确各自的安全生产管理职责，或者未对承包单位、承租单位的安全生产统一协调、管理的等 4 种违法行为。

(2) 责令限期改正，逾期未改正的，责令停止建设或者停产停业整顿，可以并处罚款。

责令限期改正，逾期未改正的，责令停止建设或者停产停业整顿，可以并处罚款的行为有：未按照规定设立安全生产管理机构或者配备安全生产管理人员；危险物品的生产、经营、储存单位以及矿山、建筑施工单位的主要负责人和安全生产管理人员未按照规定经考核合格；矿山建设项目或者用于生产、储存危险物品的建设项目“三同时”未设计审查和竣工验收等 16 种行为。

(3) 责令限期改正，没收违法所得，并处罚款。

责令限期改正，没收违法所得，并处罚款的行为有：未经依法批准，擅自生产、经营、储存危险物品；将生产经营项目、场所、设备发包或者出租给不具备安全生产条件或者相应资质的单位或者个人等 2 种行为。

(4) 予以关闭。

生产经营单位不具备本法和其他有关法律、行政法规和国家标准或者行业标准规定的安全生产条件，经停产停业整顿仍不具备安全生产条件的，予以关闭；有关部门依法吊销其有关证照。

(5) 赔偿和连带赔偿。

赔偿和连带赔偿责任的行为有：生产经营单位发生生产安全事故造成人员伤亡、他人财产损失的，应当依法承担赔偿责任，拒不承担或者其负责人逃匿的，由人民法院依法强制执行；违法将生产经营项目、场所、设备发包或者出租给不具备安全生产条件或者相应资质的单位或者个人导致事故发生，给他人造成损害的，与承包方、承租方承担连带赔偿责任。

五、追究有关人员法律责任的安全生产违法行为

1. 追究生产经营单位有关人员法律责任的违法行为

《安全生产法》规定追究生产经营单位有关人员法律责任的安全生产违法行为，有下列 6 种：

(1) 生产经营单位的决策机构、主要负责人、个人经营的投资人不依照本法规定保证安

全生产所必需的资金投入，致使生产经营单位不具备安全生产条件的；

（2）生产经营单位的主要负责人未履行本法规定的安全生产管理职责的；

（3）生产经营单位与从业人员订立协议，免除或者减轻其对从业人员因生产安全事故伤亡依法应承担的责任的；

（4）生产经营单位主要负责人在本单位发生重大生产安全事故时，不立即组织抢救或者在事故调查处理期间擅离职守或者逃匿的；

（5）生产经营单位主要负责人对生产安全事故隐瞒不报、谎报或者拖延不报的；

（6）生产经营单位的从业人员不服从管理，违反安全生产规章制度或者操作规程的。

《安全生产法》设定上述安全生产违法行为的法律责任为实施降职、撤职、罚款、拘留等行政处罚；构成犯罪的，依法追究刑事责任。

2. 追究安全生产中介机构有关人员法律责任的违法行为

《安全生产法》规定的追究安全生产中介机构及其有关人员法律责任的安全生产违法行为，主要是承担安全评价、认证、检测、检验工作的机构出具虚假证明。

《安全生产法》对该种安全生产违法行为设定的法律责任是实施罚款、没收违法所得、撤销执业资格的行政处罚；给他人造成损害的，与生产经营单位承担连带赔偿责任；构成犯罪的，依法追究刑事责任。

3. 追究负有安全生产监督管理职责部门的工作人员法律责任的违法行为

负有安全生产监督管理职责的部门的工作人员的5种违法行为，《安全生产法》规定依法应予以追究法律责任。

（1）对不符合法定安全生产条件的涉及安全生产的事项予以批准或者验收通过的；

（2）发现未依法取得批准、验收的单位擅自从事有关活动或者接到举报后不予以取缔或者不依法予以处理的；

（3）对已经依法取得批准的单位不履行监督管理职责，发现其不再具备安全生产条件而不撤销原批准或者发现安全生产违法行为不予以查处的；

（4）负有安全生产监督管理职责的部门，要求被审查、验收的单位购买其指定的安全设备、器材或者其他产品的，在对安全生产事项的审查、验收中收取费用的；

（5）有关地方人民政府、负有安全生产监督管理职责的部门，对生产安全事故隐瞒不报、谎报或者拖延不报的。

《安全生产法》对上述安全生产违法行为设定的法律责任是给予行政降级、撤职等行政处分；构成犯罪的，依照刑法有关规定追究刑事责任。

六、安全生产犯罪

刑事责任是指责任主体违反安全生产法律规定构成犯罪，由司法机关依照《刑法》处以刑罚的一种法律责任。依法处以剥夺犯罪分子人身自由的刑罚，是三种法律责任中最严厉的。《刑法》有关安全生产犯罪的规定主要有重大责任事故罪、重大劳动安全事故罪、危险物品肇事罪、提供虚假证明文件罪以及国家工作人员职务犯罪等。依照刑事诉讼法的规定，追究刑事责任的执法主体是法定的司法机关，即按照各自的职责分工，分别由公安机关、检察机关和人民法院追究刑事责任，由人民法院依法作出最终的司法判决。

1. 重大责任事故罪

《刑法》第一百三十四条规定："工厂、矿山、林场、建筑企业或者其他企业、事业单位的职工，由于不服从管理、违反规章制度，或者强令工人冒险作业，因而发生重大伤亡事故或者造成其他严重后果的，处3年以下有期徒刑或者拘役；情节特别恶劣的，处3年以上7年以下有期徒刑。”重大责任事故罪的犯罪客体是人的生命和健康；犯罪主体是工厂、矿山、林场、建筑企业或者其他企业、事业单位的职工，即从业人员，包括企业、事业单位的管理人员和作业人员。

2. 重大劳动安全事故罪

《刑法》第一百三十五条规定：“工厂、矿山、林场、建筑企业或者其他企业、事业单位的劳动安全设施不符合国家规定，经有关部门或者单位职工提出后，对事故隐患仍不采取措施，因而发生重大事故或者造成其他严重后果的，对直接责任人员，处3年以下有期徒刑或者拘役；情节特别恶劣的，处3年以上7年以下有期徒刑。”重大劳动安全事故罪的犯罪客体是人的生命和健康；犯罪主体是工厂、矿山、林场、建筑企业或者其他企业、事业单位的有关人员，包括这些单位的负责人、管理人员和其他有关人员。

3. 危险物品肇事罪

《刑法》第一百三十六条规定：“违反爆炸性、易燃性、放射性、毒害性、腐蚀性物品的管理规定，在生产、储存、运输、使用中发生重大事故，造成严重后果的，处3年以下有期徒刑或者拘役；后果特别严重的，处3年以上7年以下有期徒刑。”危险物品肇事罪的犯罪客体是人的生命和健康；犯罪主体是生产、储存、运输、使用等单位的直接责任人员，包括单位负责人、管理人员、从业人员或其他有关人员。

4. 重大工程安全事故罪

《刑法》第一百三十七条规定：“建设单位、设计单位、施工单位、工程监理单位违反国家规定，降低工程质量标准，造成重大安全事故的，对直接责任人员，处5年以下有期徒刑或者拘役，并处罚金；后果特别严重的，处5年以上10年以下有期徒刑，并处罚金。”重大工程安全事故罪的犯罪客体是人的生命和健康；犯罪主体是建设单位、设计单位、施工单位、工程监理单位的直接责任人员，包括有关单位的负责人、管理人员、设计人员、作业人员、监理人员和其他有关人员。

5. 重大教育设施安全事故罪

《刑法》第一百三十八条规定：“明知校舍或者教育教学设施有危险，而不采取措施或者不及时报告，致使发生重大伤亡事故的，对直接责任人员，处3年以下有期徒刑或者拘役；后果特别严重的，处3年以上7年以下有期徒刑。”重大教育设施安全事故罪的犯罪客体是人的生命和健康；犯罪主体是教育教学的学校、教育研究机构的直接责任人员，包括这些单位的负责人、管理人员、从业人员和其他有关人员。

6. 消防责任事故罪

《刑法》第一百三十九条规定：“违反消防管理法规，经消防监督机构通知采取改正措施而拒绝执行，造成严重后果的，对直接责任人员，处3年以下有期徒刑或者拘役；后果特别严重的，处3年以上7年以下有期徒刑。”消防责任事故罪的犯罪客体是人的生命和健康与公私财产；犯罪主体是有关单位的直接责任人员，包括有关单位的负责人、管理人员、从业人员和其他有关人员。

7. 重大飞行事故罪

《刑法》第一百三十一条规定：“航空人员违反规章制度，致使发生重大飞行安全事故，造成严重后果的，处3年以下有期徒刑或者拘役；造成飞机坠毁或者人员死亡的，处3年以上7年以下有期徒刑。”重大飞行事故罪的犯罪客体是人的生命和健康；犯罪主体是航空运输企业和有关单位的航空人员，包括航空运输企业和有关单位的负责人、管理人员、从业人员和其他人员。

8. 铁路运营安全事故罪

《刑法》第一百三十二条规定：“铁路职工违反规章制度，致使发生铁路运营安全事故；造成严重后果的，处3年以下有期徒刑或者拘役；造成特别严重后果的，处3年以上7年以下有期徒刑。”铁路运营安全事故罪的犯罪客体是人的生命和健康；犯罪主体是铁路运营单位的职工，包括单位负责人、管理人员、作业人员和其他有关人员；客观要件是实施了违反规章制度的违法行为，致使发生铁路运营安全事故，造成严重后果；主观要件是具有违反规章制度的过失。

9. 交通肇事罪

《刑法》第一百三十三条规定：“违反交通运输管理法规，因而发生重大事故，致人重伤、死亡或者使公私财产遭受重大损失的，处3年以下有期徒刑或者拘役；交通运输肇事后逃逸或者有其他特别恶劣情节的，处3年以上7年以下有期徒刑；因逃逸致人死亡的，处7年以上有期徒刑。”交通肇事罪的犯罪客体是人的生命和健康与公私财产；犯罪主体是交通运输企业和单位的直接责任人员，包括交通运输企业和单位的负责人、管理人员、驾驶员和其他有关人员。

10. 贪污罪

《刑法》第三百八十二条规定：“国家工作人员利用职务上的便利，侵吞、窃取、骗取或者以其他手段非法占有公共财物的，是贪污罪。”贪污罪的犯罪客体是公有财物；犯罪主体是国家机关工作人员，包括各级国家权力机关、行政机关公务人员和国有企业以及其他有关人员。

11. 受贿罪

《刑法》第三百八十五条规定：“国家工作人员利用职务上的便利，索取他人财物的，或者非法接受他人财物，为他人谋取利益的，是受贿罪。”第三百八十六条规定：“对犯受贿罪的，根据受贿数额及情节，依照本法第三百八十三条规定处罚。索贿的从重处罚。”受贿罪的犯罪客体是他人财物；犯罪主体是国家机关工作人员，包括各级国家权力机关、行政机关公务人员和国有企业以及其他有关人员。

12. 玩忽职守罪

《刑法》第三百九十七条第一款规定：“国家机关工作人员滥用职权或者玩忽职守，致使公共财产、国家和人民利益遭受重大损失的，处3年以下有期徒刑或者拘役；情节特别严重的，处3年以上7年以下有期徒刑。本法另有规定的，依照规定。”玩忽职守罪的犯罪客体是公共财产、国家和人民利益；犯罪主体是国家机关工作人员，包括各级国家权力机关、行政机关工作人员和国有企业以及其他有关人员。

13. 徇私舞弊罪

《刑法》第三百九十七条第二款规定：“国家机关工作人员徇私舞弊，犯有前款罪的，处5年以下有期徒刑或者拘役；情节特别严重的，处5年以上10年以下有期徒刑。本法另有规定的，依照规定。”徇私舞弊罪的犯罪客体是行政管理秩序、国家和人民利益；犯罪主体是国家机关工作人员，包括各级国家权力机关、行政机关公务人员和国有企业以及其他有关人员。

14. 安全生产中介机构及其有关人员构成犯罪所应承担的刑事责任

《刑法》关于安全生产中介机构及其有关人员的犯罪主要是提供虚假证明文件罪。《刑法》第二百二十九条规定：“承担资产评估、验资、验证、会计、审计、法律服务等职责的中介组织的人员故意提供虚假证明文件，情节严重的，处5年以下有期徒刑或者拘役，并处罚金。前款规定的人员，索取他人财物或者非法收受他人财物，犯前款罪的，处5年以上10年以下有期徒刑，并处罚金。第一款规定的人员，严重不负责任，出具的证明文件有重大失实，造成严重后果的，处3年以下有期徒刑或者拘役，并处或者单处罚金。”提供虚假证明文件罪的犯罪客体是破坏行政管理秩序，危及公私财产和人的生命与健康；犯罪主体是安全生产中介机构及其有关人员，包括安全生产中介机构的负责人、管理人员、安全生产中介人员和其他有关人员。

15. 伪造、变造、买卖安全生产事项行政许可证书的刑事责任

依照《安全生产法》第五十四条的规定，负有安全生产监督管理职责的部门有权依法以批准、核准、许可、注册、认证和颁发证照等形式对安全生产事项实施行政许可。上述安全生产事项行政许可的各种公文、证照是法定文书，不得伪造、变造、买卖。

违反《刑法》的有关规定，伪造、变造、买卖安全生产事项行政许可证书的，构成伪造、变造、买卖国家机关公文、证件、印章罪。根据《刑法》第二百八十条第一款的规定，伪造、变造、买卖或者盗窃、抢夺、毁灭国家机关的公文、证件、印章的，处3年以下有期徒刑、拘役、管制或者剥夺政治权利；情节严重的，处3年以上10年以下有期徒刑。伪造、变造、买卖国家机关公文、证件、印章罪的犯罪客体是国家机关的工作秩序和行政管理；犯罪主体是伪造、变造、买卖安全生产行政许可证书的直接责任人员，包括有关单位的负责人、管理人员和其他有关人员。

第五节　安全生产法律法规简介

我国安全生产法律体系内容十分丰富，在宪法这一根本大法的指导下，全国人大、国务院相继审议通过颁布出台了一系列安全生产法律法规以及含有安全生产相关内容的法律法规。安全生产法律有：《安全生产法》、《职业病防治法》、《消防法》、《矿山安全法》、《道路交通安全法》、《海上交通安全法》以及《刑法》、《劳动法》、《工会法》、《未成年人保护法》、《妇女权益保护法》等；安全生产行政法规有：《国务院关于特大安全事故行政责任追究的规定》（国务院令302号）、《危险化学品安全管理条例》（国务院令344号）、《工伤保险条例》（国务院令375号）、《建设工程安全生产管理条例》（国务院令393号）《安全生产许可证条例》（国务院令397号）、《国务院关于进一步加强安全生产工作的决定》（2004年1月）、《烟花爆竹安全管理条例》（国务院令455号）、《生产安全事故报告和调查处理条例》（国务院令493号）、《特种设备安全监察条例》（国务院令549号2009年修订）等。

一、《中华人民共和国宪法》（简称《宪法》）

《宪法》是我国的根本大法，是制定安全生产法规的法律依据和指导原则。《宪法》对安全生产和劳动保护所作的规定有以下内容。

第四十二条　中华人民共和国公民有劳动的权利和义务。国家通过各种途径，创造劳动就业条件，加强劳动保护，改善劳动条件，并在发展生产的基础上，提高劳动报酬和福利待遇。国家对就业前的公民进行必要的劳动就业训练。

第四十三条　中华人民共和国劳动者有休息的权利。国家发展劳动者休息和休养的设施，规定职工的工作时间和休假制度。

第四十八条　国家保护妇女的权利和利益，实行男女同工同酬。

二、《中华人民共和国刑法》

《刑法》于 1997 年 3 月 14 日第八届全国人民代表大会第五次会议通过修订，自 1997 年 10 月 1 日起施行。涉及安全生产专业的有重大责任事故罪、重大劳动安全事故罪、危险物品肇事罪、重大工程安全事故罪、重大教育设施安全事故罪、消防责任事故罪、重大飞行事故罪、铁路运营安全事故罪、交通肇事罪等 9 种。

《刑法》的任务，是用刑罚同一切犯罪作斗争，以保卫国家安全，保卫人民民主专政的政权和社会主义制度，保护国有财产和劳动群众集体所有的财产，保护公民私人所有的财产，保护公民的人身权利、民主权利和其他权利，维护社会秩序、经济秩序，保障社会主义建设事业的顺利进行。

三、《中华人民共和国安全生产法》

《安全生产法》共 7 章 97 条，于 2002 年 11 月 1 日起实施，是我国有关安全生产的综合性基础法。这部法律对安全生产工作的方针、生产经营单位的安全生产保障、从业人员的权利与义务、政府对安全生产的监督管理、生产安全事故应急救援与调查处理以及违法行为的法律责任等作出了明确规定，是加强安全生产管理的重要法律依据。为了制裁严重的安全生产违法犯罪分子，《安全生产法》关于追究刑事责任的规定有 11 条，这就是说，如果违反了其中任何一条规定而构成犯罪的，都要依照刑法追究刑事责任。

实际上，本书的基本内容就是按照《安全生产法》的相关规定而展开的。相关内容见各章节内容，在此不再赘述。

四、安全生产相关专门法律

1. 《中华人民共和国劳动法》

《劳动法》共 13 章 107 条，于 1994 年 7 月 5 日第八届全国人民代表大会常务委员会第八次会议审议通过。《劳动法》作为我国第一部全面调整劳动关系的基本法和劳动法律体系的母法，是制定和执行其他劳动法律法规的依据，既是劳动者在劳动问题上的法律保障，又是每一个劳动者在劳动过程中的行为规范。与安全生产有关的内容包括：关于工作时间和休息放假的规定，关于用人单位在安全卫生方面的权利义务的规定，关于劳动者安全卫生权利和义务的规定，关于伤亡事故的规定等。

2. 《中华人民共和国职业病防治法》

《职业病防治法》共 7 章 79 条，于 2001 年 10 月 27 日第九届全国人民代表大会常务委员会第二十四次会议通过。《职业病防治法》的调整范围限定于企业、事业单位和个体经济组织的劳动者在工作或者其他职业活动中，因接触粉尘、放射性物质和有毒、有害物质等职业危害因素而引起的职业病。

《职业病防治法》明确职业病防治工作的基本方针是“预防为主，防治结合”，基本管理原则是“分类管理、综合治理”，对职业病的前期预防，劳动过程中的防护与管理，职业病的诊断管理，对职业病病人的治疗与保障作出了具体规定。

3. 《中华人民共和国消防法》

《消防法》是于 1998 年 4 月 29 日第九届全国人民代表大会第二次会议通过的；第十一届全国人民代表大会常务委员会第五次会议于 2008 年 10 月 28 日修订通过，修订后的《中华人民共和国消防法》自 2009 年 5 月 1 日起施行。

修订后的《消防法》实施的目的是为了预防火灾和减少火灾危害，保护公民人身、公共财产的安全，维护公共安全，保障社会主义现代化建设的顺利进行。消防工作贯彻“预防为主、防消结合”的方针，按照“政府统一领导、部门依法监管、单位全面负责、公民积极参与”的原则，实行消防安全责任制，建立健全社会化的消防工作网络。

4.《中华人民共和国矿山安全法》

《矿山安全法》共8章50条，于1992年11月7日第七届全国人民代表大会常务委员会第二次会议通过，于1993年5月1日起施行。《矿山安全法》的立法目的是为了保障矿山生产安全，防止矿山事故，保护矿山职工人身安全，促进采矿业的发展。

《矿山安全法》作为我国第一部劳动安全卫生方面的法律，分别对矿山建设和开采的安全保障、矿山企业的安全管理和监督、事故处理、法律责任等内容作了规定。

5.《中华人民共和国交通安全法》

《交通安全法》共8章124条，于2003年10月28日第十届全国人民代表大会常务委员会第五次会议通过，于2004年5月1日起施行。《交通安全法》为维护道路交通秩序，预防和减少交通事故，保护人身安全，保护公民、法人和其他组织的财产安全及其他合法权益，提高通行效率，对车辆驾驶人、行人、乘车人以及与道路交通活动有关的单位和个人的权利、职责和义务进行了明确。

6.《中华人民共和国海上交通安全法》

《海上交通安全法》共12章53条，于1983年第六届全国人民代表大会常务委员会第二次会议通过。《海上交通安全法》分别对船舶检验和登记、船舶及设施上的人员要求、安全保障、危险货物运输、海难救助、交通事故的调查处理和法律责任等内容作了规定。

五、安全生产行政法规

1.《国务院关于特大安全事故行政责任追究的规定》（国务院令302号）

《国务院关于特大安全事故行政责任追究的规定》是由国务院于2001年4月21日发布施行的。《国务院关于特大安全事故行政责任追究的规定》发布的目的是为了有效地防范特大安全事故的发生，严肃追究特大安全事故的行政责任，保障人民群众生命、财产安全。

《国务院关于特大安全事故行政责任追究的规定》中的特大安全事故包括特大火灾事故，特大交通安全事故，特大建筑质量安全事故，民用爆炸物品和危险化学品特大安全事故，煤矿和其他矿山特大安全事故，锅炉、压力容器、压力管道和特种设备特大安全事故，其他特大安全事故。负责行政审批的政府部门或者机构，对符合法律、法规和规章规定的安全条件予以批准；弄虚作假，骗取批准或者勾结串通行政审批工作人员取得批准的，将对部门或者机构的正职负责人，根据情节轻重，给予降级、撤职直至开除公职的行政处分；与当事人勾结串通的，应当开除公职；构成受贿罪、玩忽职守罪或者其他罪的，依法追究刑事责任。

2.《危险化学品安全管理条例》（国务院令344号）

《危险化学品安全管理条例》于2002年1月9日国务院第五十二次常务会议通过，2002年3月15日起施行。1987年2月17日国务院发布的《化学危险品安全管理条例》同时废止。发布《危险化学品安全管理条例》的目的是为了加强对危险化学品的安全管理，保证人民生命、财产安全，保护环境。危险化学品是指具有易燃、易爆、有毒、有害及有腐蚀性，会对人员、设施、环境造成伤害或者损害的化学品，包括爆炸物品、压缩气体和液化气体、易燃液体、易燃固体、自燃物品和遇湿易燃物品、氧化剂和有机过氧化物、有毒品和腐蚀品等。

《危险化学品安全管理条例》的适用范围非常广泛，覆盖了危险化学品安全管理的各个环节。凡是在我国境内的企业、事业单位和公民个人从事危险化学品的生产、经营、储存、运输、使用以及进口危险化学品的经营、储存、运输、使用和处置等活动，必须遵守这部行政法规。

3.《工伤保险条例》(国务院令 375 号)

《工伤保险条例》共 8 章 64 条，于 2003 年 4 月 27 日国务院第 375 号令公布，自 2004 年 1 月 1 日起施行。《工伤保险条例》发布的目的是为了保障因工作遭受事故伤害或者患职业病的职工获得医疗救治和经济补偿，促进工伤预防和职业康复，分散用人单位的工伤风险。国家对工伤保险补偿作出了明确的法律规定，解决了长期困扰各级人民政府的一大难题，对做好工伤人员的医疗救治和经济补偿，加强安全生产工作，预防和减少生产安全事故，实现社会稳定，具有积极的作用。

《工伤保险条例》对工伤保险的适用范围、认定工伤的条件、工伤和劳动能力的鉴定、工伤保险费的缴纳、工伤保险待遇等作了详细的规定。

4.《建设工程安全生产管理条例》(国务院令 393 号)

《建设工程安全生产管理条例》共 7 章 71 条，2003 年 11 月 24 日国务院第 393 号令公布，自 2004 年 2 月 1 日起施行。《建设工程安全生产管理条例》发布的目的是为了加强建设工程安全生产监督管理，保障人民群众生命和财产安全。它对从事建设工程的新建、扩建、改建和拆除等有关活动及实施对建设工程安全生产的监督管理进行了规定，明确了建设单位、勘察单位、设计单位、施工单位、工程监理单位及其他与建设工程安全生产有关单位的安全生产责任。

5.《安全生产许可证条例》(国务院令 397 号)

《安全生产许可证条例》共 24 条，2004 年 1 月 13 日国务院第 397 号令公布实施。《安全生产许可证条例》是我国第一部对煤矿企业、非煤矿山企业、建筑施工企业和危险化学品、烟花爆竹、民用爆破器材生产企业实施安全生产行政许可的行政法规。这部行政法规重在法律制度的建设和创新，依法确立了安全生产许可制度，填补了我国安全生产法律制度的一项空白。《安全生产许可证条例》的施行，对于建立安全生产许可制度，依法规范企业的安全生产条件，强化安全生产监督管理，防止和减少生产安全事故，必将发挥重要的作用。

6.《国务院关于进一步加强安全生产工作的决定》(国务院［2004］2 号)

《国务院关于进一步加强安全生产工作的决定》(国务院［2004］2 号) 共 5 部分 23 条，于 2004 年 1 月 20 日发布。《决定》主要包括提高认识——明确指导思想和奋斗目标，完善政策，大力推进安全生产各项工作；强化管理——落实经营单位安全生产主体责任，完善机制—加强安全生产监督管理；加强领导——形成齐抓共管的合力。这个文件是我们当前和今后一段时间内做好安全生产工作的指导性文件。

7.《烟花爆竹安全管理条例》(国务院令 455 号)

《烟花爆竹安全管理条例》共 7 章 46 条，2006 年 1 月 11 日国务院第一百二十一次常务会议通过，国务院令 455 号公布，自 2006 年 1 月 21 日起施行。《烟花爆竹安全管理条例》发布的目的是为了加强烟花爆竹安全管理，预防爆炸事故发生，保障公共安全和人身、财产的安全；适用范围是烟花爆竹的生产、经营、运输和燃放。国家对烟花爆竹的生产、经营、运输和焰火晚会举办以及其他大型焰火燃放活动，实行许可证制度。未经许可，任何单位或者个人不得生产、经营、运输烟花爆竹，不得举办焰火晚会以及其他大型焰火燃放活动。

8.《生产安全事故报告和调查处理条例》(国务院令 493 号)

《生产安全事故报告和调查处理条例》共 6 章 46 条，2007 年 3 月 28 日国务院第一百七十二次常务会议通过并以第 493 号令公布，2007 年 6 月 1 日起施行。国务院 1989 年 3 月 29 日公布的《特别重大事故调查程序暂行规定》（34 号令）和 1991 年 2 月 22 日公布的《企业职工伤亡事故报告和处理规定》（75 号令）同时废止。

《生产安全事故报告和调查处理条例》发布的目的是为了规范生产安全事故的报告和调查处理，落实生产安全事故责任追究制度，防止和减少生产安全事故。其内容进一步明确了事故的等级和事故报告、调查、处理、处罚的具体规定。

9.《特种设备安全监察条例》（国务院令 549 号 2009 年修订）

《特种设备安全监察条例》于 2003 年 3 月 11 日国务院第 373 号令公布，自 2003 年 6 月 1 日起施行。2009 年 1 月 14 日国务院第 46 次常务会议通过《国务院关于修改〈特种设备安全监察条例〉的决定》。修改后的《特种设备安全监察条例》（国务院令 549 号 2009 年修订）共 8 章 103 条，修改发布的目的是为了加强特种设备的安全监察，防止和减少事故，保障人民群众生命和财产安全，促进经济发展。

《特种设备安全监察条例》将锅炉、压力容器、压力管道、电梯、起重机械、客运索道、大型游乐设施和场（厂）内专用机动车辆明确为特种设备，并规定了特种设备的生产者、使用者、检验者和监督者的职责、权利和义务。

第三章　安全生产管理

生产经营单位是生产经营活动的主体，也是安全生产管理的主体。生产经营单位主要负责人是生产经营活动的主要负责人，也是安全生产管理的主要负责人。千方百计地加强各项安全生产管理，完善安全生产条件，从根本上预防和消除生产安全事故是生产经营单位主要负责人的重要职责。

安全生产管理的内容十分丰富，既有传统的，又有现代的。本章对丰富的安全生产管理知识进行了梳理和归类，从生产经营单位安全生产基本条件入手，介绍了安全生产目标责任管理、安全技术措施经费管理、安全生产教育培训管理等传统管理方式，又介绍了安全质量标准化管理、职业健康安全管理体系以及现场定置与重大危险源安全管理等现代科学管理模式，明确了生产经营单位安全生产管理的基本思路。

第一节　安全生产目标责任管理

安全生产目标责任管理是安全生产目标与安全生产责任管理的综合。安全生产目标是生产经营单位确定的、在一定时期内应该达到的安全生产总目标；安全生产责任是生产经营单位各级领导、各个部门、各类人员各自职责范围内对安全生产应负的责任；安全生产目标只有通过落实安全生产责任才能完成，落实安全生产责任是为了完成各项安全生产目标。

一、安全生产目标

为了保证生产经营活动的正常进行，生产经营单位必须加强工作目标管理，制订自上而下的、切实可行的安全生产目标，形成以总目标为中心的、全体人员参与的、完整安全生产目标体系。

1. 安全生产目标值的确定

要在生产经营单位中实行安全生产目标管理，首先要将安全生产任务转化为目标，确定目标值。主要目标值有以下几种。

（1）工伤事故的次数和伤亡程度指标。根据生产经营单位的生产经营类型和规模大小等因素确定出各类工伤事故应控制发生的次数和伤亡人数，其主要指标有事故发生率、事故严重率等。

（2）安全投入指标。生产经营单位为改善作业环境、整改事故隐患、强化安全管理和诊断职业病、处理伤亡事故过程的一切耗费，分为主动投入和被动投入。

（3）日常安全管理工作指标。主要包括新从业人员入厂三级教育率，主要生产专业工种安全培训率，特种作业人员持证率，特种设备定检率，火灾、爆炸事故损失等。

2. 安全生产目标体系的建立

安全生产目标体系就是安全生产目标的网络化、细分化。安全生产目标展开要做到横向到边，纵向到底，纵横连锁形成网络。横向到边就是把生产经营单位的总目标分解到各个部门；纵向到底就是把单位的总目标由上而下一层一层分解，明确落实到每个人头上。把安全生产目标有效展开，是确保体系建立的重要环节。

3. 安全生产目标措施体系

安全生产目标措施体系是安全目标落实的保证，它是安全措施（包括组织保证措施、技术保证措施、管理保证措施等）的具体化、系统化，是安全目标管理的关键部分。

根据目标层层分解的原则，保证措施也要层层落实，做到目标和保证措施相对应，使每个目标值都有具体保证措施。就目前安全管理来看，保证措施就是落实以安全生产责任制为中心的各项措施的落实，比如加强全员安全培训，提高员工安全技术素质；编制、修订各类安全管理制度；治理有毒、有害岗位；落实安全技术措施项目；加强各类安全检查，及时消除事故隐患；开展事故预测，提高防灾能力；确定危险岗位，管理危险设备；完善各种安全措施等。保证措施的落实在整个目标管理中的作用非常大，关系到目标管理的最后结果。所以，措施的制定要越具体越好，要有质量、时间等方面的具体要求。

安全生产目标体系与措施体系的关系就是所制定的目标要有具体的安全措施来保证，并做到目标自上而下层层分解，措施要自下而上层层保证。

二、安全生产责任

安全生产责任管理，是安全生产基础管理工作的内容之一，是生产经营单位岗位责任制的一个组成部分，也是生产经营单位安全生产管理制度的核心。生产经营单位安全生产责任制度要根据“安全生产，人人有责”的总原则来制定，既规定谁负责，又规定负责什么；要横向到边，纵向到底，不留空白和死角。安全生产责任制的核心是切实加强安全生产的领导，建立起以主要负责人为第一责任人的责任制。

1. 安全生产责任制的制定

安全生产责任制要根据各部门和人员的职责来确定，在制订时应遵循以下原则。

（1）“谁主管，谁负责”和“管生产必须管安全”的原则。安全问题发生在生产过程中，因此安全工作要渗透到生产的整个过程和各个环节，无论从事生产指挥还是生产操作，都应将安全纳入其职责范围。

（2）要充分体现责权利相统一的原则。职责、权限和利益是统一的，只有职责而没有权限，职责就很难被执行，没有职责的权限将被泛用。所以在制定安全生产责任制时要充分体现责权利相统一这个原则。例如，从业人员有做好本职安全工作、遵守安全操作规程的责任，同时也有拒绝违章指挥、冒险作业的权利。

（3）突出重点的原则。安全涉及生产的各个方面，安全生产责任制也是全方位的，但如果事无巨细地罗列责任条文，这些条文也很难得到真正的落实。因此在确定各部门、人员的安全责任时，应抓住重点，围绕安全工作的重点来开展。安全重点主要包括易造成重大损失或职业危害的设备、工种、场所及其作业人员，直接管理重要危险点和有害点的部门及其负责人等。

2. 安全生产责任制的内容

安全生产责任制的内容就是对各级领导、职能部门和个人在生产过程中应负的安全生产责任，以条文的形式作出明确的规定。在制订安全生产责任制时，条文中应体现以下方面。

（1）安全要求：这些安全要求主要是为了保证有效地预防生产安全事故的发生。

（2）安全管理内容：即为了安全生产，要进行哪些常规检查和防范工作。

（3）安全管理人员：即哪个岗位由哪个人来负责，安全责任要落实到人。

（4）明确、具体的安全责任：即对安全生产方面存在的问题，具体由谁负责，负什么样的责任等。

不同的生产经营单位具体规定内容不同，生产经营单位的各类人员，在各自的职责范围内均应履行各自的安全生产责任，一般可以分为以下层次。

（1）生产经营单位主要负责人的安全生产职责。在《安全生产法》中有明确规定。

（2）分管生产副厂长（副经理）的安全生产职责。主要是协助厂长（经理）做好本单位事故预防工作，对分管范围内的事故预防工作负直接领导责任。

（3）总工程师（副总工程师）的安全生产职责。主要是通过组织开展技术研究工作，积极采取先进技术和安全防护措施，防止事故发生。

（4）车间主任（副主任）的安全生产职责。主要是保证国家安全生产法规和企业规章制度在本车间贯彻执行，把安全生产工作列入议事日程，切实抓好。

（5）工段长、班组长的安全生产职责。主要是贯彻执行企业和车间对安全生产的规定和要求，全面负责本班组（工段）的安全生产。

（6）员工的安全生产职责。主要是认真学习并严格遵守各项规章制度，做到自己不违章作业，并阻止他人违章作业。

生产经营单位中的安全、生产、技术、机动、劳资、工会等职能部门，应在各自工作业务范围内，对实现安全生产的要求负责。

3. 安全生产责任制的落实

安全生产责任制作为单位安全生产规章制度的核心，必须采取有效措施，使之付诸实施。如果安全生产责任制没有得到很好的执行和落实，那么责任制制订得再好也不起作用，因此要重视安全生产责任制的贯彻落实。

（1）提高对安全生产重要性的认识。安全生产责任制能否切实贯彻和落实，关键在于生产经营单位的各级领导，尤其生产经营单位最高管理层对安全生产重要性的认识程度，只有认识到安全生产的重要性，才能把安全生产责任制作为安全工作的基础来抓，形成一个人人负责的局面。

（2）加强安全责任制的教育。利用各种宣传形式，加强对从业人员安全责任制的教育，使每个岗位的工作人员都知道自己在安全生产中应负的责任和应有的权限。

（3）发动全员参与。在建立安全生产责任制时，要充分发动职工群众，广泛听取意见，使安全生产责任制有群众基础，便于执行。在贯彻落实时，还需要接受群众的监督。

（4）使安全生产责任制条文可操作化。将安全生产责任制条文具体化为每一个岗位的操作程序，并把这种操作程序标准化，严格执行。

（5）不断完善安全生产责任制的内容。要不断总结经验，根据生产经营单位发展及生产变化情况修改和补充责任制的内容，使之适应生产经营单位发展的新情况。

三、安全生产目标责任管理

安全目标责任管理实际上就是安全生产目标在实施过程中的责任落实，包括安全生产目标责任的融合，安全生产目标责任的评价与考核，安全生产责、权、利相结合等环节。

1. 安全生产目标责任的融合

（1）建立安全目标分级负责的安全责任制。当目标确定完毕转入执行过程时，生产经营单位要同部门和职工就实现各种具体目标的内容、方法和条件达成一致，使他们自觉自愿地为实现目标而努力。领导应根据下级实现目标的要求授予相应的自主权，以便下级可以自主地处理问题。也就是说，对生产经营单位的各个部门、每个员工都明确规定其在安全工作上的具体任务、职责和权限。

（2）建立各级目标责任管理组织。目的是加强本部门对目标管理工作的领导、协调和调整上下左右的关系，组织本部门对目标管理的实施，进行自我检查和自我评价等工作，使生产经营单位从一把手到员工，从专职部门到其他业务部门，各个环节的安全管理活动都严密地组织在一个统一的安全管理系统内。通过这个体系形成一个信息交流网络，加快各层次间信息的收集、处理、传递，使各部门、各环节、各层次互相了解、互相促进，推动目标管理顺利而扎实地开展。

(3) 将目标化整为零，采用 PDCA 循环法逐一实施。当目标任务较重时，可将目标划分为若干部分，对每一部分按 PDCA 循环法来实施，直至整个目标完成。PDCA 循环法就是按计划、实施、检查、处理的科学流程进行循环管理。P 阶段：计划阶段，主要是制订实施目标的具体措施。通过分析目标现状，找出存在的问题，分析产生问题的原因，针对找出的原因，制订对策计划。D 阶段：实施阶段，按制订的对策计划和措施具体组织实施和严格地执行的过程。C 阶段：检查阶段，即检查效果，根据所制订的措施计划检查执行进度和实际执行的效果是否达到目标的要求。A 阶段：处理阶段，即总结经营，巩固成绩，根据检查结果进行总结，把成功的经验加以肯定，纳入有关的标准、规定和制度中，以便其他目标实施时有所遵循；把失败的教训进行总结整理，记录在案，作为前车之鉴，防止以后再次发生。遗留问题转入下一个循环。

2. 安全生产目标责任的评价与考核

安全生产目标在实施过程中和完成后，都要对各项目标完成情况进行检查，落实责任。检查是评价和考核的前提，是确保实现目标的手段。

(1) 评价内容。一般包括各层次目标执行情况的汇总，各类存在问题的汇总，目标管理整套思路和办法的优劣等。

(2) 评价方法。常用的评价方法主要有百分分配法和综合评价法。百分分配法即我们常用的打分法。综合评价法的公式为：

综合评价 = 完成程度 × 困难程度 × 努力程度 + 修正值

修正值是因客观条件出乎意料的变化，使目标完成比制订目标时变难（+）或变易（-）而给定的一个修正系数。三者比例应事先确定，比例大小为：完成程度≥困难程度≥努力程度。

(3) 评价步骤。首先，目标执行者对目标完成情况按照规定的标准进行自我评价，对完成目标所实施的方案、手段、条件、进度等情况进行评价，总结成功经验和失败教训。其次，上级以检查结果为依据，在分析讨论的基础上，对目标执行者目标执行情况作出科学评价，找出成功点和挫折点。

(4) 考核。评价考核标准分为集体或个人考核标准两类。主要内容包括集体或个人承担的目标项目及其他工作项目名称，完成目标与其他工作目标的数量、质量和时限要求，其他相关岗位的协作要求，对成果的评价尺度。考核的主要原则是：对领导干部，主要是考核部门是否发生事故；对主管安全部门，主要是考核承包的工伤事故指标和工作目标完成情况；对基层单位，主要是考核其承包的工伤事故指标和日常的安全管理工作，如安全教育、安全检查、不安全因素整改、违章人次、安全重点部位的管理等工作的完成情况。

3. 安全生产责、权、利相结合

单位实行安全目标责任管理时，要明确职工在目标管理中的职责；同时要赋予他们日常管理的权力，权限的大小应根据所担负的目标责任的大小和完成目标任务的实际需要来确定；还要给予他们应得的利益。只有责、权、利有机地结合才能调动广大职工参与安全目标管理的积极性和持久性。

评价结果应作为奖惩依据，切实兑现，以保证安全目标管理的持久性和严肃性。生产经营单位可根据具体情况自行制订考核办法和奖惩数额，但是要与部门及个人的经济利益直接挂钩。

第二节　安全技术措施经费管理

安全技术措施是实现劳动条件的改善，防止工伤事故发生，预防职业病的极为有效的方式。安全技术措施经费是保证安全技术措施落实的基础，没有经费，安全技术措施不可能得到有效落实。

一、安全技术措施

安全技术措施包括以改善劳动条件、防止事故发生和职业病危害为目的的一切措施，是“预防为主”工作的具体体现。

1. 安全技术措施编制原则

总结多年制订安全技术措施的经验教训，应参照下列几项原则来编制。

（1）消除原则。采取有效措施消除一切有害因素，可能的话，彻底消除危害源。

（2）预防原则。对生产中某些一时无法彻底消除的危害因素，应在开始生产前实施预防措施。

（3）减弱原则。对无法消除和预防的情况，应采取措施尽量减少危害。

（4）隔离原则。对那些既无法消除，也不能预防和减弱的情况，应使用安全罩、防护屏等设施将人与有害因素隔离开。

（5）连锁原则。应给有危险的设备安装连锁装置，一旦操作者违章作业或设备处于危险状态时，连锁装置可以使设备立即停止运转。

（6）设置薄弱环节，如保险丝、易熔塞、安全阀，以及易爆场所的轻质屋顶等，一旦危险发生，薄弱环节首先动作，以避免或减少整个系统的损失。

（7）合理布局原则。科学地进行各种设备的布局设置，合理安排多层次作业场所。

（8）加强原则。对安全关系重大的部件，设计时要加大安全系数。

另外还要考虑补偿措施、降低风险，实现机械化、自动化代替人工操作等。

2. 安全技术措施项目内容

安全技术措施项目内容，包括以改善劳动条件，防止事故发生和职业病危害为目的的一切措施。主要包括以下方面。

（1）安全技术措施：以防止事故发生为目的的防护装置、保险装置、信号装置以及各种安全防爆设施等。

（2）工业卫生技术措施：以改善劳动条件、预防职业病、职业中毒为目的的防尘、防毒、防噪声、防振动及以通风、降温、防寒等措施。

（3）辅助房屋及设施：为保证生产安全、职业健康所必需的房屋及设施，如有害作业职工的淋浴室、更衣室、消毒室、女工卫生室等。

（4）安全宣传教育设施：如安全教育教材、图书，仪器，以及安全技术培训班、展览会等所需的设施。

应当注意，不属于安全技术措施范围的医疗、福利、消防和一切生产上的设施不能列入安全技术措施项目。如安全技术各项设备的一般维修、纯属消防性质的措施、集体福利设施、厂房维修以及个体防护用品、保健饮料等属于安全生产日常开支项目，均不应列入安全技术措施项目。

3. 安全技术措施的落实

安全技术措施的落实是通过将安全技术措施编入安全技术措施计划并实施计划的方式来完成。

生产经营单位一般应在每年的第三季度开始编制下年度的安全技术措施计划。各级部门在编制安全技术措施计划时，对于每项安全技术措施，应该明确负责设计、施工单位或负责人，开工及竣工日期，经费预算等具体内容。

计划的编制，首先由生产经营单位的领导或安全部门根据本单位的情况向各车间、部门提出要求，进行布置。各车间、部门应组织技术人员、工人和其他有关人员共同讨论，制订出本部门的具体措施计划，送交安全部门审查。安全部门在各车间、部门上报的安全技术措施计划的基础上编制本生产经营单位安全技术措施计划，经厂领导审批后下达。

安全技术措施计划经批准后，必须严格执行。生产经营单位的安全部门应定期检查计划的执行情况。检查可以从措施的设计、施工进度和材料供应情况，质量是否符合要求，经费开支是否合理、有无浪费现象以及项目是否按期完成等方面进行，发现问题及时向单位领导汇报，以便及时处理。安全技术措施计划项目竣工后，应严格进行验收，交付运行前，应制订相应管理制度，以确保项目正常运行。

二、建设项目“三同时”

“三同时”是指一切新建、改建、扩建的基本建设项目（工程）、技术改造项目（工程）、引进的建设项目，其职业安全卫生设施必须符合国家规定的标准，必须与主体工程同时设计、同时施工、同时投入生产和使用。“三同时”的有效实施可以实现从源头上消除各类项目可能造成伤亡事故和职业病的危险因素，保护员工的安全健康，保障新工程项目正常投产使用，防止事故损失，避免因安全问题引起返工或采取弥补措施造成不必要的投入。《安全生产法》对建设项目安全设施的“三同时”作出强调规定：建设项目的安全设施必须做到“三同时”，并要求安全设施投资应当纳入建设项目概算。

“三同时”实施的关键就是从项目可行性论证到设计、施工、竣工验收等环节按规定进行严格审查，实施有效的审查管理，保障项目的安全性，防止建设项目“带病”投入运行而埋下事故隐患，“三同时”的审查管理是一种过程管理。

1. 可行性研究

建设单位或可行性研究承担单位在进行可行性研究时，应进行劳动安全卫生论证，并将其作为专门章节编入建设项目可行性研究报告。同时，将劳动安全卫生设施所需投资纳入投资计划。

对符合下列情况之一的，由建设单位自主选择并委托本建设项目设计单位以外的、有劳动安全卫生预评价资格的单位进行劳动安全卫生预评价：大中型或限额以上的建设项目；火灾危险性生产类别为甲类的建设项目；爆炸危险场所等级为特别危险场所和高度危险场所的建设项目；大量生产或使用Ⅰ级、Ⅱ级危害程度的职业性接触毒物的建设项目；大量生产或使用石棉粉料或含有10%以上游离二氧化硅粉料的建设项目；安全生产监督管理机构确认的其他危险、危害因素大的建设项目。

建设项目劳动安全卫生预评价单位应采用先进、合理的定性、定量评价方法，分析建设项目中潜在的危险、危害因素及其可能造成的后果，提出明确的预防措施，并写入预评价报告。预评价单位在完成预评价工作后，由建设单位将预评价报告报送安全生产监督管理机构。

2. 初步设计

初步设计是说明建设项目的技术经济指标、总图运输、工艺、建筑、采暖通风、给排水、供电、仪表、设备、环境保护、劳动安全卫生、投资概算等设计意图的技术文件（含图纸）。我国对初步设计的深度有详细规定。

设计单位在编制初步设计文件时，应严格遵守我国有关劳动安全卫生的法规、标准，同时编制《劳动安全卫生专篇》，并应依据劳动安全卫生预评价报告及安全生产监督管理机构的批复，完善初步设计。

《劳动安全卫生专篇》的主要内容包括：设计依据，工程概述，建筑及场地布置，生产过程中职业危险、危害因素的分析，劳动安全卫生设计中采用的主要防范措施，劳动安全卫生机构设置及人员配备情况，专用投资概算，建设项目劳动安全卫生预评价的主要结论，预期效果及存在的问题与建议。

3. 施工

建设单位对承担施工任务的单位提出落实“三同时”规定的具体要求，并负责提供必需的资料和条件。

施工单位应对建设项目的劳动安全卫生设施的工程质量负责，施工中应严格按照施工图纸和设计要求施工，确实做到劳动安全卫生设施与主体工程同时设计、同时施工、同时投入生产和使用，并确保工程质量。

4. 试生产

建设单位在试生产设备调试阶段，应同时对劳动安全卫生设施进行调试和考核，对其效果作出评价；组织、进行劳动安全卫生培训教育，制定完整的劳动安全卫生方面的规章制度及事故预防措施和应急处理预案。

建设单位在试生产运行正常后，建设项目预验收前，应自主选择、委托安全生产监督管理机构认可的单位进行劳动条件检测、危害程度分级和有关设备的安全卫生检测、检验，并将试运行中劳动安全卫生设备运行情况、措施的效果、检测检验数据、存在的问题以及采取的措施写入劳动安全卫生验收专题报告，报送安全生产监督管理机构审批。

5. 劳动安全卫生竣工验收

建设单位在试生产阶段进行安全卫生检测检验，编制完成建设项目劳动安全卫生验收专题报告后，报送安全生产监督管理机构审批。

安全生产监督管理机构根据建设单位报送的建设项目劳动安全卫生验收专题报告，对建设项目竣工进行劳动安全卫生验收。

三、安全技术措施经费

《安全生产法》规定：生产经营单位必须安排适当资金，用于改善安全设施，更新安全技术装备、器材、仪器以及其他安全生产投入。而安全技术措施经费则是安全投入的重要组成部分。

1. 安全技术措施经费

据统计，20 世纪 90 年代我国安全投入占 GDP 的比值为 0.703%。其中安全技术措施经费的水平为：企业安全技术措施经费占 GDP 的比值为 0.412%，职工人年均安全技术措施经费为 335.2 元。而 20 世纪末世界中等发达国家的安全投资达到了国民收入的 1.5%。在未来一段时间内，要从根本上改变我国企业的安全生产现状，遏制重大事故的发生，提高我国的安全生产水平，需要加大安全生产投入，逐步使安全生产投资达到我国国民收入的 1.5%。

2. 安全技术措施经费的合理投资

生产经营单位应该走内部挖潜和适当扩大投资规模相结合的路子，同时改进安全生产资金的管理方式，调整目前企业安全生产投资的结构。合理的安全投入结构是将安全投入的三部分（安全技术措施经费、个人防护用品投入与职业病费用）进行合理分配，基本体现企业安全技术措施经费投入与个人防护用品投入之比为158:1、企业安全技术措施经费投入与职业病费用之比为12.4:1，只有进行合理的安全投入，才能收到最大的安全效益。

1973 年，《关于加强防止矽尘和有毒物质危害工作的通知》中明确指出：企业每年应在固定资产更新和技术改造资金中安排 10% ~20%（矿山、化工、金属冶炼企业应大于 20%）用于安全技术措施，且不得挪用。1977 年国务院批转原国家劳动总局、卫生部《关于加强厂矿企业防尘防毒工作的报告》重申，企业应每年在固定资产更新和技术改造资金中提取 10% ~20% 用于改善劳动条件，且不得挪用。另外，1973 年 5 月 14 日颁布的《国营工业交通企业若干费用开支办法》、1979 年颁布的《关于安排落实劳动保护技术措施经费的通知》等文件中也均有规定。

四、工伤保险经费

工伤保险采取的损失补偿与事故预防及职业康复相结合、工伤保险费的征收与事故预防相结合的原则能够保障因工作遭受事故伤害或者患职业病的职工获得医疗救治和经济补偿，促进工伤预防和职业康复，所以企业所支付的工伤保险费用可间接地看作预防事故发生的安全措施费用。

1. 工伤保险基金的来源

工伤保险基金的来源主要有三个方面：一是工伤保险费及其利息收入；二是工伤保险费滞纳金；三是工伤保险基金经营收入。

2. 工伤保险费的征收原则

（1）按风险程度征收的原则实行行业差别费率制。不同的生产经营单位、行业，作业的操作过程具有不同的危险程度，对安全风险大、工伤事故和职业病容易发生的多征收，对风险小、工伤事故和职业病少的少征收。

（2）根据对企业安全生产状况的评估定期调整，实行浮动费率制度。对同一企业，要根据其安全生产工作力度的大小和效果的好坏，定期进行评估，对工伤保险费率进行浮动。

3. 工伤保险费的计算

用人单位缴纳工伤保险费的数额为本单位职工工资总额乘以单位缴费费率之积，即：

企业缴纳保险费额 = 本单位职工工资总额 × 该单位保险费率

费率实行差别费率，一般以行业之间的差别计算，不同行业有不同的费率，计算公式为：

$$\text{行业费率}=\frac{\text{该行业伤残人数}}{\text{全国企业伤残总人数}}\times\frac{\text{全国企业工资总额}}{\text{该行业工资总额}}\times\text{全国平均企业保险费率}$$

费率值为 1% ~3%，低风险行业费率可按不超过 1% 取值，高风险行业可取 3% 左右。

工伤社会保险费的缴纳比率按用人单位的工资总额确定，列入生产经营单位成本，并强制定期向社会保险机构缴纳。国家对工伤社会保险事业的帮助则表现为：规定工伤保险费一律在生产经营单位纳税前提取，并且筹集的工伤社会保险基金免收税款，还给予优惠存储利率。

第三节　安全生产教育培训管理

在生产经营单位安全生产管理中，人是最活跃最关键的要素。一方面，安全生产管理的根本目的是防止人员发生伤亡事故和职业伤害；另一方面，导致事故发生的主要原因又是人员的不安全行为。因此，加强人员安全教育培训，提高人员安全素质，规范人员安全行为，是生产经营单位安全生产教育培训的重要任务。

一、人员安全行为

人员安全行为是人员安全素质的外在体现，根据安全行为激励的原理，激励的方法分为以下三种。

（1）内部激励。内部激励的方式很多，如更新安全知识、培训安全技能、强化安全观念、确立安全目标等。内部激励是依靠增强安全意识、素质、能力、信心和抱负等来发挥作用，以实现提高人们的安全生产和劳动保护自觉性的目标。

（2）外部激励。外部激励就是通过外部力量来激发人的安全行为的积极性和主动性，常用的激励手段包括物质奖励、提高福利和待遇、表扬、晋升以及开展各种安全竞赛等来刺激人的安全行为，发挥外部作用。

（3）内外部激励。外部激励和内部激励都能激发人的安全行为，但内部激励更具有持久性和推动力。两种方法结合起来更为有效，因此，要在外部刺激条件下，使人的安全行为建立在自觉、自愿的基础上，能对自己的安全行为进行自我指导和自我实现。

人的不安全行为可以利用管理手段使之受“压”于管而“就范”，根据作用不同，可选用以下管理控制方法来控制人的不安全行为。

（1）政策与规则控制。政策与规则是实施控制的重要方式，具有强制性、规范性、稳定性、可预测性的特征。许多安全生产活动都采用这种方式进行控制，这种控制方式有助于限定部门或个人的主观判断以及所要采取的活动。政策是一种活动的指导，它往往是一般性的。规则是对一种行为过程的具体说明，它说明可做什么，不应做什么。

（2）安全生产控制。安全生产控制是依靠安全生产机构的权威，运用命令、规定、指示、条例等手段，直接对管理对象执行控制管理。安全生产控制内容包括建立权力机构、信息沟通桥梁以及合适的控制跨度，关键是建立完善的安全生产管理体系，并合理划定不同层次安全生产管理职位的权力和责任。

（3）团队影响力控制。团队压力的存在，可以促进团队思想一致、行动一致，使团队发挥整体作用，有利于安全生产目标的完成，有利于改变人的不安全行为，使人的行为趋于安全生产对安全行为的期望。这种期望的作用往往大于规章制度和领导者的个人期望。

（4）群体控制。群体控制基于群体成员们的价值观念和行为准则，是由非正式安全生产发展和维持的。非正式安全生产有自己的一套行为规范，通过营造一种安全氛围，让大家树立正确的安全价值观，自觉遵守安全操作规程，使安全要求转化为大家的行为准则。

（5）实施评价控制。实施评价是安全生产为了防止并更正不安全行为的一种有效的控制手段。这种手段的有效性有较大的变化幅度，这是因为人的经验、阅历、价值观以及感知能力不同，同样的手段对于不同的人效果不同。在安全生产中，一系列奖励和惩罚往往都来自于实施评价，奖励与惩罚是实施评价的结果。

（6）纪律控制。纪律控制即纪律惩处，可采用累计纪律惩处制度，它是采用循序渐进的惩处步骤来规范职工的行为。在最终采取开除措施之前，累进纪律措施常依次采取口头告诫、书面警告、留职察看和降职降薪等处罚措施。随着不良行为的持续发生，累进纪律措施中矫正不良行为的措施也将变得更加严厉。

二、人员安全教育培训

安全生产教育培训是提高员工安全意识和安全素质，防止产生不安全行为，减少人为失误的重要途径。安全生产教育培训，首先要提高生产经营单位管理者及员工安全生产的责任感和自觉性，认真学习有关安全生产的法律、法规和安全生产基本知识；其次是普及和提高员工的安全技术知识，增强安全操作技能，从而保护自己和他人的安全与健康。

1. 安全态度教育

安全态度教育是安全素质教育的基础。安全态度教育指为了端正生产经营单位职工的工作态度和对安全生产知识的认识，以使其自觉地执行安全生产各项规章制度，正确地进行操作，实现安全生产。安全态度教育通过安全思想教育、安全法律教育和安全生产方针政策教育来实现。

（1）安全思想教育。安全思想教育是安全教育的一项重要内容，其目的主要是为安全生产打下思想基础。思想教育主要是提高广大从业人员对安全生产重要意义的认识，弄清做好安全工作对促进生产经营单位生产建设发展的重要性和必要性，在日常生活工作中正确处理好安全和生产的关系，自觉地做好安全生产工作。在进行思想教育时，对重生产、轻安全的错误言行，要批评指正。

（2）安全法律教育。安全法律教育是使广大干部和群众懂得严格执行安全生产法规和劳动纪律对实现安全生产的重要性的认识。安全生产法规包括国家制定的有关安全生产的政策、法令、规程、规定和生产经营单位根据上级规定所制定的各项安全生产规章制度。劳动纪律是劳动者进行劳动时必须共同遵守的行为规定。对从业人员进行遵纪守法教育，是提高生产经营单位管理水平、合理组织劳动力、提高劳动生产率的重要条件，也是贯彻安全生产方针、减少工伤事故和职业病、保障安全生产的必要措施。实践证明，哪个生产经营单位重视法纪教育，职工遵章守纪，安全生产就能搞好。反之，安全生产就得不到保证。由于从业人员不遵守劳动纪律，违反操作规程而造成的工伤事故通常占工伤事故总数的 80%。因此，为了做好生产经营单位的安全生产工作，加强法纪教育是非常重要的。

（3）安全生产方针政策教育。党和国家的安全生产方针和劳动保护政策，是制定各项安全生产规章制度的依据，而执行规章制度既是大量事故教训的总结，又是安全生产工作先进经验的结晶。因此，必须采取各种措施和形式，大力宣传和认真贯彻，以便提高各级领导和广大群众的安全生产水平。

2. 安全教育培训

（1）决策层的安全教育培训。决策层的安全教育培训内容包括国家有关安全生产方面的方针、政策、法律和法规及有关行业的规程、规范和标准，安全生产管理的基础知识、方法、安全生产技术，有关行业安全生产管理专业知识，重大事故防范、应急救援措施及调查处理方法，重大危险源管理与应急救援预案编制原则，国内外先进的安全生产管理经验，典型事故案例分析等。

按照有关规定，决策层必须每年进行一次再培训教育，其教育的内容与安全管理人员再培训的内容相同。对企业决策层的安全教育可以采用定期安全培训，经考核合格，取得安全资格证书，持证上岗。根据原国家人事部和国家安全生产监督管理总局的有关规定，企业决策层安全教育的方式主要是岗位资格的安全培训认证制度，这是一种非常有效的安全教育方式。

（2）管理层的安全教育培训。中层管理干部的安全教育内容包括安全管理技术知识，国家的安全生产法规、规章制度体系，重大危险源管理与应急救援预案编制方法，国内外先进的安全生产管理经验，典型事故案例分析等。

班组长的安全教育内容包括安全技术和技能知识，班组的工作性质、工艺流程，岗位安全生产责任制、安全操作规程，生产设备、安全装置的性能及正确使用方法，防护用品的性能和正确使用方法，典型事故案例分析等。

管理层中的管理干部的安全教育采用岗位资格认证安全教育、定期的安全再教育等形式进行，使用统一教材，统一时间，分散自学与集中教授相结合，集中辅导考试。除了抓好干部的任职资格安全教育外，还必须对其进行一年一度的再培训教育。对基层管理人员主要采用授课法、谈话法、参观法等形式进行安全教育，企业每年必须对班组长进行一次系统的安全培训，由企业人事、教育、安全等部门负责组织、实施授课、考试、建档工作。

（3）安全管理人员的安全教育培训。安全管理人员的安全教育内容包括国家有关安全生产的法律、法规、政策及有关行业安全生产的规章、规程、规范和标准，安全生产管理知识、安全生产技术、劳动卫生知识和安全文化知识，有关行业安全生产管理专业知识，工伤保险的法律、法规、政策，伤亡事故和职业病统计、报告及调查处理方法，事故现场勘查技术以及应急处理措施，重大危险源管理与应急救援预案编制方法，国内外先进的安全生产管理经验，典型事故案例分析等。

按照有关规定的要求，安全生产管理人员每年要进行再培训，再培训的主要内容是新知识、新技能和新本领。对于企业安全管理人员的安全教育，必须按照法规的要求，进行资格认证教育和再培训教育。由国家认可的部门或中介机构进行专门的培训教育，以保证培训的质量和效果。

（4）员工安全教育培训。

①三级安全教育是指厂级、车间级、班组级安全教育。厂级安全教育的主要内容是安全生产基础知识；车间级安全教育的主要内容是本车间的生产性质和主要的工艺流程及安全生产状况及规章制度；班组级安全教育的主要内容是班组工作的性质、操作步骤及防护用品的性能及正确使用方法等。

②转岗、变换工种和“四新”安全教育。随着岗位、工种的改变，转岗、变换工种后和“四新”出现时均须进行相应的安全教育。“四新”是指新工艺、新产品、新设备、新材料。

③经常性安全教育。主要是安全生产新知识、新技术，安全生产法律、法规，作业现场和工作岗位存在的危险因素、防范措施及事故应急措施，典型事故案例分析等。

3. 安全技能训练

安全技能是为了安全地完成操作任务，经过训练而获得的完善的、自动的行为方式。由于安全技能是经过训练获得的，所以通常把安全技能称作安全技能训练。

（1）技能的概念。技能是人的全部行为的一部分，它受意识的控制比较少，并且随时都可以转化为有意识的行为。技能达到一定的熟练程度后，具备了高度的自动化和准确性，便称为技巧。达到熟练技巧时，人员可以有条件反射式的行为。

（2）技能的形成。技能的形成是阶段性的，包括掌握局部动作阶段、初步掌握完整动作阶段、动作的协调及完善阶段，这三个阶段相互联系又相互区别。各阶段的变化主要表现在行为的结构、行为的速度和品质以及行为调节方面。

在行为的结构变化方面，动作技能的形成表现为许多局部动作联合为完整的动作，动作之间的相互干扰、多余动作逐渐减少；智力技能的形成表现为智力活动的各个环节逐渐联系成一个整体，概念之间的混淆现象逐渐减少直至消失，解决问题是由开展性推理转化为减缩推理。

在行为的速度和品质方面，动作技能的形成表现为动作速度的加快，动作的准确性、协调性、稳定性、灵活性的提高；智力技能的形成表现为思维的敏捷性、灵活性，思维的广度和深度，以及思维的独立性等品质的提高。

在行为的调节方面，动作技能的形成表现为视觉控制的减弱和动作控制的增强，以及动作紧张的消失；智力技能的形成表现为智力活动的熟练，大脑劳动消耗的减少。

（3）技能的形成特征。技能的形成有先快后慢的特征，练习的初期技能提高较快，以后则逐渐慢下来。这是因为，在练习开始时，人们已经熟悉了他们的业务，利用已有的经验和方法可以进行训练，而在练习的后期，任何一点改进都是以前的经验所没有的，必须付出巨大的努力。另外，有些技能可以分解成一些局部动作进行练习，比较容易掌握，在练习后期需要把这些局部动作联成协调统一的动作，比局部动作复杂、困难，成绩提高缓慢。

（4）安全技能训练。安全技能训练按照标准化作业要求来进行。训练是掌握技能的基本途径，但训练不是简单地、机械地重复，它是有目的的、有步骤的、有指导性的活动。训练方式要多样化。多样化的训练方式可以提高人们的练习兴趣，增加练习的积极性，保持高度注意力。但是，花样太多，变化过于频繁可能导致相反的结果，影响技能形成。

三、特种作业及人员安全管理

1. 特种作业及人员的范围

根据《安全生产法》及《特种作业人员安全技术培训考核管理规定》等相关法律法规，特种作业是指容易发生事故，对操作者本人、他人的安全健康及设备、设施的安全可能造成重大危害的作业。特种作业的范围包括：电工作业、焊接与热切割作业、高处作业、制冷与空调作业、煤矿安全作业、金属非金属矿山安全作业、石油天然气安全作业、冶金（有色）生产安全作业、危险化学品安全作业、烟花爆竹安全作业、安全监管总局认定的其他作业。

2. 特种作业人员培训

特种作业人员应当接受与其所从事的特种作业相应的安全技术理论培训和实际操作培训。取得特种作业操作证后，方可上岗作业，未经培训，或者培训考核不合格，不得上岗作业。已经取得职业高中、技工学校及中专以上学历的毕业生从事与其所学专业相应的特种作业，持学历证明经考核发证机关同意，可以免予相关专业的培训。

培训机构应当按照安全监管总局、煤矿安监局制定的特种作业人员培训大纲和煤矿特种作业人员培训大纲进行特种作业人员的安全技术培训。

3. 特种作业人员复审

特种作业操作证有效期为6年，每3年复审一次。特种作业人员在特种作业操作证有效期内，连续从事本工种10年以上，严格遵守有关安全生产法律法规的，经原考核发证机关或者从业所在地考核发证机关同意，特种作业操作证的复审时间可以延长至每6年1次。

特种作业操作证申请复审或者延期复审前，特种作业人员应当参加必要的安全培训并考试合格。安全培训时间不少于8个学时，主要培训法律、法规、标准、事故案例和有关新工艺、新技术、新装备等知识。

复审合格的，由考核发证机关签章、登记，予以确认；复审不合格的，可申请再复审一次；再复审仍不合格，或者未按期复审的，特种作业操作证失效。对于超过特种作业操作证有效期未延期复审的作业人员，考核发证机关应当撤销特种作业操作证。

4. 特种作业人员考核发证

特种作业人员的考核包括考试和审核两部分。考试由考核发证机关或其委托的单位负责；审核由考核发证机关负责。安全监管总局、煤矿安监局分别制定特种作业人员、煤矿特种作业人员的考核标准，并建立相应的考试题库。考核发证机关或其委托的单位应当按照安全监管总局、煤矿安监局统一制定的考核标准进行考核。特种作业操作证由安全监管总局统一式样、标准及编号。

5. 特种作业人员的管理

申报特种作业的人员应当符合下列条件：年满18周岁，且不超过国家法定退休年龄；体检健康合格，并无妨碍从事相应特种作业的疾病和生理缺陷；具有初中及以上文化程度；具备必要的安全技术知识与技能；相应特种作业规定的其他条件。其中，危险化学品特种作业人员应当具备高中或者相当于高中及以上文化程度。

生产经营单位应当加强对本单位特种作业人员的管理，建立健全特种作业人员培训、复审档案，做好申报、培训、考核、复审的组织工作和日常的检查工作。跨省、自治区、直辖市从业的特种作业人员应当接受从业所在地考核发证机关的监督管理。

6. 有毒有害作业安全管理

为了防止患有有害作业禁忌症的（可诱发职业病的）的人员进入有害工作岗位，以保护作业者的健康和安全，因此必须对有害作业点范围内从事操作的人员进行体检。

检查诊断单位必须是职业病防治医院、防疫站以及卫生部门认可的允许进行职业病体检的职工医院。对高温作业人员和急性职业中毒，允许在有条件的企业医疗单位体检和诊断。有害作业人员体检必须是特异性检查，如接触尘工人必须拍胸片，噪声源操作者必须经电测听等检查。禁忌症范围主要有：粉尘职业禁忌症、苯职业禁忌症、铅职业禁忌症（如明显贫血、神经系统器质性疾病等）、锰职业禁忌症、氟职业禁忌症、高温作业禁忌症（如高血压、心脏疾病等）、噪声职业禁忌症等。

如确诊为职业病者，必须按卫生部门发布的《职业病范围和职业病患者处理办法》的规定，两个月内调离工作岗位，特殊情况（技术骨干）不得超过半年。对观察对象（可疑病人）或职业禁忌症者应及时进行医学观察、治疗、减轻工作或者调离有害作业岗位。

四、安全生产教育培训原则与方法

1. 安全生产教育培训的原则

（1）依法进行的原则。安全生产教育培训是《安全生产法》规定的重要内容之一，其中对生产经营单位的负责人，安全管理人员，特种作业人员等都作了明确的规定，在进行安全教育培训时应按照有关的规定进行。

（2）全员参与的原则。安全生产工作的性质决定了必须全员参加教育培训，全员参与还应针对不同的对象进行，这也是安全教育的本质要求，是做好安全生产工作的基础和前提。

（3）理论联系实际的原则。安全教育培训工作本身负有预防违章肇事行为的使命，其目的是使从业人员达到“应知”、“应会”。所以，应该使从业人员明确其权利和义务。理论联系实际就要结合本单位、本部门、本岗位的实际情况而进行安全教育培训，还要结合具体事故案例进行分析和讲解，以期达到最佳效果。

（4）规范性原则。安全教育培训很大部分内容就是规章制度、操作规程的培训。安全规章制度必须符合法律法规要求，符合科学要求；操作规程必须是规范的；程序必须清晰明确；

教育培训还应统一规划好，并且要分级实施。

（5）灵活性原则。安全教育培训不能只是说教式的，而应针对不同对象采取灵活多样的方式进行，如利用图片、电化教学、演示、演练、知识竞赛、演讲、现场教学等等；语言应简练易懂，通俗，直观。

（6）巩固性与反复性原则。随着社会发展、生活和工作方式的发展，安全知识需要不断更新；另一方面安全知识的应用随时间的推移、情况的变化也会淡忘。这就需要“警钟常鸣”，不断巩固安全观念，强化安全意识，也就是要“反复抓，抓反复”。

2. 安全生产教育培训方法

安全生产教育培训方法与一般教学方法一样，多种多样，各有特点。在实际应用中，要根据培训内容和培训对象灵活选择。安全教育可采用讲授法、实际操作演练法、案例研讨法、读书指导法、宣传娱乐法等。

经常性安全培训教育的形式有：每天的班前班后会上说明安全注意事项，开展安全活动日活动、安全生产会议、各类安全生产业务培训班、事故现场会，张贴安全生产招贴画、宣传标语及标志，举办安全文化知识竞赛等。

第四节　危险源安全管理

危险源（或危害）可理解为可能造成人员伤害、职业病、财产损失、作业环境破坏的根源或状态。从本质上讲，危险源就是存在能量、有害物质和能量、有害物质失去控制而导致的意外释放或有害物质的泄露、散发这两方面因素。重大危险源指长期地或临时地生产、加工、搬运、使用或贮存危险物质，且危险物质的数量等于或超过临界量的单元。

对危险源特别是重大危险源进行识别和监控管理是我国近几年大力推进的安全生产工程之一。1996 年 2 月国家科委组织专家鉴定和验收了由原劳动部主持完成的“八五”国家科技攻关课题《重大危险源的评价和宏观控制技术研究》；1999 年，北京、上海、天津、青岛、深圳、成都六城市进行了重大危险源的辨识、分析和评价应用试点，取得了实际工作的经验；2003 年 11 月，国家安全生产监督管理局又在部分省开展了重大危险源申报登记试点工作；2004 年国家安全生产监督管理局提出了《关于开展重大危险源监督管理工作的指导意见》，系统地规范了重大危险源的管理内容和要求。

一、危险源的分类

危险源与事故隐患是两个既有联系又有区别的概念。事故隐患是指作业场所、设备及设施的不安全状态、人的不安全行为和管理上的缺陷。可能导致重大人身伤亡或者重大经济损失的事故隐患为重大事故隐患。危险源强调生产场所、设备或设施中存在或固有的能量（物质）的多少，而事故隐患是出现明显缺陷（人的不安全行为、物的不安全状态或管理的缺陷）的危险源。

1. 从导致事故和伤害的角度分类

从导致事故和伤害的角度，可以将危险源分为两类：Ⅰ类危险源是直接引起人员伤亡、财物损失和环境恶化的能量（包括动能、势能、热能、电能、化学能、电离能、核能等）、能量载体和有毒、有害危险物质，它是造成系统危险或系统事故的物理本质，称之为固有型危险源；Ⅱ类危险源是导致Ⅰ类危险源失控，作用于人员、物质和环境的条件（包括人失误、元件故障、系统扰动等），它是系统从安全状态向危险状态转化的条件，是使系统能量意外释故，即造成系统事故的触发原因，它的危险性主要由固有型危险源的性质决定，可称为触发型危险源。

事故的发生是这两类危险源共同作用的结果，Ⅰ类危险源是导致事故的能量主体，Ⅱ类危险源是促使一类危险源导致事故的必要条件。Ⅱ类危险源的存在，使得一类危险源有可能失去控制而释放出大量能量或危险物质，使人员受到伤害（或财产受到破坏）。Ⅰ类危险源决定事故后果的严重程度，Ⅱ类危险源决定事故发生的可能性。物质的不安全状态构成生产中的危险源，事故发生是因为危险源的存在，但并非存在危险源就会产生事故，只有满足一定条件时，危险源才会引起事故。

2. 按导致事故和职业危害的直接原因进行分类

（1）物理性危险、危害因素。包括设备、设施缺陷，防护缺陷，电危害，噪声危害，振动危害，电磁辐射，运动物危害，明火，能造成灼伤的高温物质，能造成冻伤的低温物质，粉尘与气溶胶，作业环境不良，信号缺陷，标志缺陷，其他物理性危险和危害因素。

（2）化学性危险、危害因素。包括易燃易爆性物质，自燃性物质，有毒物质，腐蚀性物质，其他化学性危险、危害因素。

（3）生物性危险、危害因素。包括致病微生物，传染病媒介物，致害动物，致害植物其他生物性危险、危害因素。

（4）心理、生理性危险、危害因素。包括负荷超限，健康状况异常，从事禁忌作业，心理异常，辨识功能缺陷，其他心理、生理性危险危害因素。

（5）行为性危险、危害因素。包括指挥错误，操作失误，监护失误，其他错误，其他行为性危险和有害因素。

（6）其他危险、危害因素。

3. 参照事故类别和职业病类别进行分类

参照 GB 6441—1986《企业伤亡事故分类》，综合考虑起因物、引起事故的先发的诱导性原因、致害物、伤害方式等，将危险、危害因素分为 16 类（详见事故分类一节内容）。

参照卫生部、原劳动部、总工会等颁发的《职业病范围和职业病患者处理办法的规定》，将危害因素分为 7 类（详见职业危害一节内容）。

二、危险源辨识

危险源辨识（或危害辨识）是指识别危险源的存在并确定其性质的过程。确定危险源的性质是指确定危险源如何造成损失。

1. 危险源辨识的内容

（1）辨识危险源的种类、危险性质、损害能力。在进行危险源辨识时，应充分考虑危害的根源及性质，如暴露于化学性危害因素和物理性危害因素的工作环境等。进行危险源辨识时还需考虑危险源从哪个方面对身体进行伤害，能够对多大的范围内造成多大的伤害，伤害的持续时间有多长等。

（2）辨识危险源的数量。危险与安全之间经常在于量的差别，同一种危险源其数量不同危险的程度也不同。

（3）辨识危险源的分布，危险可能发生的时间、地点。对于Ⅰ类危险源的辨识，主要是确定可能意外释放的能量、有毒有害物质量的多少、强度、作用范围，对于重要的生产区域和装置，还需要了解系统内能量流动、有害物质的传递过程。对于Ⅱ类危险源的辨识，主要是找出导致能量意外释放的根本原因。

2. 危险源辨识的范围

（1）厂址。从厂址的工程地质、地形、自然灾害、周围环境、气象条件、资源交通、抢险救灾支持条件等方面进行分析。

（2）厂区平面布局总图。功能分区（生产、管理、辅助生产、生活区）布置；高温、有害物质、噪声、辐射、易燃、易爆、危险品设施布置、工艺流程布置、建筑物布置、构筑物布置、风向、安全距离、卫生防护距离等。

（3）建（构）筑物。结构、防火、防爆、朝向、采光、运输（操作、安全、运输、检修）通道、开门、生产卫生设施。

（4）生产工艺过程。物料（毒性、腐蚀性、燃爆性）、温度、压力、速度、作业及控制条件、事故及失控状态。

（5）生产设备、装置。化工设备、装置，机械设备，电气设备，危险性较大设备，特殊单体设备、装置等。

（6）粉尘、毒物、噪声、振动、辐射、高温、低温等有害作业现场。

（7）工时制度、女职工劳动保护、体力劳动强度。

（8）管理设施、事故应急抢救设施和辅助生产、生活卫生设施。

3. 危险源辨识的方法

进行危险源辨识应识别尽可能多的实际的和潜在的危害，可以根据事故的致因用下列方法从设备设施的不安全状态、人的不安全行为、作业环境和条件、管理上的缺陷来分析识别危险源。

（1）对照、经验法。对照有关标准、法规、检查表或依靠分析人员的观察分析能力，借助于经验和判断能力直观地评价对象危险性和危害性的方法。该方法简便易行，但是受知识、经验、资料限制，而且容易遗漏。

（2）类比方法。利用相同或相似系统或作业条件的经验和职业安全卫生的统计资料来类推、分析评价对象的危险、危害因素。

（3）系统安全分析方法。即应用系统安全工程评价的部分方法进行危险源辨识。系统安全分析方法常用于复杂系统、没有事故经验的新开发系统。通常采用的安全分析方法有事件树分析、事故树分析等。

三、危险源的管理与控制

危险源的管理与控制实际上与职业安全健康管理体系密切相关。一般地，危害辨识、风险评价和风险控制策划的结果是职业安全健康管理体系的主要依据，即体系的几乎所有其他要素的运行均以危害辨识、风险评价和风险控制策划的结果作为重要的依据之一或需对其加以考虑。

1. 危害辨识、风险评价和风险控制策划的步骤

（1）划分作业活动（也可称业务活动）。编制一份业务活动表，其内容包括厂房、设备、人员和程序，并收集有关信息。

（2）辨识危害。辨识与各项业务活动有关的主要危害，考虑谁会受到伤害以及如何受到伤害。

（3）确定风险。在假定计划的或现有控制措施适当的情况下，对与各项危害有关的风险做出主观评价。评价人员还应考虑控制的有效性以及一旦失败所造成的后果。

（4）确定风险是否可承受。判断计划的或现有的职业安全健康预防措施是否足以把危害

控制住并符合法律的要求。

（5）制定风险控制措施计划。编制计划以处理评价中发现的、需要重视的任何问题。用人单位应确保新的和现行的控制措施仍然适当和有效。

（6）评审措施计划的充分性：针对已修正的控制措施，重新评价风险，并检查风险是否可承受。

2. 建立职业安全健康管理体系

详见职业安全健康管理体系一节内容。

3. 危害辨识、风险评价和风险控制措施的持续改进

危害辨识、风险评价和风险控制应被视为一个持续的过程。因此，控制措施的充分性必须得到持续评审和修订。同样地，如果条件变到使危害和风险受到显著影响时，则应对危害辨识、风险评价和风险控制进行评审。

四、重大危险源分类

重大危险源指长期地或临时地生产、加工、搬运、使用或储存危险物质，且危险物质的数量等于或超过临界量的单元。其中，危险物质指一种物质或若干种物质的混合物，由于它的化学、物理或毒性特性，使其具有易导致火灾、爆炸或中毒的危险；单元指一个（套）生产装置、设施或场所，或同属一个工厂的且边缘距离小于500 m的几个（套）生产装置、设施或场所。

重大危险源可以分为生产场所重大危险源和储存区重大危险源两种。其中生产场所指危险物质的生产、加工及使用等的场所，包括生产、加工及使用等过程中的中间储罐存放区及半成品、成品的周转库房；储存区指专门用于储存危险物质的储罐或仓库组成的相对独立的区域。

我国在进行重大危险源的申报、普查工作中，将重大危险源分为7大类：

（1）易燃、易爆、有毒物质的储罐区（储罐）；

（2）易燃、易爆、有毒物质的库区（库）；

（3）具有火灾、爆炸、中毒危险的生产场所；

（4）企业危险建（构）筑物；

（5）压力管道；

（6）锅炉；

（7）压力容器。

五、重大危险源辨识

重大危险源的辨识依据是物质的危险特性及其数量。按照上述重大危险源的定义，单元内存在危险物质的数量等于或超过规定的临界量时，即被定为重大危险源。

根据物质不同的特性，重大危险源按以下4类物质的品名（品名引用GB 12268—1990《危险货物品名表》）及其临界量加以确定。因为储存区的工艺条件较为稳定，所以其临界量数值比工作场所重大危险源的临界量数值大。

当单元内存在的危险物质为单一品种时，则该物质的数量即为单元内危险物质的总量，若等于或超过相应的临界量，则定为重大危险源。

当单元内存在的危险物质为 n 种物质的混合物时，则按下式计算，若满足下面公式，则定为重大危险源：

$$\frac{q_1}{Q_1}+\frac{q_2}{Q_2}+\cdots+\frac{q_n}{Q_n}\geqslant 1$$

式中：q_n 表示第 n 种危险物质实际存在量，t。

Q_n 表示第 n 种危险物质相对应的生产场所或储存区的临界量，t。

六、重大危险源控制

20 世纪 90 年代初，我国开始重视对重大危险源的评价和控制，并通过国家“八五”科技攻关课题提出了重大危险源的控制思想和评价方法。我国在借鉴国外重大危险源控制系统的基础上，建立适合我国安全生产管理体制的重大危险源控制系统。

1. 重大危险源的辨识

（详见上一部分内容）

2. 重大危险源的评价

根据国家标准进行重大危险源的辨识后，就应对其进行风险评价。一般来说，重大危险源的风险评价包括以下几个方面：

（1）辨识各类危险因素及其原因与机制。

（2）依次评价已辨识的危险事件发生的概率。

（3）评价危险事件的后果。

（4）进行风险评价，即评价危险事件发生概率和发生后果的联合作用。

（5）风险控制，即将上述评价结果与安全目标值进行比较，检查风险值是否达到可接受水平，否则需进一步采取措施，降低危险水平。

3. 重大危险源的管理

在对重大危险源进行辨识和评价后，应对每一个重大危险源制订出一套严格的安全管理制度，通过技术措施（包括化学品的选用，设施的设计、建造、运行、维修以及有计划的检查）和组织措施（包括对人员的培训与指导，提供保证其安全的设备，工作人员水平、工作时间、职责的确定，以及对外部合同工和现场临时工的管理），对重大危险源进行严格控制和管理。

4. 重大危险源的安全报告

企业应在规定的期限内，对已辨识和评价的重大危险源向政府主管部门提交安全报告。如属新建的有重大危险的设施，则应在其投入运转之前提交安全报告。安全报告应详细说明重大危险源的情况，可能引发事故的危险因素以及前提条件、安全操作和预防失误的控制措施、可能发生的事故类型、事故发生的可能性及后果、限制事故后果的措施、现场应急计划等。

安全报告应根据重大危险源的变化以及新知识和技术进展的情况进行修改和增补，并由政府主管部门经常进行检查和评审。

5. 应急计划

应急计划是为了加强对重大事故的处理能力，根据实际情况预计可能发生的重大事故，所预先制订的事故应急对策，也就是认识到事故可能发生，并估计事故的后果，决定紧急处理的方法和措施。

应急计划也称为“重大事故应急救援预案”，是重大危险源控制系统的重要组成部分。一个完整的应急计划由两部分组成：现场应急计划和场外应急计划。现场和场外应急计划应分开，但它们彼此应协调一致，即必须是涉及同一估计的紧急情况。企业应负责制订现场应急计划，并且定期检验和评估现场应急计划和程序的有效程度，在必要时进行修订。场外应急计划由政府主管部门根据企业提供的安全报告和有关资料制订。

政府主管部门应保证将应急计划宣传材料散发给可能受事故影响的公众，并保证公众充分了解发生重大事故时的安全措施，一旦发生重大事故，应尽快报警。每隔适当的时间应修订和重新散发应急计划宣传材料。

6. 工厂选址和土地使用规划

政府有关部门应制定综合性的土地使用政策，确保重大危险源与居民区和其他工作场所、机场、水库、其他危险源和公共设施安全隔离。

7. 重大危险源的监察

由政府主管部门排出经过培训的、考核合格的技术人员定期对重大危险源进行监察、调查、评估和咨询。

第五节　现场定置安全管理

现场定置安全管理是现场定置管理在现场安全管理中的应用。现场定置管理是现场各项专业管理的基础，其含义是根据生产活动的目的，考虑到生产活动的效率、质量、安全等制约条件和物品自身的特殊要求（如时间、质量、数量、流程等），划分适当的放置场所，确定在场所中的放置状态，明确作为生产活动主体的人与场所及物品联系的信息媒介，从而有利于人、物的结合，有效地进行生产活动。

一、定置管理的基本内容

定置管理是以生产现场为研究对象，以物在场所中的科学定置为前提，以完善的信息系统为媒介，以实现人和物的有效结合为目的，促进现场管理科学化、规范化、制度化、文明化。定置管理的对象主要以生产现场为主，以职能部门办公室的定置管理为辅，逐步实行企业的全面定置。定置管理的基本内容大致包括以下几个方面。

1. 系统定置管理

系统定置管理就是对生产经营的总体系统进行定置管理，使企业的总系统布局合理、物流有序、生产高效。

2. 区域定置管理

区域定置管理是按工艺流程把生产现场划分为若干定置区域，对每一区域的人、机、料、法、环、信实行定置管理，促进其有机结合，保证区域内的人员精干、设备完好、物流有序、纪律严明、环境整洁、信息灵敏，促进生产活动高效运行。区域定置是全系统定置中的单元和子系统，是全系统定置的基础，是决定全系统定置管理有效性的关键。

3. 生产要素定置管理

（1）设备定置管理。是对设备运转状况和过程的定置，包括设备本体定置、管理资料定置、备品备件定置、维修保养定置，通过定置促进设备的精良完好，充分发挥其效能。

（2）工具、器具、容器定置管理。对生产工具、器具、容器按生产、工作的程序化、标准化、规范化要求进行分类摆放，确立最佳位置，能够使用方便，流动有序，减轻劳动，提高效率。

（3）原燃材料和产（成）品定置管理。对各种原燃材料和产品进行分类存放，使其有节奏地运行，保证生产均衡进行。

（4）人员定置管理。主要是定人、定岗、定责，实行标准化作业，保证发挥最大的效能。

4. 库房、料场定置管理

通过调整物品存放的位置，使仓库、料场内物品摆放有序，便于存取，消除杂乱，使之无变质物品，及时了解库存物品供应情况，更好地发挥库存功能，促进库房管理科学化、规范化、标准化。

5. 特别定置管理

对生产过程中的关键问题和薄弱环节，实行特别的定置管理，主要包括质量控制点特别定置和安全防火特别定置等。

6. 环境净化、绿化、美化定置管理

主要是通过实行环境净化、绿化、美化定置来改善现场生产工作环境，创造美观舒适的劳动工作条件，达到促进人的身心健康、提高劳动效率的目的。

7. 色调定置管理

色调对人的身心健康、工作效率、安全都有很大影响，通过对人员劳动、工作环境的色彩定置，创造优越的色彩条件，减轻劳动疲劳。同时，也可以起到识别、区别、警示作用，提高劳动效率，促进安全生产。

8. 职能部门定置管理

职能部门定置管理要求企业各级干部和管理人员，按照标准化、规范化、系列化要求，科学管理各种文件、资料、物品，及时准确地处理各种信息，提高工作和办事效率，主要包括办公室定置管理、文件资料定置管理、办公桌椅定置管理等。

二、定置管理的任务

定置管理就是要科学地处理好人与物的结合，科学地实现人、物、场所三者的一体化、最佳化。

1. 人与物结合

为了使生产现场中物的放置状态能切实地满足生产要求，实现有效地与人的结合，定置管理一般把人与物结合的状态分为 A 状态、B 状态、C 状态三种。

（1）A 类状态。即物与人处于经常结合和有效结合状态，包括能够直接结合并立即发挥效能之物和经常使用并处于完好状态的间接结合之物。例如常用的并处于完好状态的设备、工具、原材料等。

（2）B 类状态。即物与人处于非经常结合或不能立即有效结合状态，主要指不经常使用的或尚需经过检验、整修、装配等才能够发挥效能的间接结合的物品。例如待用、备用之物或者需要经过整修处理后使用之物等。

（3）C 类状态。即现场中物与人处于不需结合状态，主要指与现场生产活动无关的物品。例如生产现场中的废弃物，报废设备、原材料，以及同生产现场无关的生活用品等。

从物的转化观点看，定置管理的运转机制是尽可能减少和不断消除生产现场中 C 类状态之物，改进物的 B 类状态使其向 A 类状态转化，保持物的 A 类状态。同时由于生产条件的不断变化，标准水平的不断提高，A 类状态的水准也应逐步提高。定置管理按人与物的结合程度，将其分为所需之物能立即到手的直接结合和需要借助信息媒介的作用间接结合。在生产活动中，由于物品的种类、数量繁多，作业操作频繁，以及场所有限等客观条件，能够处于同操作者直接结合的物是有限的，实际上大部分物品处于间接结合的状态，生产活动中经常是直接结合与间接结合交替出现。定置管理的主要任务之一就是研究如何建立科学有效的信息系统，使生产现场中的间接结合之物处于可控状态，随时都可以和人进行结合，提高工作效率。

2. 物与场所结合

人与物的结合都是在一定的空间进行的，因此实现人和物的最佳结合，必须首先实现物与场所的最佳结合。可以说，物与场所的结合是定置管理的前提和基础。所谓场所，指的是从事产品生产、制造或提供生产服务的场所，即劳动者运用劳动手段作用于劳动对象，完成一定生产作业的场所。实现物与场所的有效结合，要根据物流运动的规律性，科学地确定对象物的位置，即定置。

3. 物的定置三要素

物的定置需要从效率、安全及物本身的特征进行综合考虑，以确定物的存放场所、存放姿态和现物标示。将物的存放场所、存放姿态和现物标示称为物的定置三要素。物的定置过程就是确定定置三要素的过程。

（1）物的存放场所。确定物的存放场所是物的定置的第一个条件，它的工作内容是划分场地、确定存放位置并进行标记。

（2）物的存放姿态。企业生产现场的物品规格形状各异，物品的存放涉及空间的利用率和物品的使用效率。

（3）现物标示。现物标示是对物品的最后确认信息，表示此物即该物，一般用标牌表示。

4. 信息媒介与定置管理

信息媒介就是在人与物、场所合理结合中起着指引、控制、确认等作用的信息载体。在定置管理中，完善而准确的信息媒介是很重要的，影响到人、物、场所的有效结合程度。

根据信息媒介在定置管理中所起的作用，定置管理信息可分为4种。

（1）第一信息是表示“该物在何处”的信息，指出物品的存放场所。在定置管理中，通过查看位置台账可以了解到所需物品的存放场所。

（2）第二信息是表示“该处在哪里”的信息，指出物品存放场所的具体位置。它以平面设置图的方式，明确指出存放物的处所或区域的位置。

（3）第三信息是表示“这儿就是该处”的信息，指物品存放场所的标志，即场所标示。

（4）第四信息是表示“此物即该物”的信息，是物品的自我标示，称为现物标示或现货标示。

上述4种信息中的第一、第二信息，是引导到物的存放场所，故称引导信息。第三、第四信息是确认其场所和物品，称为确认信息。

三、定置管理的原则

为确保定置管理的正确实施和有效运行，必须遵循以下6条原则。

1. 符合定置管理的基本原则

要对定置管理基本原则进行深入地研究、探讨，明确其科学思想体系、精神实质、基本要求和主要程序，要正确地运用定置管理的基本原理和方法，进行定置管理的设计和实施，不能浅尝辄止，草率从事，更不能随心所欲，违背科学原理。

2. 注重从实际出发

要紧密结合实际，具体地分析生产活动中人、物、场所的具体情况和本企业客观条件，制订切实可行的定置方案和办法；要结合企业各自的生产类型、特点、条件，建立起符合本企业实际的定置管理体系。做到实实在在，“看起来顺眼，拿起来顺手，干起来顺心”，不能生搬硬套，照抄照搬，不能搞固定模式，不搞“一刀切”，不一哄而起，更不能搞形式主义，做表面文章，否则，就有可能搞成徒有其表的“定置管理”，劳民伤财，于事无补，定置管理工作也就很难坚持下去。

3. 纳入标准化体系

对定置管理的诊断、设计、实施、信息媒介的建立等所有活动都要纳入标准化体系之中，使定置管理有很强的规范性。

4. 相对稳定与不断深化

要针对不同的情况，及时研究现场中的人、物、场所之间的变化关系，使定置管理处在一个相对稳定和不断深化发展的状态。

5. 坚持勤俭节约

要因厂制宜、因地制宜，充分利用现有条件，尽量少花钱多办事，注重实效，同时，也要在勤俭节约的基础上，适当搞些投入，如制作必要的工位器具等，为开展好定置管理创造必要的物质条件。

6. 实现群体参与

定置管理涉及面宽、范围广，是一项群众性工作；定置管理要不断进行整理整顿，又是一项经常性的工作。定置管理是一种约束力很强的管理，由物的随意放置到有目的按定置要求的科学合理的摆放，使所有流动物品都处于受控状态，这就对人的素质、自觉性和坚强意志以及持之以恒的态度等都提出了更高的要求。因此，必须广泛发动群众，充分调动现场职工的积极性、主动性和自觉性，实现群体参与，使坚持进行科学的整理整顿深入人心，变"要我定置"为"我要定置"，才能使定置管理开展起来并坚持下去。

四、定置管理的分类设计与实施

定置管理的分类设计就是在现场诊断、生产过程分析和工序分析、作业分析以及动作分析的基础上，对生产现场的人、机、料、法、环、信等诸生产要素合理配置，确定物品在现场的存放位置，改善人与物的结合状态，从实际出发，按照定置管理内容，分别进行定置设计，认真进行实施和考核。

1. 定置设计

（1）物品定置状态的分类设计。物品定置的状态分类设计，主要是根据物品定置的状态分类原理和标准规定，确定现场可移动物品的分类原则和分类方式。定置物品的分类是定置管理的首要问题，也是比较复杂的问题，要根据定置物品状态分类原理，结合企业实际，灵活掌握和确定。

（2）定置物品放置位置的设计。确定定置物品的放置位置，是定置管理的重要问题，要认真研究，根据现场条件和定置物品的状态特性及使用目的进行设计。设计时要充分考虑到：①要有利于与人的结合，方便取用和存放；②要防止存放中造成不安全因素；③要有利于物品质量的保持，尽量防止磕碰和损伤；④要尽量少占用空间；⑤要有利于促进现场环境的清洁和整齐、美观。对有特殊要求的物品要存放在特殊的位置，以便于特殊管理。

（3）定置物品存放姿态的设计。定置物品形态各异，每一种物品如何摆放，影响到空间利用率和物品使用效率。确定定置物品存放姿态也要考虑安全、质量、工作效率和空间利用率等因素。

2. 定置管理的实施

主要是深入开展清理整顿活动，对物品实施定置定位，建立定置信息系统。主要步骤是：

（1）进行全面清理整顿；

（2）对物品实施定置定位；

（3）制作和放置定置信息媒介物；

（4）对定置管理进行日常检查考核和阶段验收。

开展定置管理既要按推行定置管理的一般规律和程序进行，又要从实际出发，灵活掌握，使推行定置管理的工作在科学轨道上有效地进行。关键是要在全企业中建立起定置管理、文明生产的长效机制，主要包括：①营造全员自觉执行和保持定置管理的文化氛围，从理念上、企业文化上约束、影响和规范广大员工的行为，达到习惯成自然的境界；②是进行经常性和制度化的检查考核，奖优罚劣，保持标准和制度的严肃性；③各级领导要身体力行地强力推进，特别是在推行定置管理的起步阶段，领导可通过现场办公、现场观摩和经验交流等形式，总结、推广好经验，推选、树立、表彰好典型，形成“比学赶超”的良好风气和持续改进的良性机制。

五、现场定置管理“5S”法

现场定置管理有很多行之有效的方法和手段，其中“5S”法是较为成功的方法。

1.“5S”的含义

“5S”是指整理（Seiri）、整顿（Seiton）、清扫（Seiso）、清洁（Seiketsu）、素养（Shitsuke）等5个方面的内容。

（1）整理（Seiri）。整理就是针对生产对象的整理，通过区分现场物料需要与不需要，把不需要的移出现场或处理掉，建立需要物料的上限数量，优化现场空间库存，改善和增大作业面积，使道路畅通，人员舒心，利于安全管理。

（2）整顿（Seiton）。整顿就是将现场那些不需要的物料、不需要的信息清除掉，把不合理的规划重新规划，把所需物料有条理的定位或定置摆放，使这些物料始终处于任何人能方便取放的位置，使“三流”（人流、物流、信息流）能合理协调，流动有序，提高时间利用率，保证安全生产。

（3）清扫（Seiso）。清扫就是针对包括设备、厂房等生产设施进行清扫，将包括机器、工具、地面、墙壁和其他现场物料的生产现场打扫干净，做到无垃圾、无废弃物、无灰尘。清扫过程，可以发现缺陷，实现点检，可与设备管理结合起来。

（4）清洁（Seiketsu）。清洁就是维持和巩固整理、整顿和清扫的效果，始终使现场保持整洁、干净的状态，其中包括个人清洁和环境清洁。清洁的状态包含三个要素：干净、高效、安全。主要包括：地面、窗户和墙壁、操作台、工具和工装、设备、货架、放置物料场所和通道的清洁等。

（5）素养（Shitsuke）。素养就是每天坚持整理、整顿、清扫及清洁，且习惯地将这些活动视为每日工作的一部分，也可称为自律，这是“5S”活动的核心。

2.“5S”方法

（1）整理。整理的目的是要腾出空间并充分利用空间，防止误用无关的物料，营造安全、方便、文明、清爽的工作环境。整理的方法如下。

①分类并清除不需要的东西。现场物料分类的方法很多，最常用的是按物料使用的频率来分类，可以以一日或一周为单位计算使用频率，按频率大小顺序决定哪些是应该清除的物料，划定保留物料安置的区域。

②用拍照的方法确认整理的效果。将未整理的现场情况和整理以后的现场情况拍照，对照整理前后的情况，效果就会一目了然。

③保管和保存。整理出来的物料，有“保管”和“保存”两种处理方法。属于短时间存放的物料称为“保管”，属于长期存放的物料称为“保存”。一般对于使用量较大、使用频率较高的物料，宜放在生产现场或操作岗位较近的地方，便于取用。对使用量较小，使用频率低的物料，则可远离现场放入仓库或不固定场所保存。无论保管还是保存的物料，若有危险性质均应放在固定的且专用的场所保管或保存。

④整理结果的标识。完成整理后，为使需要的物料能立即取到，可使用标牌或图表信息予以标识。标牌内容要简明扼要，说明物料名称、分类、数量、存放位置或使用单位等，让人一看就明白。

（2）整顿。整顿的主要目的是要使工作场所物件一目了然，“三流”有序，作业时节省寻找物料的时间，清除过多的积压物料，减少危险因素，营造安全、整齐、有序的工作环境。整顿的方法如下。

①用5W1H方法发现存在的问题。首先，对现场的每件物料都要用5W1H的方法明确什么物料，在哪儿，在什么时间，由谁使用或保管，如何使用或保管，从中发现物料定置摆放是否合理的问题，特别是影响安全生产的危险源点等。接着是对问题追根究源，不仅依据现有的资料，还要追溯到以前的情况，一旦了解了问题的实质，就立即明确整顿改进的方向。

②合理设计，合理布局。生产现场物料的方便取放、“三流”安全合理流动的布局设计是整顿的切入点，要充分考虑人流（安全检查路线、巡视路线、保养设备的顺序、工作经过的路线、搬运的路线等）安全合理，尽量减少危害因素的影响程度或避开危险范围等；物流要做到物料取用最方便、最小途径、最小代价、最小风险程度等；信息流要做到最方便、最容易被现场人员得到、识别和应用。

③做好整顿的后处理。危害辨识、评价的结果和风险控制的要求、法律法规要求及物料的性质，是整顿首先应该考虑的因素，避免整顿产生新的危害。整顿后的结果应该用适当的方式方法向现场人员明示，如绘制现场布局图或定置图、设置明示牌、指示牌等。充分考虑整顿可能引起的作业程序、作业文件或其他方面变化的情况，提前有应对的措施，避免混乱。合理处置不需要的物料，避免浪费。

（3）清扫。清扫的目的是清除现场不利于安全生产、不利于产品质量、不利于员工身体健康的废弃物、灰尘、垃圾，创造安全、舒适的工作环境，保证设备良好运行，减少对员工健康的不良影响。“清扫”不是指突击性的大会战、大扫除，而是要制度化、经常化，每个人都从自己身边做起，然后再拓展到现场的每一个角落。清扫一般分五个阶段来实施：

①第一阶段：将地面、墙壁和窗户打扫干净；

②第二阶段：划出表示整顿位置的区域和界限；

③第三阶段：将可能产生污染的污染源清理干净；

④第四阶段：对设备进行清扫、润滑、检修；

⑤第五阶段：制订生产现场清扫规范和管理制度并实施。

（4）清洁。整理、整顿、清扫的结果是形成清洁的工作环境。所有人员都要清楚自己在该项活动中承担什么职责和任务，该干什么，该什么时间干，该怎样干，该干到什么程度，干好了怎样，干不好又怎样等，应该有个规定来明确规定现场员工的责任和任务，并通过定期检查考核，激发员工的积极性，推动这项活动健康发展。

（5）自律。开展自律活动，主要目的在于培养职工自觉遵守和执行工厂各项规定的良好习惯，自愿实施整理、整顿、清扫、清洁活动，高标准、严要求维护现场环境的安全、文明、整洁、有序。“自律”是前四个“S”得以持续、自觉、有序地开展下去的保障。

自律包含的内容很多，但最基本的是良好习惯和行为的养成，做到按章办事和自我规范行为，进而延伸到仪表美、行为美。在培养职工自律时不妨使用一些灵活的工具或形式，如录像、照片、图表、简报或醒目的标语、板报和其他形式的宣传报道等。

3. 现场开展“5S”注意要点

（1）领导重视，身体力行“5S”的工作。一个企业“5S”活动开展的好与不好，关键在于领导的重视程度。“5S”活动的推行要从最高管理者的办公室开始，继之以中层领导和管理干部，自上而下地进行。作为管理者，当天公务完毕，办公桌上不应该留有一件不必要的物料，保持办公桌的宽敞、明亮、整洁。在生产、技术、质量、工程管理人员的办公室沿墙应有文件柜，保证每件公文都有合适的位置。下班后，办公桌上除了工作期间使用的办公用品外，不应有其他物料，要在办公室内营造一种温馨、明亮、整洁、天天整理的气氛。

（2）“5S”活动要持之以恒。“5S”活动要坚持不懈地进行，才会取得预期的效果。开展“5S”活动如果像一阵风，活动就没有效果，不仅劳民伤财，而且就会适得其反，产生负面作用，就会使人们对5S活动失去信心。任何管理方法都不是灵丹妙药，都不可能一吃就灵，都需要经过长期的努力和探索，才能取得预期的效果。

开展5S活动要有长期坚持的思想准备。在企业里要养成这种风气，特别是个人的良好习惯养成和整个企业的风气是相辅相成的。企业风气的养成可以促进个人形成好习惯，个人良好的习惯又有利于企业良好氛围的营造。

（3）5S活动要经常开展。人的良好习惯需要培养，开展的5S活动也要有条不紊、有秩序地进行。5S工作的推进就意味着要不断地发展。在企业里要教育全体员工不断地思考如何改进5S工作，脚踏实地把5S活动推向前进。企业要鼓励全体员工不断提出合理化建议，并对这种合理化建议给予奖励，以不断地鼓励和推动5S活动的进行。管理人员要经常到基层检查指导，及时发现、解决问题，创造一种真正实行5S的现场氛围。此外，还要采用多种多样的激励形式来促进员工创建整洁文明的作业现场。

（4）遵守规定和规则。遵守规定虽然道理很浅显，但未必人人都能做到。问题的关键是缺乏遵守规定的自觉性。要教育员工凡是企业的规定就应该遵照执行，这不仅仅是5S的要求，也是大工业生产的基本前提。

（5）5S活动的评价。定期对5S活动进行评价是确保5S活动持之以恒的有效措施。企业应根据各自的实际情况，编制5S活动评价表，对本企业开展的5S活动情况进行定期的评价。通过评价寻找可以进行改进的方面，组织攻关改进，推动5S活动健康发展。

第六节　安全质量标准化管理

安全质量标准化是企业生产经营活动中的一项基础建设，通过开展标准化作业的安全生产达标考核工作，建立科学、规范的现场安全生产管理机制，夯实安全管理工作基础，从根本上预防和减少各类事故的发生。

安全质量标准化借鉴了以往开展质量标准化活动的经验，同时又赋予了其新的内涵，是新形势下安全生产工作方式方法的创新和发展。开展安全质量标准化活动，是加强安全生产“双基”工作，建立安全生产长效机制的一种有效方法。

一、安全质量标准化基本内容

国家安全生产监督管理总局专门下发的《关于开展安全质量标准化活动的指导意见》（安监管政法字［2004］62号），明确了安全质量标准化的指导思想。指导思想是：以“三个代表”重要思想为指导，认真贯彻落实《国务院关于进一步加强安全生产工作的决定》，落实企业安全生产主体责任，坚持“安全第一、预防为主”，全面加强企业安全质量工作，突出重点，狠抓关键，求真务实，讲求实效，稳步推进，通过开展安全质量标准化活动，促使各类企业建立自我约束、不断完善的安全生产长效机制，提高本质安全水平，促进安全生产状况的稳定好转。

安全质量标准化的基本内容就是生产经营单位在各个生产岗位、生产环节的安全质量工作，必须符合法律、法规、规章、规程的规定，达到和保持一定的标准，使生产经营单位的生产始终处于良好的安全运行状态。因此，安全生产质量标准化实质上就是要从根本上建立安全生产的长效机制，达到构建和谐社会的要求，落实“以人为本”的科学发展观。

二、安全质量标准化的实施

安全质量标准化是安全生产的重要基础工作，要从标准、目标、责任、控制、考核等环节着手，加强安全质量标准化的实施。

1. 制定安全质量标准

国家安全生产监督管理总局已经颁布了《煤矿安全质量标准化标准及考核评级办法》、《金属与非金属矿山安全质量标准化企业考评办法及标准（试行）》、《机械制造企业安全质量标准化考核评级办法》和《机械制造企业安全质量标准化考核评级标准》等，这些标准的制定，使各企业实施安全标准化有了规范的标准。

2. 明确安全质量标准化工作目标

《关于开展安全质量标准化活动的指导意见》中已经明确了当前和今后一段时间的工作目标：一年打基础，两年基本完善，三年初步规范，力争到2007年，煤矿、非煤矿山、危险化学品、交通运输、建筑施工等重点行业和领域国有大中型企业全部达到国家规定的安全质量标准，各类小企业达标率在50%以上；到2010年，各类企业都达到国家规定的标准，企业安全生产基础工作得到全面加强，安全生产面貌从根本上得到改善。各地区要根据总体目标和总体要求，研究制订符合本地区、本单位特点的工作目标和措施，提出年度达标计划和中长期达标规划。

3. 分解落实安全质量标准化责任

把安全质量标准化工作目标进行层层分解，落实到各企业和企业的各个阶段，形成层层把关负责、配套联动的责任体系。

4. 建立安全质量标准化监控机制

各级安全监管部门、生产经营单位要安排专人负责此项工作，各车间、班组、岗位都要有专（兼）职人员，形成完善的安全管理网络，及时发现和处理安全质量标准化活动中遇到的问题，做到处处有人抓，事事有人管，使安全质量标准化工作始终处于有效的监督控制状态。

5. 完善安全质量标准化考核制度

企业要建立每月检查、每季考核、半年总结、全年评比的安全考核制度。

三、机械制造企业安全质量标准化考核评级办法及评级标准

1. 机械制造企业安全质量标准化考核评级办法

（1）主要内容有三大项。

①基础管理考评。对人员抽查考核数量不少于现场（或在册）人数的10%。

②设备设施安全考评。按设备设施及物品的拥有量（H）比例抽样：

$H \leqslant 10$，抽100%；

$10 < H \leqslant 100$，抽10台；

$100 < H < 500$，抽10%；

$500 \leqslant H \leqslant 1\,000$，抽50台；

$H > 1\,000$，抽5%。

③作业环境与职业健康考评。

（2）考核评级得分与等级

机械制造企业安全质量标准化考核得分1 000分为满分。

得分计算方法：各项目实得分之和×［1 000÷（1 000－各空项分数之和）］（空项指企业无此项）

安全质量标准化机械制造企业分为三个等级：

①一级：安全质量标准化考核得分不少于900分；

②二级：安全质量标准化考核得分不少于800分；

③三级：安全质量标准化考核得分不少于600分。

各空项分数之和超过200分的，不得评为一级安全质量标准化机械制造企业。

（3）考核评级的程序

按照《机械制造企业安全质量标准化考核评级标准》的要求，企业成立由主要负责人任组长、各相关职能部门以及工会参加的小组进行自评。

企业自评后，形成自评报告，向承担安全质量标准化复评任务的机构提出复评申请。

复评机构收到企业的复评申请后，应按照《机械制造企业安全质量标准化考核评级标准》的要求进行复评，向企业和安全生产监督管理部门提交复评报告。符合相应等级安全质量标准化机械制造企业标准的，由安全生产监督管理部门核准；不符合的，由企业按照复评报告的要求进行整改。

安全质量标准化机械制造企业实行分级核准制。三级由复评机构报市（地）级安全生产监督管理部门核准；二级由复评机构报省级安全生产监督管理部门核准；一级由复评机构报省安全生产监督管理部门审核同意后，由省级安全生产监督管理部门报国家安全生产监督管理总局核准。

安全生产监督管理部门核准后，向企业颁发相应的证书和牌匾，并在有关媒体上予以公布。

四、金属与非金属矿山安全质量标准化考评办法及标准

1. 考评办法

金属与非金属矿山企业分为安全管理、开采系统（地下开采系统、露天开采系统，以下同）和尾矿库进行考评。其等级分别分为一级、二级、三级和不达标。

根据金属与非金属矿山企业的安全管理、开采系统、尾矿库的安全质量标准化等级和安全生产责任事故评定金属与非金属矿山企业安全质量标准化等级。金属与非金属矿山企业安全质量标准化等级分为四级。

（1）安全管理、开采系统和尾矿库的安全质量标准化等级都评为一级，且考核年度内没有发生死亡事故的为金属与非金属矿山安全质量标准化一级企业；

（2）安全管理、开采系统和尾矿库的安全质量标准化等级都评为二级以上，考核年度内没有发生一次死亡两人以上或累计死亡两人以上安全生产责任事故，但不能评为一级企业的为金属与非金属矿山安全质量标准化二级企业；

（3）安全管理、开采系统和尾矿库的安全质量标准化等级都评为三级以上，考核年度内没有发生一次死亡三人以上或累计死亡三人以上安全生产责任事故，但不能评为一级或二级企

业的为金属与非金属矿山安全质量标准化三级企业；

（4）三级以下的为金属与非金属矿山安全质量标准化不达标企业。

2. 考评程序

①金属与非金属矿山企业组织自评小组，按照本办法自评本企业安全质量标准化等级，形成金属与非金属矿山安全质量标准化企业自评报告；

②金属与非金属矿山企业按照自评等级向相应安全生产监督管理部门提交金属与非金属矿山安全质量标准化企业申请表，同时报送企业自评报告；

③收到企业申请表和企业自评报告的安全生产监督管理部门委托中介机构依据本办法对企业进行评审，形成书面评审意见；

④接受委托的中介机构将评审意见报相应安全生产监督管理部门；

⑤安全生产监督管理部门对评审意见、企业申请表和企业自评报告进行核准，形成核准意见，并将核准结果备案；

⑥一级、二级、三级企业由核准的安全生产监督管理部门颁发金属与非金属矿山企业安全标准化等级证书，并在有关媒体上公布。

3. 考评标准（略）

五、危险化学品从业单位安全质量标准化规范及考核评价标准

国家安全生产监督管理总局组织制定的《危险化学品从业单位安全质量标准化规范（试行）》和《危险化学品从业单位安全质量标准化考核机构管理办法（试行）》，于 2005 年 12 月 16 日发布实施。

本规范由 10 个 A 级要素和 51 个 B 级要素组成，采用 P（计划）、D（实施）、C（检查）、A（改进）动态循环的管理模式，实现企业自主管理、政府部门监督的安全质量标准化管理模式，持续改进企业的安全管理绩效。

考核评价标准略。

第七节　职业健康安全管理体系

职业健康安全管理体系（OHSMS）是 20 世纪 80 年代后期兴起的现代安全生产管理模式，它与 ISO 9000、ISO 14000 等标准化管理体系一样被称为是后工业化时代的管理方法。

国际社会对职业健康安全管理体系普遍关注，一些发达国家率先开展了实施职业健康安全管理体系的活动。2001 年 12 月，原国家经贸委根据我国实际情况颁布了《职业健康安全管理体系指导意见》和《职业健康安全管理体系审核规范》。国家质量监督检验检疫总局根据我国开展职业健康安全管理体系工作的具体情况，颁布了《职业健康安全管理体系规范》（GB/T 28001—2001）国家标准，进一步规范了我国此项工作的开展。

一、职业健康安全管理体系的运行模式

职业健康安全管理体系一套系统化、程序化，同时具有高度自我约束、自我完善机制的科学管理体系。在我国实施职业健康安全管理体系，不仅可以强化企业的安全管理，完善企业安全生产的自我约束机制和激励机制，达到保护职工安全与健康的目的，也有利于增强企业的凝聚力和竞争力。

职业健康安全管理体系以著名的戴明管理思想为基础，即“戴明模型”或称为 PDCA 模型。一个组织的活动可分为“计划（Plan）、行动（Do）、检查（Check）、改进（Act）”四个

相互联系的环节来实现，通过此种方式可有效改善组织的职业健康安全管理绩效。

1. 计划环节

计划环节是对管理体系的总体规划，包括：确定组织的方针、目标；配备必要资源，包括人力、物力资源等；建立组织机构，规定相应的职责、权限及其相互关系；识别管理体系运行的相关活动或过程，并规定活动或过程实施程序和作业方法等。

2. 行动环节

指按照计划所规定的程序（如组织机构、程序和作业方法等）加以实施。实施过程与计划的符合性及实施的结果决定了用人单位能否达到预期目标，所以，保证所有活动在受控状态下进行是实施的关键。

3. 检查环节

检查环节是为了确保计划行动的有效实施，需要对计划实施效果进行检查衡量，并采取措施修正消除可能产生的行为偏差。

4. 改进环节

管理过程不可能是一个封闭的系统，需要随着管理的进程，针对管理活动实践中所发现的缺陷、不足或根据变化的内外部条件，不断进行管理活动的调整、完善。

二、职业健康安全管理体系要素

《职业健康安全管理体系规范》GB/T 28001 标准所规定的职业健康安全管理体系依据 PDCA 管理模式，提出了由职业安全健康方针、策划、实施与运行、检查和纠正措施、管理评审所组成的 5 大基本运行过程。

《职业健康安全管理体系规范》GB/T 28001 第 4 部分是该规范的核心内容，包括 18 个条款，除总要求外，其余 17 个条款构成了对职业健康安全管理体系的完整要求，通常也被称为 17 个职业健康安全管理体系要素。它们严格规范了各类组织建立、实施和保持职业健康安全管理体系应遵循的原则和要求。

GB/T 28001《职业健康安全管理体系规范》要素包括以下 5 个方面。

1. 职业健康安全方针

组织应有一个经最高管理者批准的职业健康安全方针，该方针应清楚阐明职业健康安全总目标和改进职业健康安全绩效的承诺。

职业健康安全方针应：

（1）适合于组织的职业健康安全风险的性质和规模；

（2）包括持续改进的承诺；

（3）包括组织至少遵守现行职业健康安全法规和组织接受的其他要求的承诺；

（4）形成文件，实施并保持；

（5）传达到全体员工，使其认识各自的职业健康安全义务；

（6）可为相关方所获取；

（7）定期评审，以确保其与组织保持相关和适宜。

2. 策划

策划是组织建立与运行职业健康安全管理体系的启动阶段，目的是对如何实现职业健康安全方针作出明确的规划。该阶段包括对危险源辨识、风险评价和风险控制的策划，法规和其他要求，目标，职业健康安全管理方案，共 4 个要素。

3. 实施与运行

实施与运行这一大要素的目的是开发实现组织的方针、目标和指标所需的能力和支持机制，以确保体系的有效运行和计划内容的有效实施。这一大要素包括机构和职责，培训、意识和能力，协商与沟通，文件，文件和资料控制，运行控制，应急准备和响应，共7个要素。

4. 检查和纠正措施

组织应通过检查和纠正措施这一基本过程来经常和定期地监督、测量和评价管理体系的运行情况，对发生偏离方针、目标和指标的情况及时加以纠正，并防止事故、事件和不符合事项的再次发生。这一大要素包括绩效测量和监视，事故、事件、不符合、纠正和预防措施，记录和记录管理，审核，共4个要素。

5. 管理评审

组织的最高管理者应按规定的时间间隔对职业健康安全管理体系进行评审，以确保体系的持续适宜性、充分性和有效性。管理评审过程应确保收集到必要的信息以供管理者进行评价。管理评审应形成文件。

管理评审应根据职业健康安全管理体系审核的结果、环境的变化和对持续改进的承诺，指出可能需要修改的职业健康安全管理体系方针、目标和其他要素。

三、建立职业健康安全管理体系的步骤

不同的组织在建立、完善职业健康安全管理体系时，可根据自己的特点和具体情况，采取不同的步骤和方法。但总体来说，建立职业健康安全管理体系一般要经过下列基本步骤。

1. 前期准备

作为前期准备工作，包括最高管理者在内的全员培训，是建立和保持职业健康安全管理体系的基本保证。组织要针对不同的人员，组织不同形式的培训，为保证职业健康安全管理体系的顺利实施。组织应明确管理者代表，确定体系建立负责机构，以及与体系有关的各单位的工作任务。

2. 初始状态评审

初始状态评审是建立职业健康安全管理体系的基础和关键环节。其主要目的是了解组织职业健康安全管理现状，为建立体系收集信息，确定职业健康安全绩效持续改进的依据。

3. 体系策划

包括制定职业健康安全方针、目标和管理方案；进行职能分析和机构确定；进行职能分配；确定职业健康安全管理体系文件结构和各层次文件清单等。

4. 文件编写

文化是职业健康安全管理体系的主要特点之一，对体系策划的结果形成适用的权威性的文件，是对各类组织风险有效控制和管理的保证。

5. 体系运行

通过体系运行，检验体系策划与设计及文件的充分性、有效性和适宜性，充分发现体系存在的问题，利用体系自我发现、自我纠正和自我完善的机制，使体系不断得到完善。

6. 监督和评审

及时发现职业健康安全管理体系运行过程中出现的问题，是体系不断完善和改进的重要手段，通过体系自身的各种监督，检查体系是否按计划运行，判定体系的有效性、适宜性和充分性。

7. 纠正和预防

为保证体系能够有效发挥作用，对检查中发现的问题必须采取纠正措施，以保证体系按计

划实施，为防止类似的问题重复出现，还应制订相应的预防措施，并保证实施。

8. 持续改进和保持

“改进和保持”是职业健康安全管理体系的重要要求，体系能否持续有效和适用，保持是关键，体系保持是根据组织情况和外部环境的变化而动态适应的过程。

四、职业健康安全管理体系的审核

GB/T 28001—2001 将审核定义为：“为获得审核证据并对其进行客观评价，以确定满足审核的程度所进行的系统的、独立的并形成文件的过程。”根据其定义，审核是由两个过程所组成。

（1）“获得审核证据”的过程。根据 ISO 9000 的定义，审核证据是指“与审核准则有关的能够证实的记录、事实陈述和其他信息”。这些证据，常见的记录包括运行中的各种记录，如安全检查记录、组织执行相关法律法规的记录、方针和目标以及管理方案执行情况的记录、事故和职业病记录、应急记录、内部审核报告以及管理评审报告等。而“事实陈述”是指审核过程中有意义的访谈结果。“其他信息”则主要指现场审核时通过观察、获取和收集人员的不安全行为、物的不安全状态或环境的不安全条件。

（2）对这些审核证据“进行客观的评价以确定满足审核准则的程度”的过程。常用的审核准则包括：审核标准 GB/T 28001—2001；相关的法律、法规、标准；组织的职业健康安全管理体系文件。

审核分内部审核和外部审核。内部审核又称为第一方审核；外部审核又分为第二方审核和第三方审核。

五、职业健康安全管理体系认证实施程序

职业健康安全管理体系认证是依据审核准则，由获得认可资格的认证机构，对受审核方的职业健康安全管理体系实施认证及认证评定，确认受审核方的职业健康安全管理体系的符合性及有效性，并颁发认证证书与标志的过程。

职业健康安全管理体系认证具有以下特征：认证的对象是组织的职业健康安全管理体系；认证的依据是职业健康安全管理体系规范；认证的方法是由认证机构派遣审核人员对组织的职业健康安全管理体系进行评定，提交审核报告，提出审核结论。获得认证的结果，组织通过认证机构的审核，最终取得认证机构的职业健康安全管理体系认证证书和认证标志，证书和标志将向外部相关方证明，该组织的职业健康安全管理体系符合职业健康安全管理体系规范的要求。认证的性质是：职业健康安全管理体系认证是第三方从事的活动，第三方是独立于第一方（供方）和第二方（需方）之外的一方，与第一方和第二方既无行政的隶属关系，又无经济上的利害关系，强调职业健康安全管理体系认证要由第三方实施是为了确保认证活动的公正性。

六、职业健康安全管理体系审批发证后的监督管理

认证后监督包括监督审核和管理，对监督审核和管理过程发现的问题应及时地处置，并在特殊情况下组织临时性监督审核。获证单位认证证书有效期为 3 年，有效期届满时，可通过复评，获得再次认证。

监督审核是指认证机构对获得认证的组织在证书有效期限内，所进行的定期或不定期的审核。其目的是通过对获得证书单位的职业健康安全管理体系的验证，确保受审核方的职业健康安全管理体系持续地符合《职业健康安全管理体系规范》、体系文件以及法律、法规和其他要求，确保持续有效地实现既定的职业健康安全方针和目标，并有效运行。

根据中国认证机构国家认可委员会的相关文件规定，认证机构对组织职业健康安全管理体系监督的频次与深度应视组织的具体情况决定，通常每年至少一次（对初次通过认证组织的首次监督评审应在获证后半年内进行）。监督审核分为例行（定期）监督审核和不定期监督审核。

复评指获证单位在认证证书有效期届满时，重新提出认证申请，认证机构受理后，重新对组织进行的审核。

为了满足组织的职业健康安全管理体系持续满足《职业健康安全管理体系规范》的要求，且得到了很好的实施和保持，认证机构应对组织职业健康安全管理体系定期进行复评，复评周期一般不超过3年。复评应在认证证书有效期终止前3个月进行，认证机构根据复评结果，作出是否换发证书的决定。

第四章　常见危险危害因素预防

安全生产本质上是安全与生产的有机统一，安全是生产得以正常进行的条件，生产的过程也是安全保证的过程。在生产过程中，人、设备设施、作业环境、物流等要素的相互关系构成了不同的作业形式。在这些作业现场，衍生着众多的危险危害因素，一旦失控，往往会导致事故发生。因此，除了做好各项安全管理外，正确采用一些有针对性的技术性安全预防措施十分关键。

了解一些常见的危险危害因素特点，对加深安全意义的理解，突出安全管理的重点，把安全工作落到实处有重要意义。本章从安全生产的实际出发，对常见的防坠落、防触电、防机械伤害、防火防爆措施和有毒有害因素预防措施进行了介绍。

第一节　防坠落

坠落是高处作业最主要的危险，一旦发生坠落就可能导致受伤甚至死亡。

一、高处作业基本知识

高处作业是指凡在坠落高度基准面 2 m 以上（含 2 m）有可能发生坠落的高处进行的作业。高处作业包括在作业场地的作业，也包括作业时的上下攀登过程。

1. 高处作业的高度与级别

高处作业的高度是指作业位置至相应坠落高度基准面之间的垂直距离中的最大值。坠落高度基准面是指通过最低坠落着落点的水平面。最低坠落着落点是指作业位置可能坠落到的最低点。若地面和屋面相对，地面是基准面；如果地面和井底相对，井底就是基准面，地面变为高处了。当基准面高低不平时，计算高处作业的高度，应该从最低点算起。

高处作业根据作业高度划分为四个级别：

（1）高度在 2 ~5 m 的高处作业，称为一级高处作业。

（2）高度在 5 ~15 m 的高处作业，称为二级高处作业。

（3）高度在 15 ~30 m 的高处作业，称为三极高处作业。

（4）高度在 30 m 以上的高处作业，称为特级高处作业。

2. 高处作业坠落半径

高处作业坠落半径是指在坠落高度基准面上，坠落着落点至经坠落点的垂线和坠落高度基准面的交点之间的距离。不同级别的高处作业，除作业高度不同外，其坠落半径也不同。高处作业坠落半径根据不同的坠落高度分别为：

（1）当高度为 2 ~5 m 时，坠落半径为 2 m。

（2）当高度为 5 ~15 m 时，坠落半径为 3 m。

（3）当高度为 15 ~30 m 时，坠落半径为 4 m。

（4）当高度为 30 m 以上时，坠落半径为 5 m。

3. 高处作业的种类与类别

高处作业的种类分为特殊高处作业和一般高处作业两种。特殊高处作业包括以下几个类别：

（1）在风力6级（风速10.8 m/s）以上的情况下进行的高处作业，称为强风高处作业。

（2）在高温和低温环境下进行的高处作业，称为异温高处作业。

（3）降雪时进行的高处作业，称为雪天高处作业。

（4）降雨时进行的高处作业，称为雨天高处作业。

（5）室外完全采用人工照明时进行的高处作业，称为夜间高处作业。

（6）在接近或接触带电体条件下进行的高处作业，统称为带电高处作业。

（7）在无立足点或无牢靠立足点的条件下进行的高处作业，统称为悬空高处作业。

（8）对突然发生的各种灾害事故进行抢救的高处作业，称为抢救高处作业。

一般高处作业系指除特殊高处作业以外的高处作业。

二、高处作业用具

1. 梯子

梯子是登高作业中不可缺少的用具。种类很多，有固定梯、活动梯、消防梯和八字扶梯等。梯子应坚实牢固，安全可靠，符合使用标准。

在使用梯子时，一般应注意下列事项。

（1）梯子放置的安全位置应是，由梯脚到上支点垂直面的水平距离大约是梯子两支点间长度的1/4。这种斜度可防止梯子翻倒。

（2）使用梯子时，应把梯脚放置在结实的地面上，决不应放在可动物体或松散的土地上，以防梯子滑动或下陷。

（3）不要把梯子靠在窗玻璃或窗框上，应当把一木板横向地且可靠地固定在梯子顶部（不要用钉子固定），然后使木板支撑在窗子的两边。不要把梯子斜靠在松动的物体或圆柱类不安全的支撑物上。

（4）使用八字扶梯时，两边要用结实绳子拴连，梯脚要包橡皮，以防滑开跌倒。

（5）上、下梯子时，应两手抓住梯子，在爬到作业的高度后，再用绳索提上需要携带的东西。下梯子时，应始终面向梯子，决不能从梯子上滑下，以免摔伤。

（6）不要把短梯子拼接成长梯使用，因为拼接的梯子，其强度不够，使用时容易造成人身伤害。

（7）金属制作的梯子不应使用于通电的电线附近，更不能用以进行带电作业。

（8）使用梯子前，应检查有无损坏，清除梯子上的一切污物和油腻，并确认鞋底不粘、不打滑等。

（9）有毛病的梯子不应使用，并应加适当标志，以待修理或报废。

2. 脚手架

脚手架是支持人和材料用的高架工作台，通常是临时性的，主要用于建筑工程。脚手架不仅给登高作业人员提供了安全施工条件，而且是运输物料、堆放料具的重要场所。脚手架要求除能承受一定载荷外，还具有稳定性、牢固性、可靠性，保证在施工过程中不发生倒塌，确保工人安全作业。

脚手架的种类很多，按用途分有砌墙脚手架、装修脚手架等；按搭设位置分有外脚手架、里脚手架等；按使用材料分有木、竹、金属脚手架等；按构造形式分有多立杆式、框式、桥式、阶梯式、支柱式、吊式、挂式、挑式和工具式脚手架等；按支承性质分有固定式（不能移动的）、移动式和升降式等。

各类脚手架一般均由立杆、大横杆、小横杆、斜撑、抛撑、剪刀撑以及连接卡子组成。搭设和拆除脚手架的人员是特种作业人员，要经过专门的培训，持证上岗。

安装脚手架的一般要求是：

（1）脚手架材料的规格和质量必须符合规定。

（2）构造必须符合使用的要求。

（3）有足够的面积，能方便工人安全作业，满足物料堆置和运输的需要。

（4）坚固、稳定，能保证施工期间不变形、不倾倒、不摇晃。

（5）搭拆简单，搬移方便，能多次周转使用。

（6）脚手架要铺满、铺稳，不得有空头板。

使用脚手架时应注意的事项是：

（1）脚手架上堆放的材料必须整齐平稳，不要过载。按规定，堆放多空砖、“八五”砖时，不得超过四层，标准砖不得超过三层。

（2）登高作业上下时，都应从规定的扶梯上走，决不能利用脚手架或绳索上下爬登。

（3）在多层脚手架上作业时，上下作业的位置要岔开，或铺设安全防护挡板，把几层作业面隔开。

（4）不得在脚手架上使用梯子或其他类似的工具来增加高度。

（5）当在电源线附近操作时，应特别小心，防止触电和摔下。

（6）在脚手架上砌墙时，不能向外砍砌，以防碎砖掉下伤人。

（7）为确保脚手架在整个施工过程处于完好状态，应经常对脚手架进行必要的检查和维护。

三、高处作业一般安全要求

（1）高处作业人员要定期检查身体，年老体弱人员、视力衰退人员、身体不适人员以及患有心脏病、高血压、癫痫病和有恐高症等不宜登高的人员，不得从事高处作业。

（2）年龄不满十八周岁的人员，不能从事高处作业；酒后禁止从事高处作业。

（3）遇6级以上强风、浓雾、雷暴等恶劣气候，露天场所不能登高。夜间登高要有足够照明。

（4）作业前应检查登高用具是否安全可靠，不得借用设备构筑物、支架、管道、绳索等非登高设施，作为登高工具。

（5）高处作业必须和高压电线保持一定距离，或采取防护措施。检修用金属材料至少距离裸导线2 m以上。

（6）在高处作业应谨慎小心，衣着要轻便，禁止穿拖鞋、高跟鞋、硬底鞋、带钉鞋和易滑鞋，不准嬉闹玩笑。

（7）在高处不可扔物，大件工具要拴牢，防止滑落。地面上的监护人或指挥人，应和登高者统一联络信号，下方应设围栏，禁止无关人员进入。如必须交叉作业，应上下可靠隔绝。

（8）在石棉瓦上作业时，应用固定的跳板或铺瓦梯。在屋面、斜坡、坝顶、吊桥、框架边沿及设备顶上等立足不稳之处作业，均应装设脚手架、栏杆或安全网。

（9）高处预留孔、起吊孔的盖板或栏杆，不得任意移去。如因检修而必须移去时，禁止在孔洞附近堆物，而且施工间断期间应有防护设施，施工完毕后，必须及时恢复原状。

（10）使用铁凳、梯子等用具时，要将其安放牢固并设防滑装置，跨度不得大于3 m。不准在小推车或不稳固的物体上进行高处作业。

四、高处作业安全护具

安全帽、安全带（绳）、安全网被称为高处作业“三件宝”，对保护人身安全起到了重要作用。

1. 安全帽

安全帽是避免或减轻从高处坠落物体或侧向飞来物体对头部造成危害的个体防护用具。安全帽对头部的防护是利用安全帽的帽体、帽衬的缓冲结构，使瞬间冲击力由安全帽传递分布在头盖骨的整个面积上，减缓冲击力对头部的伤害。

安全帽主要由帽壳和帽衬两部分组成，其材料多为塑料、橡胶、金属及植物条（柳、藤、竹）等。其种类按不同材质、结构和用途分类。国家标准 GB 2811—1988 对安全帽进行了规定。

选择和使用安全帽时，要注意以下几点：

（1）在每次使用之前，一定要检查安全帽是否有裂痕、碰伤痕迹或凹凸不平、磨损等情况。安全帽有了损伤，会影响其性能，应及时报废。

（2）使用时，安全帽的帽带一定要系牢，如果不系牢，即使帽壳与头顶之间有足够的空间，也不能充分发挥防护作用，在物体坠落时会因安全帽脱落而造成伤害。

（3）安全帽一定要戴正，不要把安全帽歪戴在脑后，歪戴会降低安全帽对冲击的防护作用。

（4）不要为了透气而在安全帽壳上随便开孔，也不要随意摔碰安全帽，以免降低帽壳强度。

（5）安全帽不应放置在有酸、碱及高温、日晒等场所，更不能和坚硬物放在一起。

（6）受过一次强冲击的安全帽应及时报废，不能继续使用。

2. 安全带（绳）

安全带的防护作用就是通过安全带将作业人员的身体系结于固定物体之上，以防作业人员不慎坠落造成伤亡。安全带整体强度应能够承受人体坠落时的冲击力。同时，绳的长度有一定限制，能够在人体坠落到可以致伤的某一限度之前将坠落者拉住。

安全带主要由带、绳、金属配件三部分组成。为了便于操作和延长安全带的使用寿命，安全带使用的材料具有重量轻、耐磨损、耐腐蚀、吸水率低和适应温度范围广等特点。

目前，我国的安全带标准规定用锦纶、维纶、蚕丝料做绳带。金属配件有各种钩、环、卡子等，一般采用普通碳素钢和铝合金钢板冲制。

安全带的种类很多，按功能和属性分类，可以分为围杆作业、悬挂作业、攀登作业三大类。按用途分类，有电工、电信工、高空作业、架子工、铁路调度员和消防安全带等。

选用安全带时一定要慎重，必须根据不同作业人员的使用用途，选择有合格证的产品，掌握正确的使用方法。使用不当就会增加冲击负荷，威胁作业人员的生命安全。

安全带的正确使用方法和使用注意事项是：

（1）水平拴挂。将安全带系在腰部，把绳的挂钩挂在和安全带同一水平的位置上，人和挂钩保持基本等于绳长的距离，称为水平拴挂。这种挂绳方法的优点是：当作业人员不慎坠落时，身体向下摆动冲击，而摆动冲击负荷要小于垂直冲击负荷。但在摆动过程中不要与其他物体相碰，以免造成碰撞伤害。

（2）高挂低用。将安全绳挂在高处，人在下面工作，称为高挂低用。高挂低用可以减小实际冲击距离，使人和绳承受较小的冲击力，是最理想的一种挂绳方法。相反，低挂高用会增加冲击力，容易发生危险，切忌使用。

（3）每次使用前都要对安全带做一次外观检查，看看绳上的保护套是否完好，绳带有无断股、变质等情况，发现问题应停止使用。

（4）使用时钩、环一定要挂牢，卡子一定要扣紧。挂绳不得打结。挂钩不能直接挂在绳上，必须挂在绳的圆环上使用。受过强冲击的挂绳应及时更换，不得继续使用。

（5）安全带使用后，要注意养护和保管，经常检查安全带的缝制部分是否开线，金属配件是否生锈等，以保证安全带经常处于完好状态。

（6）安全带要保持清洁，弄脏后可用肥皂清洗，漂净后阴干。因为一般的合成纤维过分受热会使纤维软化或熔化，加快老化速度，所以不能用热水清洗，也不能长时间日晒或火烤。

（7）安全带不用时应将安全带卷成盘状，置于阴凉干燥的地点，不能放在潮湿或长时间日晒的场所。金属配件可适当地涂些机油或凡士林，以防生锈。

3. 安全网

安全网是用来防止人、物坠落或用来避免、减轻坠落及物击伤害的网具。

安全网一般由网体、边绳、系绳、筋绳、网绳、试验绳等组成。网体：由纤维绳（或线）结成，具有菱形或方形网目。边绳：围绕网体的边缘，决定安全网公称尺寸的绳。系绳：把安全网固定在支撑物上的绳。筋绳：增加安全网强度的绳。网绳：编结网体的绳（线）。试验绳：供试验判断安全网材料老化变质情况用的绳。

安全网可分为平网和立网两类：安装平面不垂直水平面的称平网，其作用是挡住坠落的人或物，避免并减轻坠落及物击伤害；安装平面垂直于水平面的称立网，其作用是防止人或物坠落造成伤害。

在选择和使用安全网时，要注意以下方面。

（1）安全网的型号选择和安装要由受过专门培训的人员进行。

（2）安全网安装完毕，必须经安全人员检查合格后方可使用，使用网时，应避免发生下列现象：把网拖过粗糙的表面或锐边，在网内或网下方堆积物品，人跳进或重物投入网内，大量焊接或其他火星落入网内，网周围有严重的酸碱烟雾等。

（3）对使用中的安全网每周至少有一次定期检查，当受到较大冲击后，最好更换网或进行检查，如是否有严重的变形和磨损，有无断裂，有无霉变，连接部位有无松脱等。在确认无上述任何一项缺陷时，方可继续使用，否则应对网进行修理或更换。

（4）在使用过程中必须经常清理网上落物，保持网工作面的清洁。

（5）必须保证试验绳始终穿在网上，网使用后，每隔 3 个月必须对试验绳进行强力试验（或根据产品说明定期进行试验）。

（6）安全网不要随便拆除，必须在被保护区域的作业完成后，方可拆除其网。拆除网必须在有经验的人员严格监督下进行。

（7）安全网必须由专人保管、发放。暂时不用的网应储存在通风、遮光、隔热，无化学物品侵蚀的仓库或专用场所。搬运袋装安全网时，禁止使用勾子。

第二节　防触电

电是使用最广泛最便利的能源，但如果不懂得用电安全常识和缺少安全防护措施，就会导致包括人身触电事故在内的电气安全事故。

一、触电事故方式

按照触电构成方式，触电事故分为电击和电伤。

1. 电击

通常所说的触电指的是电击。电击是电流对人体内部组织的伤害，是最危险的一种伤害，绝大多数的触电死亡事故都是由电击造成的。

按照发生电击时电气设备的状态，电击分为直接接触电击和间接接触电击。前者是触击设备和线路正常运行时的带电体发生的电击，也称为正常状态下的电击；后者是触击正常状态下不带电，而当设备或线路故障时意外带电的带电体时发生的电击，也称为故障状态下的电击。

按照人体触及带电体的方式和电流流过人体的途径，电击可分为单相触电、两相触电和跨步电压触电。

（1）单相触电

当人体直接碰触带电设备其中的一相时，电流通过人体流入大地，这种触电现象称为单相触电。对于高压带电体，人体虽未直接接触，但由于超过了安全距离，高电压对人体放电，造成单相接地而引起的触电，也属于单相触电。

（2）两相触电

人体同时接触带电设备或线路中的两相导体，或在高压系统中，人体同时接近不同相的两相带电导体，而发生电弧放电，电流从一相导体通过人体流入另一相导体，构成一个闭合回路，这种触电方式称为两相触电。发生两相触电时，作用于人体上的电压等于线电压，这种触电是最危险的。

（3）跨步电压触电

当电气设备发生接地故障，接地电流通过接地体向大地流散，在地面上形成电位分布时，若人在接地短路点周围行走，其两脚之间的电位差，就是跨步电压。由跨步电压引起的人体触电，称为跨步电压触电。

2. 电伤

电伤是由电流的热效应、化学效应、机械效应等效应对人造成的伤害。电伤分为电弧烧伤、电流灼伤、皮肤金属化、电烙印、机械性损伤、电光眼等伤害。电弧烧伤是由弧光放电造成的烧伤，是最危险的电伤。电弧温度高达8 000℃，可造成大面积、深度的烧伤，甚至烧焦、烧毁四肢及其他部位。

二、触电事故规律

根据对触电事故的分析，从触电事故的发生率上看，可发现以下规律。

1. 触电事故季节性明显

统计资料表明，每年二、三季度事故多。特别是6—9月，事故最为集中。主要原因为：①这段时间天气炎热、人体衣单而多汗，触电危险性较大；②这段时间多雨、潮湿，地面导电性增强，容易构成电击电流的回路，而且电气设备的绝缘电阻降低，容易漏电。

2. 低压设备触电事故多

统计资料表明，低压触电事故远远多于高压触电事故。其主要原因是低压设备远远多于高压设备，与之接触的人比与高压设备接触的人多得多，而且大多数比较缺乏电气安全知识。应当指出，在专业电工中，情况是相反的，即高压触电事故比低压触电事故多。

3. 携带式设备和移动式设备触电事故多

统计资料表明，携带式设备和移动式设备触电事故多。其主要原因：①这些设备是在人的紧握之下运行，不但接触电阻小，而且一旦触电就难以摆脱电源；②设备需要经常移动，工作条件差，设备和电源线都容易发生故障或损坏；③单相携带式设备的保护零线与工作零线容易接错，也会造成触电事故。

4. 电气连接部位触电事故多

统计资料表明，很多触电事故发生在接线端子、缠接接头、压接接头、焊接接头、电缆头、灯座、插销、插座、控制开关、接触器、熔断器等分支线、接户线等处。主要是由于这些连接部位机械牢固性较差、接触电阻较大、绝缘强度较低以及可能发生化学反应的缘故。

5. 错误操作和违章作业造成的触电事故多

统计资料表明，有85%以上的事故是由于错误操作和违章作业造成的。其主要原因是安全教育不够、安全制度不严和安全措施不完善、操作者素质不高等。

6. 不同行业触电事故不同

冶金、矿业、建筑、机械行业触电事故多。这些行业的生产现场经常伴有潮湿、高温、现场混乱、移动式设备和携带式设备多以及金属设备多等不安全因素，以致触电事故多。

7. 不同年龄段的人员触电事故不同

中青年工人、非专业电工、合同工和临时工触电事故多。其主要原因是：①这些人是主要操作者，经常接触电气设备；②这些人经验不足，又比较缺乏电气安全知识，其中有的责任心还不够强，以致触电事故多。

从造成事故的原因上看，很多触电事故都不是由单一原因，而是由两个以上的原因造成的。但触电事故的规律不是一成不变的，例如，低压触电事故多于高压触电事故在一般情况下是成立的，但对于专业电气工作人员来说，情况往往是相反的。

三、防直接接触电击措施

绝缘、屏护、间距等措施是常见的防止直接接触电击的防护措施。

1. 绝缘

绝缘是用绝缘物把带电体封闭起来。电气设备的绝缘应符合其相应的电压等级、环境条件和使用条件；电气设备的绝缘不得受潮，表面不得有粉尘、纤维或其他污物，不得有裂纹或放电痕迹，表面光泽不得减退，不得有脆裂、破损，弹性不得消失，运行时不得有异味；绝缘的电气指标主要是绝缘电阻。绝缘电阻用兆欧表测量。

2. 屏护

屏护是采用遮栏、护罩、护盖、箱闸等将带电体同外界隔绝开来。屏护装置应有足够的尺寸，应与带电体保证足够的安全距离：遮栏与低压裸导体的距离不应小于0.8 m；网眼遮栏与裸导体之间的距离，低压设备不宜小于0.15 m，10 kV设备不宜小于0.35 m。屏护装置应安装牢固。金属材料制成的屏护装置应可靠接地（或接零）。遮栏、栅栏应根据需要挂标示牌。遮栏出入口的门上应根据需要安装信号装置和连锁装置。

3. 间距

间距是将可能触及的带电体置于可能触及的范围之外。其安全作用与屏护的安全作用基本相同。带电体与地面之间、带电体与树木之间、带电体与其他设施和设备之间、带电体与带电体之间均需保持一定的安全距离。安全距离的大小决定于电压高低、设备类型、环境条件和安装方式等因素。架空线路的间距须考虑气温、风力、覆冰和环境条件的影响。在低压操作中，人体及其所携带工具与带电体的距离不应小于0.1 m。

四、防间接接触电击措施

保护接地与保护接零是防止间接接触电击最基本的措施，正确掌握应用，对防止事故的发生十分重要。

1. IT 系统（保护接地）

IT 系统就是保护接地系统。IT 系统的字母 I 表示配电网不接地或经高阻抗接地，字母 T 表示电气设备外壳接地。所谓接地，就是将设备的某一部位经接地装置与大地紧密连接起来。保护接地的做法是将电气设备在故障情况下可能呈现危险电压的金属部位经接地线、接地体间与大地紧密地连接起来。其安全原理是把故障电压限制在安全范围以内，以保证电气设备（包括变压器、电机和配电装置）在运行、维护和检修时，不因设备的绝缘损坏而导致人身事故发生。

保护接地适用于各种不接地配电网。在这类配电网中，凡由于绝缘损坏或其他原因而可能呈现危险电压的金属部分，除另有规定外，均应接地。

在 380 V 不接地低压系统中，一般要求保护接地电阻 R≤4 Ω。当配电变压器或发电机的容量不超过 100 kV · A 时，要求 R≤10 Ω。

2. TT 系统

TT 系统的第一个字母 T 表示配电网直接接地，第二个字母 T 表示电气设备外壳接地。我国绝大部分地面企业的低压配电网都采用星形接法的低压中性点直接接地的三相四线配电网。这种配电网能提供一组线电压和一组相电压。中性点的接地 RN 叫做工作接地，中性点引出的导线叫做中性线也叫做工作零线。

TT 系统的接地 RE 也能大幅度降低漏电设备上的故障电压，但一般不能降低到安全范围以内。因此，采用 TT 系统必须装设漏电保护装置或过电流保护装置，并优先采用漏电保护装置。

TT 系统主要用于低压用户，即未装备配电变压器，从外面引进低压电源的小型用户。

3. TN 系统（保护接零）

TN 系统相当于传统的保护接零系统。典型的 TN 系统，一般来说，PE 是保护零线，Rs 叫做重复接地。TN 系统中的字母 N 表示电气设备在正常情况下不带电的金属部分与配电网中性点之间，亦即与保护零线之间紧密连接。保护接零的安全原理是当某相带电部分碰连设备外壳时，形成该相对零线的单相短路；短路电流促使线路上的短路保护元件迅速动作，从而把故障设备电源断开，消除电击危险。虽然保护接零也能降低漏电设备上的故障电压，但一般不能降低到安全范围以内，其第一位的安全作用是迅速切断电源。

TN 系统分为 TN—S，TN—C—S，TN—C 三种类型。TN—S 系统的安全性能最好。有爆炸危险环境、火灾危险性大的环境及其他安全要求高的场所应采用 TN—S 系统；厂内低压配电的场所及民用楼房应采用 TN—C—S 系统。

五、其他预防电击技术

1. 双重绝缘和加强绝缘

双重绝缘指工作绝缘（基本绝缘）和保护绝缘（附加绝缘）。前者是带电体与不可触及的导体之间的绝缘，是保证设备正常工作和防止电击的基本绝缘；后者是不可触及的导体与可触及的导体之间的绝缘，是当工作绝缘损坏后用于防止电击的绝缘。加强绝缘是具有与上述双重绝缘相同水平的单一绝缘。

具有双重绝缘的电气设备属于Ⅱ类设备。Ⅱ类设备的电源连接线应按加强绝缘设计。Ⅱ类设备在其明显部位应有“回”形标志。

2. 安全电压

安全电压是在一定条件下、一定时间内不危及生命安全的电压。具有安全电压的设备属于Ⅲ类设备。安全电压限值是在任何情况下，任意两导体之间都不得超过的电压值。我国标准规定工频安全电压有效值的限值为50 V。我国规定工频有效值的额定值有42 V、36 V、24 V、12 V和6 V。凡特别危险环境使用的携带式电动工具应采用42 V安全电压；凡有电击危险环境使用的手持照明灯和局部照明灯应采用36 V或24 V安全电压；金属容器内、隧道内、水井内以及周围有大面积接地导体等工作地点狭窄、行动不便的环境应采用12 V安全电压；水上作业等特殊场所应采用6 V安全电压。

3. 电气隔离

电气隔离指工作回路与其他回路实现电气上的隔离。电气隔离是通过采用1∶1，即一次边、二次边电压相等的隔离变压器来实现的。电气隔离的安全实质是阻断二次边工作的人员单相触电时电流的通路。

电气隔离的电源变压器必须是隔离变压器，二次边必须保持独立，应保证电源电压$U\leqslant$ 500 V、线路长度$L\leqslant$200 m。

4. 漏电保护（剩余电流保护）

漏电保护装置主要用于防止间接接触电击和直接接触电击。漏电保护装置也用于防止漏电火灾和监测一相接地故障。

电流型漏电保护装置以漏电电流或触电电流为动作信号。动作信号经处理后带动执行元件动作，促使线路迅速分断。

漏电保护装置的动作时间指动作时最大分断时间。快速型和定时限型漏电保护装置的动作时间应符合国家标准的有关要求。

六、人体防静电与防雷电

1. 人体防静电

人体防静电主要是防止带电体向人体放电或人体带静电所造成的危害，人体静电的防止，既要利用接地、穿防静电鞋、防静电工作服等具体措施，减少静电在人体上积累，又要加强规章制度和安全技术教育保证安全操作，具体措施如下：

（1）人体接地。在人体必须接地的场所，应装设金属接地棒——消电装置。工作人员随时用手接触接地棒，以清除人体所带有的静电。

（2）工作地面导电化。采用导电性地面是一种接地措施，不但能导走设备上的静电，而且有利于导除积累在人体上的静电。用洒水的方法使混凝土地面、嵌木胶合板湿润，使橡皮、树脂和石板的粘合面以及涂刷地面能够形成水膜，增加其导电性。

（3）确保安全操作。在工作中，应尽量不做与人体带电有关的事情，如接近或接触带电体；在有静电危险的场所，不得携带与工作无关的金属物品，如钥匙、硬币、手表、戒指等，也不许穿钉子鞋等进入现场。

2. 人身防雷电

（1）雷暴时，应尽量减少在户外或野外逗留时间；在户外或野外最好穿塑料等不浸水的雨衣；如有条件，可进入有宽大金属构架或有防雷设施的建筑物、汽车或船只。

（2）雷暴时，应尽量离开小山、小丘、隆起的小道，应尽量离开海滨、湖滨、河边、池塘旁，应尽量避开铁丝网、金属晒衣绳以及旗杆、烟囱、宝塔、孤独的树木附近，还应尽量离开没有防雷保护的小建筑物或其他设施。

（3）雷暴时，在户内应离开照明线、动力线、电话线、广播线、收音机和电视机电源线、收音机和电视机天线以及与其相连的各种金属设备。

（4）雷雨天气，应注意关闭门窗。

七、电磁辐射防护

随着现代科技的高速发展，一种看不见、摸不着的污染源日益受到各界的关注，这就是被人们称为“隐形杀手”的电磁辐射。今天，越来越多的电子、电气设备的投入使用使得各种频率的不同能量的电磁波充斥着地球的每一个角落乃至更加广阔的宇宙空间。对于人体这一良好导体，电磁波不可避免地会构成一定程度的危害。防护措施主要有电磁屏蔽、接地等。

（1）电磁屏蔽。电磁辐射的防护手段是在电磁场传递的途径中安设电磁屏蔽装置，使有害的电磁场强度降低至容许范围以内。电磁屏蔽装置一般为金属材料制成的封闭壳体。一般地说，频率越高，壳体越厚，材料导电性能越好，屏蔽效果也就越大。

（2）接地。所谓接地，就是在两点间建立传导通路，以便将电子设备或元件连接到某些通常叫做“地”的参考点上。接地和屏蔽有机地结合起来，就能解决大部分电磁干扰问题。

（3）其他措施。控制电磁辐射，除采用上述电磁屏蔽措施外，还应积极采取其他综合性的防治对策，例如改进电气设备，实行遥控和遥测，减少接触高强度电磁辐射的机会等。

第三节　防机械伤害

机械设备是现代生产和生活中必不可少的装备。机械在给人们带来高效、快捷和方便的同时，在其运行、使用过程中，也会带来撞击、挤压、切割等机械伤害和触电、噪声、高温、爆炸等非机械危害。

一、机械伤害类型及原因

1. 机械伤害类型

（1）绞伤。直接绞伤手部，如外露的齿轮、皮带轮等直接将手指，甚至整个手部绞伤或绞掉；将操作者的衣袖、裤脚或者穿戴的个人防护用品如手套、围裙等绞进去，随之绞伤人，甚至可将人绞死；将女工的长发绞进去，如车床上的光杠、丝杠等将女工的长发绞进去。

（2）物体打击。旋转的零部件由于其本身强度不够或者固定不牢固，从而在转动时甩出去，将人击伤。如车床的卡盘，如果不用保险螺丝固住或者固定不牢，在打反车时就会飞出伤人。在可以进行旋转的零部件上，摆放未经固定的东西，导致在旋转时，由于离心力的作用，将东西甩出伤人。

（3）压伤。如冲床造成手冲压伤，锻锤造成的压伤，切板机造成的剪切等。

（4）砸伤。如高处的零部件掉下来砸伤人，吊运的物体掉下来砸伤人。

（5）挤伤。如零部件在做直线运动时，将人身某部分挤住，造成伤害。

（6）烫伤。如刚切下来的切屑具有较高的温度，如果接触手、脚、脸部的皮肤，就会造成烫伤。

（7）刺割伤。如金属切屑都有锋利的边缘，像刀刃一样，接触到皮肤，就会割伤。最严重的是飞出的切屑打入眼睛，会造成眼睛受伤甚至失明。

2. 机械设备事故的原因

（1）机械的不安全状态。如防护、保险、信号装置缺乏或有缺陷，设备、设施、工具、附件有缺陷，个人防护用品、用具缺少或有缺陷，生产场地环境（包括照明、通风）不良或作业场所狭窄、杂乱，操作工序设计或配置不安全，交叉作业过多，地面有油、液体或其他易滑物，物品堆放过高、不稳等。

（2）操作者的不安全行为。忽视安全、操作错误，包括未经许可开动、关停、移动机器，按错按钮，转错阀门、扳手、手柄的方向；拆除安全装置或调整错误造成安全装置失效；用手代替工具操作或用手拿工件进行机械加工；使用无安全装置的设备或工具；机械运转时进行加油、修理等作业；攀、坐不安全位置（如平台护栏、吊车吊钩等）；未使用各种个人防护用品、用具，进入必须使用个人防护用品、用具的作业场所；装束不安全（如操纵带有旋转零部件的设备时戴手套，穿高跟鞋、拖鞋进入车间等）；无意或为了排除故障而走近危险部位。

（3）管理上的因素。如设计、制造、安装或维修上的缺陷或错误，领导对安全工作不重视，在组织管理方面存在缺陷，教育培训不够，操作者业务素质差，缺乏安全知识和自我保护能力等。

二、机械设备一般安全规定

机械设备一般安全规定是保证安全运行的一些基本要求。在生产作业过程中，只要遵守这些规定，就能及时消除隐患，避免事故的发生。

1. 布局要求

机械设备的布局要合理，应便于操作人员装卸工件、加工观察清除杂物，同时也应便于维修人员的检查和维修。

2. 强度、刚度符合要求

机械设备的零、部件的强度、刚度应符合安全要求，安装应牢固，不能经常发生故障。

3. 安装必要的安全装置

机械设备根据有关安全要求，必须装设合理、可靠、不影响操作的安全装置。

（1）对于作旋转运动的零、部件应装设防护罩或防护挡板、防护栏杆等安全防护装置，以免发生绞伤。

（2）对于超压、超载、超温度、超时间、超行程等能发生危险事故的部件，应装设保险装置，如超负荷限制器、行程限制器、安全阀、温度继电器、时间断电器等等，以便当危险情况发生时，由于保险装置作用而排除险情，防止事故的发生。

（3）对于某些动作需要对人们进行警告或提醒注意时，应安设信号装置或警告标志等。如电铃、喇叭等声音信号，还有各种灯光信号、各种警告标志牌等。

（4）对于某些动作顺序不能搞颠倒的零、部件应装设连锁装置。某一动作，必须在前一个动作完成之后，才能进行，否则就不能进行。这样就能保证不致因动作顺序搞错而发生事故。

4. 机械设备的电气装置的安全要求

供电的导线必须正确安装，不得有任何破损的地方；电机绝缘应良好，其接线板应有盖板防护，以防直接接触；开关、按钮等应完好无损，其带电部分不得裸露在外；应有良好的接地或接零装置，连接的导线要牢固，不得有断开的地方；局部照明灯应使用36 V的电压，禁止使用110 V或220 V的电压。

5. 操纵手柄以及脚踏开关的要求

重要的手柄应有可靠的定位及锁紧装置，同轴手柄应有明显的长短差别；脚踏开关应有防护罩或藏入床身的凹入部分，以免掉下的零件落到开关上，启动机械设备而伤人。

6. 环境要求和操作要求

机械设备的作业现场要有良好的环境，即照度要适宜，湿度与温度要适中，噪声和振动要小，零件、工夹具等要摆放整齐。每台机械设备应根据其性能、操作顺序等制订出安全操作规程及检查、润滑、维护等制度，以便操作者遵守。

三、危险较大机械设备防护措施

（一）压力机械危险和防护

1. 主要危险

（1）误操作。工序单一，操作频繁，容易引起人的精神紧张和身体疲劳。如果是手工上下料，特别是在采用脚踏开关的情况下，极易发生误动作，从而造成轧手事故，或设备受到损坏。

（2）动作失调。速度快，生产率高，在手工上下料的情况下，体力耗大，容易产生动作失调而发生事故。压力机械发生轧手事故，最主要的是在送进和取出加工件过程中，手足失去平衡时；在找材料位置时；取出压模中被卡住的材料时。

（3）多人配合不好。对多人操作的压力机，如果配合不好，也容易发生事故。

（4）设备故障。压力机械本身的一些故障，如离合器失灵而造成冲；调整模具时，滑块下滑；脚踏开关失控等，都会出现安全装置失灵造成人身伤害。人们往往认为安全装置能够保障安全，因此对安全装置出现故障在精神上毫无准备，从而导致事故发生。

2. 安全防护措施

（1）开始操作前，必须认真检查防护装置是否完好，离合器制动装置是否灵活和安全可靠。应把工作台上的一切不必要的物件清理干净，以防工作时震落到脚踏开关上，造成设备突然启动而发生事故。

（2）冲小工件时，不得用手，应该有专用工具，最好安装自动送料装置。

（3）操作者对脚踏开关的控制必须小心谨慎，装卸工件时，脚应离开开关，严禁无关人员在脚踏开关的周围停留。

（4）如果工件卡在模子里，不准用手拿，应用专用工具取出，并将其从脚踏板上移开。

（5）多人操作时，必须互相协调配合好，并确定专人负责指挥。

（二）剪板机械危险和防护

1. 主要危险

剪板机是将金属板料按生产需要剪切成不同规格的块料。剪板有上下刀口，一般将下刀口装在工作台上，上刀口做往复运动。某一特定剪板机所能剪切坯料的最大厚度和宽度，以及坯料的大强度极限值均有限制，超过限定值使用便可能毁坏机器。剪板的刀口非常锋利，是个危险的“虎口”，而工作中操作的手指又经常接近刀口，所以操作不当，就会发生剪切手指等严重事故。

2. 安全防护措施

（1）工作前要认真检查剪板机各部分是否正常，电气设备是否完好，安全防护装置是否可靠，润滑系统是否畅通。然后加润滑油，试车，汽切完好，方可使用。两人以上协同操作时，必须确定一个人统一指挥，检查台面及周围确无障碍时，方可开动机床切料。

（2）剪板机不准同时剪切两种不同规格、不同材质的板料。禁止无料剪切，剪切的板面要求表面平整，不准剪切无法压紧的较窄板料。

（3）操作剪板机时要精神集中，送料时手指应离开刀口 200 mm 外，并且要离开压紧装置。送料、取料要防止钢板划伤，防止剪落钢板伤人。脚踏开关应装坚固的防护盖板，防止重物掉下落在踏板上或误踏。开车时不准加油或调整机床。

(4) 各种剪板机要根据规定的剪板厚度，适当调整刀口间隙，防止使用不当而发生事故。

(5) 剪板机的制动器应经常检查，保证可靠，防止因制动器松动，上刀口突然落下伤人。

(6) 板料和剪切后的条料边缘锋利，有时还有毛刺，应防止刮伤。

(7) 在操作过程中，采用安全的手用工具完成送料、定位、取件及清理边角料等操作，可防止手指被模具轧伤。

（三）钻削加工危险和防护

1. 钻削加工危险

(1) 在钻床上加工工件时，主要危险来自于旋转的主轴、钻头、钻夹、随钻头一起旋转的长螺旋形切屑。

(2) 旋转的钻头、钻夹及切屑易卷住操作者的衣服、手套和长发。

(3) 工件装夹不牢或根本没有夹具而用手握住进行钻削，在切削力作用下，工件松动歪斜，甚至随钻头一起旋转而伤人。

(4) 切削中用手清除切屑、用手制动钻头、主轴而造成伤害事故。

(5) 使用修磨不当的钻头、钻削头过大等易使钻头折断而造成伤害事故。

(6) 卸下钻头时，用力过大，钻头落下砸伤脚。

(7) 机床照明不足或有刺眼光线、制动装置失灵等都是造成伤害事故的原因。

2. 安全防护措施

(1) 在旋转的主轴、钻头四周设置圆形可伸缩式防护网。采用带把手楔铁，可完全防止卸钻头时，钻头落地伤人。

(2) 各运动部件应设置性能可靠的锁紧装置，台钻的中间工作台、立钻的回转工作台、摇臂钻的摇臂及主轴箱等，钻孔前都应锁紧。

(3) 凡需紧固才能保证加工质量和安全的工件，必须牢固地夹紧在工作台上，尤其是轻型工件更需夹紧牢固，切削中发现松动，严禁用手扶持或在运转中紧固。安装钻头及其他工具前，应认真检查刃口是否完好，是否与钻套配合，表面是否有磕伤或拉痕，刀具上是否黏附着切屑等。更换刀具应停机后进行。

(4) 工作时不准戴手套。

(5) 不要把工件、工具及附件放置在工作台或运行部件上，以防落下伤人。

(6) 使用摇臂钻床时，在横臂回转范围内不准站人，不准堆放障碍物。钻孔前横臂必须紧固。

(7) 钻薄铁板时，下面要垫平整的木板。较小的薄板必须用克丝钳卡牢，快要钻透时要慢进。

(8) 钻深孔时要经常抬起钻头排屑，以防钻头被切屑挤死而折断。

(9) 工作结束时，应将横臂降到最低位置，主轴箱靠近立柱。

四、特种设备安全管理

设备设施种类繁多，不同设备设施构造原理不同。由国家认定的涉及生命安全、危险性较大的设备称为特种设备。按照《特种设备安全监察条例》和有关规定，特种设备包括锅炉、压力容器（含气瓶）、压力管道、电梯、起重机械、客运索道、大型游乐设施、厂内机动车辆等设备。

1. 特种设备的主要危险

特种设备的主要危险包括爆炸、火灾、烫伤、中毒、窒息、触电、坠落、碰撞、物体打击、设备伤害等。造成事故的主要原因有以下几个方面：设备本身质量原因；违章操作原因；安全装置原因；定期检验或维护管理不到位原因；充装环节失控原因等。

2. 特种设备安全监管方式和内容

对特种设备的管理，国家实行全过程的安全监察，即对其设计、制造、安装、使用、检验、修理和改造等环节实行全过程安全监察，俗称"一条龙"管理或称"一生管理"，即从其设计开始到报废全过程实施监督。

（1）设计。锅炉、压力容器中的气瓶、氧舱和客运索道、大型游乐设施的设计实行设计文件审批制度，经国务院特种设备安全监督管理部门核准的检验检测机构鉴定，才能用于制造；压力容器设计实行设计单位资格认可制度，并实行分级管理原则，即一、二类压力容器设计单位由省质监局批准，三类压力容器、汽车槽车、铁路槽车和超高压容器的设计单位由国家质检总局批准。

（2）制造。锅炉、压力容器、压力管道元件、电梯、起重机械、客运索道、大型游乐设施及其安全附件、安全保护装置实行制造许可制度，锅炉压力容器按其压力高低、容积大小和介质的危险程度等因素，分为A、B、C、D四个等级，实行分级管理。A、B、C级锅炉压力容器由国家质检总局审批发证，D级锅炉压力容器由省质监局审批发证；锅炉、压力容器、压力管道元件、起重机械、大型游乐设施实行制造过程监督检验制度。特种设备出厂时，制造厂要提供设计文件、产品质量合格证明、安装及使用维修说明、监督检验证明等文件。未经监督检验合格的设备不得出厂。

（3）安装。安装许可制度：锅炉、压力容器、起重机械、客运索道、大型游乐设施实行安装许可制度，电梯的安装必须由电梯制造单位或者通过合同委托、同意具有电梯安装资质的单位。安装告知制度：特种设备安装前，安装单位应书面告知当地特种设备安全监督管理部门，施工验收后30日内将有关技术资料移交使用单位，使用单位应该将其存入该特种设备的安全技术档案。安装监督检验制度：锅炉、压力容器、电梯、起重机械、客运索道、大型游乐设施安装过程要接受特种设备检验检测机构的监督检验，未经监督检验合格的不得交付使用。

（4）使用。实行使用注册登记制度：特种设备在投入使用前或者投入使用后30日，使用单位应当向当地质量技术监督部门办理设备使用注册登记，登记标记应当置于或者附着于该特种设备的显著位置；特种设备存在严重事故隐患，无改造、维修价值，或者超出安全技术规范规定使用年限，特种设备使用单位应当及时予以报废，并向原登记的特种设备安全监督管理部门办理注销；锅炉、压力容器、电梯、起重机械、客运索道、大型游乐设施的作业人员及其相关管理人员，应当按照国家有关规定经特种设备安全监督管理部门考核合格，取得国家统一的特种作业人员证书，方能从事相应的作业或管理工作。

（5）检验。在用特种设备实行定期检验制度。定期检验是为了及时发现设备潜伏的缺陷，使用中因腐蚀、磨损等原因产生的新的缺陷及使用管理中出现的问题。特种设备使用单位应当按照安全技术规范的定期检验要求，在安全合格有效期届满前一个月向特种设备检验检测机构提出定期检验要求。未经定期检验或检验不合格的特种设备，不得继续使用。

（6）气瓶充装实行充装注册制度。压力容器所含的各种气瓶，由于其反复充装及可移动的特点，对气瓶充装实行了充装注册制度。通过控制充装单位的条件、充装安全管理，消除因气瓶错装、超装及超期未检瓶的充装，从而减少各种气瓶事故。充装单位申报充装注册手续是：气瓶充装单位首先向市质监局提出注册申请，经对其审查，对符合规定条件的报省质监局审核注册发证。只有取得省质监局颁发的《气体充装站充装注册证》后方可从事充装作业。该证每五年换发一次。

气体充装站的种类有永久气体充装站（氧气、氮气）、溶解乙炔气充装站、液化气体充装站（液氨、液氯）和液化石油气充装站。气瓶充装单位应当对气瓶使用者安全使用气瓶进行指导，提供服务。

(7) 修理和改造。对锅炉、压力容器、电梯、起重机械、客运索道、大型游乐设施进行修理、改造的单位须经省级特种设备安全监督管理部门许可。电梯制造单位也可对电梯进行修理、改造工作。特种设备的修理、改造单位在施工前应书面告知当地特种设备安全监督管理部门。施工验收后30日内将有关技术资料移交使用单位。使用单位应该将其存入该特种设备的安全技术档案。

锅炉、压力容器、电梯、起重机械、客运索道、大型游乐设施的改造、重大维修过程，必须经检验检测机构进行监督检验；未经监督检验合格的不得交付使用。

第四节　防火防爆

一、燃烧和爆炸的概念

1. 燃烧三要素

燃烧是可燃物与助燃物发生的一种发光发热的氧化反应。可燃物要进行燃烧，必须有助燃物的参与，并由点火源提供能量。可燃物、助燃物和点火源是可燃物质燃烧的三个基本要素。这三个要素必须同时具备，并且相互作用，才能发生燃烧。缺少三个要素中的任何一个，燃烧便不会发生。

燃烧的这三个要素是燃烧发生的必要条件，而不是充分必要条件。三个要素同时存在也不一定能发生燃烧，如果助燃物质的数量不足，火源提供的温度或热量不足，就不会发生燃烧。

(1) 可燃物。一般来说，凡是能与助燃物发生氧化反应而燃烧的物质，就称为可燃物。

根据物理状态可分为气体可燃物、液体可燃物和固体可燃物，按其组成分为无机可燃物和有机可燃物。无机可燃物有钠、铝、碳、磷、一氧化碳、二硫化碳等；有机可燃物种类很多，大部分含有碳、氢、氧元素，也有的含有磷、硫等元素，在可燃物中占很大比例。同一物质在不同的状态下，其燃烧性能是不同的。

(2) 助燃物。凡能与可燃物发生氧化反应并引起燃烧的物质称为助燃物。

同一种物质对有些可燃物来说是助燃物，而对有的助燃物则不是，如氧气是一种常见的助燃物，但钠只可以在氯气中燃烧，则氯气是钠的助燃物。除氧气外，其他常见的助燃物有氟、氯、溴、碘、硝酸盐、氯酸盐、重铬酸盐、高锰酸盐及过氧化物等。

(3) 点火源。点火源是指供给可燃物与助燃物发生燃烧反应的能量来源。热能、化学能、电能、机械能都能够提供能量。

2. 几个常用的参数和概念

闪点：在规定条件下，物体被加热到释放出的气体瞬间着火燃烧的最低温度。

燃点：在规定的条件下，用标准火焰使物体引燃并继续燃烧一段时间所需的最低温度。

自燃点：在规定条件下，不用任何辅助引燃能源而达到引燃的最低温度。

闪燃：可燃物表面或上方在很短时间内重复出现火焰一闪即灭的现象。

阴燃：没有火焰和可见光的燃烧。

爆燃：伴随爆炸的燃烧。

自燃：由于自加热引起的自发引燃。自加热可以是内部发热反应引起的温度升高，也可以是由于通电发热而产生的温度升高。

3. 火灾

火灾是火在时间上或空间上失去控制而形成灾害的燃烧现象。

（1）火灾等级的划分。按照一次火灾事故所造成的人员伤亡、受灾户数和直接财产损失，火灾等级划分为三类：

①特大火灾：死亡 10 人以上（含本数，下同）；重伤 20 人以上；死亡、重伤 20 人以上；受灾 50 户以上；直接财产损失 100 万元以上。

②重大火灾：死亡 3 人以上；重伤 10 人以上；死亡、重伤 10 人以上；受灾 30 户以上；直接财产损失 30 万元以上。

③一般火灾：不具有上述两项情形的火灾，为一般火灾。

（2）火灾中的热传播。

火灾的发展既是一个燃烧蔓延的过程，也是一个能量传播的过程。热传播是影响火灾发展的决定性因素。热传播的方式有三种：热传导、热对流、热辐射。

①热传导。由于温度梯度的存在，引起了介质内部之间的能量传递，即所谓的热传导过程。热传导是主要与固体相关的一种传热现象，液体中也有发生。影响热传导的主要因素是：温差、导热系数和导热物体的厚度和截面积。导热系数越大、厚度越小、传导的热量越多。

②热对流。热对流指燃烧处的气体或液体受热膨胀上升，上升受到阻挡时，热的气体或液体会流向四周，将热量带到了四周；而由于燃烧处的气体或液体上升了，这附近的气体或液体变得稀薄，在压力的作用下，周围的气体或液体会流向燃烧处，这样就形成了一个对流系统。这个对流系统建立后，会持续不断地将热量传播到四周。

③热辐射。热辐射是物体因其自身温度而发射出的一种电磁辐射，它以光速传播。当火灾处于发展阶段时，热辐射成为热传播的主要形式。

4. 火灾的产物

（1）火焰。可以烧毁财物，烧伤皮肤，严重的烧伤不仅损伤皮肤，还可深达肌肉、骨骼。人体被烧伤后，由于多种免疫功能低下，最容易引发严重感染。当人体被大面积烧伤时，由皮肤和黏膜共同构成的机体的第一道防线遭到破坏，皮肤的屏障作用丧失，一些病原体更会乘虚而入，并且免疫功能也会明显下降或损伤，导致严重感染。

（2）热量。随着火灾的发展，所产生的热量也会不断增加，那么火灾环境中的温度必然会不断地升高。如果温度在逃生人员未逃离火灾现场之前就达到或超过了逃生人员所能承受的极限温度，就会威胁人的生命。温度如果超过建筑构件所承受的温度时，会毁掉建筑结构。

（3）烟气。火灾过程燃烧产生的烟气包括完全燃烧产物和不完全燃烧产物，会造成人员烟气窒息。不少新型合成材料在燃烧后会产生毒性很大的烟气，有的甚至含有剧毒成分，近几年烟气中毒成为火灾致死的主要原因，超过烟气窒息。

（4）缺氧。燃烧消耗氧气的能力要远远大于人的呼吸能力，在通风不畅的情况下，随着燃烧的进行，燃烧产物不断增加，氧气浓度会不断减少。如果氧气的浓度低于逃生人员所需要的极限浓度时，必须会使人员呼吸困难，甚至发生窒息，从而威胁生命。

5. 爆炸

爆炸是物质发生急剧的物理、化学变化，在瞬间释放出大量能量并伴有巨大声响的过程。爆炸可以是一个物理过程，也可以是一个化学反应过程。爆炸现象的一个最主要的特征是爆炸过程中压力急剧升高。

（1）爆炸的分类。按爆炸速度分类，可分为轻爆、爆炸和爆轰。按照能量的来源，爆炸可以分为三类，即物理爆炸、化学爆炸和核爆炸。

①物理爆炸。物理爆炸是由系统释放物理能引起的爆炸，如压力容器的破裂形成爆炸。物理爆炸是机械能或电能的释放和转化过程，参与爆炸的物质只是发生物理状态或压力的变化，其性质和化学成分不发生改变。

②化学爆炸。化学爆炸是由于物质的化学变化引起的爆炸，如气体混合物的爆炸、炸药爆炸等。化学爆炸时，参与爆炸的物质在瞬间发生分解或化合，变成新的爆炸产物。

③核爆炸。核爆炸是核裂变、核聚变反应所释放出的巨大核能引起的爆炸。核爆炸反应释放的能量比炸药爆炸时放出的化学能大得多，同时产生极强的冲击波，化学爆炸和核爆炸反应都是在微秒量级的时间内完成的。

（2）爆炸极限。可燃气体、蒸气或粉尘与空气的混合物，并不是在任何浓度下遇火源都可以发生爆炸，而必须在一定的浓度范围内才能遇火源发生爆炸，这个浓度范围称为爆炸极限。

爆炸极限包括爆炸上限和爆炸下限。燃烧上限是指可燃气体、蒸气或粉尘与空气组成的混合物，能使火焰传播的最高浓度。爆炸下限是指可燃气体、蒸气或粉尘与空气组成的混合物，能使火焰传播的最低浓度。

6. 爆炸的危害

爆炸一般发生时间比较短，所造成的破坏也在瞬间完成，因此很难防范。爆炸通常伴随发热、发光、压力上升、冲击波和电离等现象，具有很大的破坏作用。主要破坏形式有直接的破坏作用、冲击波的破坏作用、造成火灾等。

（1）直接的破坏作用。机械设备、装置、容器等爆炸后产生许多碎片，飞出后会在相当大的范围内造成危害。

（2）冲击波的破坏作用。爆炸产生的冲击波传播速度极快，在传播过程中，可以对周围环境中的机械设备和建筑物产生破坏作用，造成人员伤亡。冲击波还可以在它的作用区域内产生震荡作用，使物体因震荡而松散，甚至遭到破坏。

（3）造成火灾。爆炸发生后，爆炸气体产物的扩散只发生在极其短促的瞬间，对一般可燃物来说，不足以造成起火燃烧，但是爆炸时产生的高温高压和喷溅出的火苗，也可能把其他易燃物点燃引起火灾。

7. 火灾与爆炸的相互转换

（1）火灾向爆炸的转化。当发生火灾时有可燃物和助燃物发生混合的现象，或火灾的高温将压力容器加热，使得其中的压力升高，引起爆炸。

（2）爆炸向火灾的转换。爆炸时产生的高温，会把附近的可燃气体、易燃或可燃液体的蒸气点燃，也可能把其他易燃物点燃引起火灾；爆炸抛出的易燃物或灼热的碎片也可能把附近的可燃物点燃，发生爆炸引发火灾。

二、防火防爆的原理与基本技术措施

1. 防火防爆的原理

（1）防火原理。引发火灾也就是燃烧的条件，即：可燃物、氧化剂和点火源三者同时存在，并且相互作用。因此只要采取措施避免或消除燃烧三要素中的任何一个要素，就可以避免发生火灾事故。

（2）防爆原理。引发爆炸的条件是：爆炸品（内含还原剂和氧化剂）或可燃物（可燃气、蒸气或粉尘）与空气混合物和起爆能量同时存在、相互作用。因此只要采取措施避免爆炸品或爆炸混合物与起爆能量中的任何一方，就不会发生爆炸。

2. 防止产生燃烧的基本技术措施

（1）消除着火源。可燃物（作为能源和原材料）以及氧化剂（空气）广泛存在于生产和生活中，因此，消除着火源是防火措施中最基本的措施。消除着火源的措施很多，如安装防爆灯具、禁止烟火、接地避雷、静电防护、隔离和控温、电气设备的安装应由电工安装维护保养、避免插座负荷过大等。

（2）控制可燃物。消除燃烧三个基本条件中的任何一条，如消除火源，均能防止火灾的发生。如果采取措施消除燃烧条件中的两个基本条件，则更具安全可靠性。控制可燃物的措施主要有：以难燃或不燃材料代替可燃材料，如用水泥代替木材建筑房屋；降低可燃物质（可燃气体、蒸气和粉尘）在空气中的浓度，如在车间或库房采取全面通风或局部排风，使可燃物不易积聚，从而不会超过最高允许浓度；防止可燃物的跑、冒、滴、漏；对那些相互作用能产生可燃气体的物品，加以隔离、分开存放等；保持工作场地整洁，避免积聚杂物、垃圾。

易燃物的存放量和地点须符合法规和标准，并要远离火源。

（3）隔绝空气。在必要时可以使生产置于真空条件下进行，或在设备容器中充装惰性介质保护，如在检修焊补（动火）燃料容器前，用惰性介质置换；隔绝空气储存，如钠存于煤油中，磷存于水中，二硫化碳用水封存放等。

（4）防止形成新的燃烧条件。设置阻火装置，如在乙炔发生器上设置水封回火防止器，一旦发生回火，可阻止火焰进入乙炔罐内，或阻止火焰在管道里的蔓延。在车间或仓库里筑防火墙或防火门，或建筑物之间留防火间距，一旦发生火灾，不便形成新的燃烧条件，从而防止火灾范围扩大。

3. 防止爆炸的基本技术措施

（1）以爆炸危险性小的物质代替危险性大的物质，所用的材料都是难燃烧或不燃烧物质，所用的材料都是不容易爆炸的，则爆炸危险性也会大大减少。

（2）加强通风排气。对于可能产生爆炸混合物的场所，良好的通风可以降低可燃气体（蒸气）或粉尘的浓度；对于易燃易爆固体，储存或加工场所应配置良好的通风设施，使起爆能量不易积累；对于易燃易爆液体，除降低其蒸气和空气的混合物的浓度外，也可使起爆能量不易积累。

（3）隔离存放。对相互作用可能发生燃烧或爆炸的物品应采取分开存放、隔离等措施，如相互之间保持一定的安全距离，或采用特定的隔离材料将它们隔离开来。

（4）采用密闭措施。对易燃易爆物质进行密闭存放可以防止这些物质与氧气的接触，并且还可以起到防止泄漏的作用。

（5）充装惰性介质保护。对闪点较低或一旦燃烧或爆炸会出现严重后果的物质在生产或维修中应采取充装惰性介质的措施来保护，惰性介质可以起到冲淡混合浓度、隔绝空气的作用。

（6）隔绝空气。对于一接触到空气就发生燃烧或爆炸的物质，则必须采取措施，使之隔绝空气，可以放进不会与其发生反应的物质中，如水、油等。

（7）安装监测报警装置。在易燃易爆的场所安装相应的监测装置，一旦出现异常就立即通过报警器报警或将信息传递到监测人员的监控器上，以便操作人员及时采取防范措施。

三、灭火

1. 主要灭火方法

所有灭火的措施都是为了破坏燃烧的条件，根据这一原理，主要灭火方法分成以下4类。

（1）隔离灭火法。把可燃物与点火源或助燃物隔离开来，燃烧反应就会自动中止。

例如当火灾发生时，关闭有关阀门，切断流向着火区的可燃气体和液体的通道；拆除与火源相连的易燃建筑物，形成阻止火焰蔓延的空间地带。

（2）窒息灭火法。大多可燃物的燃烧都必须在其最低氧气浓度以上进行，否则燃烧不能持续进行。因此，通过降低燃烧物周围的氧气浓度可以起到灭火的作用。

例如用石棉布、湿棉被、湿帆布等不燃或难燃材料覆盖燃烧物；用水蒸气或惰性气体灌注于容器、设备；封闭起火的建筑、设备的孔洞等。

（3）冷却灭火法。对一般可燃物来说，能够持续燃烧的条件之一就是它们在火焰或热的作用下达到了各自的着火温度。因此，对一般可燃物火灾，将可燃物冷却到其燃点或闪点以下，燃烧反应就会中止。

用水冷却灭火是常用的灭火方法，固体二氧化碳灭火效果更好。二氧化碳灭火剂喷出－18℃的雪花状固体二氧化碳，在汽化时吸收大量的热，从而降低燃烧区的温度，使燃烧停止。

（4）抑制灭火法。使用灭火剂与链式反应的中间体自由基反应，从而使燃烧的链式反应中断，燃烧不能持续进行。常用的干粉灭火剂、卤代烷灭火剂的主要灭火原理就是化学抑制作用。

2. 常用灭火剂

能够有效地破坏燃烧条件，抑制燃烧或中止燃烧的物质，称为灭火剂。常用的灭火剂有5大类十多个品种。不同的火灾，燃烧物质的性质都不同，需要的灭火剂肯定也不同，因此需要正确选择灭火剂的种类，这样才能发挥灭火剂的效能，更好地灭火，否则适得其反，造成更大的损失。常见的灭火剂有以下5种。

（1）水灭火剂。水主要依靠冷却和窒息作用进行灭火，但是下列火灾不能用水来扑救：密度小于水或不溶于水的易燃液体的火灾，如汽油、煤油、柴油、苯等；遇水燃烧物的火灾，如金属钾、钠、铝粉、电石等，使用砂土灭火效果较好；电气火灾，未切断电源前不能用水扑救，容易造成触电；精密仪器设备和贵重文件档案的火灾，因为淋湿后会造成损坏；灼热的金属和其他物体火灾，因为一旦遇水会爆炸；强酸火灾，因为可能会使酸飞溅伤人。

（2）干粉灭火剂。干粉灭火剂是一种干燥易于流动的粉末。干粉灭火剂主要是化学抑制和窒息作用灭火，主要通过在加压气体的作用下喷出的粉雾与火焰接触、混合时发生的物理、化学作用灭火。干粉灭火剂的主要缺点是易对精密仪器造成污染。

（3）泡沫灭火剂。泡沫灭火剂是通过与水混合，采用机械或化学反应的方法产生泡沫的灭火剂。泡沫灭火剂的灭火机理主要是冷却、窒息作用，即在着火的燃烧物表面上形成一个连续的泡沫层，通过泡沫本身和析出的混合液对燃烧物表面进行冷却，以及通过泡沫层的覆盖作用使燃烧物与氧隔绝而灭火。

（4）二氧化碳灭火剂。二氧化碳比空气重，不燃烧也不助燃。二氧化碳灭火剂是一种气体灭火剂，是将液态二氧化碳充装在灭火器内。固体二氧化碳（干冰）温度可达到－78.5℃，喷到可燃物上面后，能使其温度下降，并隔绝空气和降低空气中的含氧量，使火熄灭。二氧化碳灭火原理主要依靠窒息作用和部分冷却作用。

二氧化碳灭火剂适用范围：各种易燃液体火灾、电气设备、精密仪器、贵重生产设备、图书档案等火灾。

二氧化碳灭火剂不适用范围：金属及其氧化物的火灾；本身含氧的化学物质的火灾，如硝化棉、赛璐珞、火药等。

（5）卤代烷灭火剂。卤代烷是由以卤素原子取代烷烃分子中的部分氢原子或全部氢原子后得到的一类有机化合物的总称。具有灭火作用的低级卤代烷统称为卤代烷灭火剂。卤代烷灭火剂主要缺点是破坏臭氧层，已开始禁止使用。卤代烷灭火剂灭火原理是破坏和抑制燃烧的链式反应，即靠化学抑制作用灭火。另外，还有稀释氧和冷却作用。

卤代烷灭火剂的适用范围主要有各种易燃液体、电气设备、精密仪器、贵重生产设备、图书档案等火灾。

卤代烷灭火剂不适用与扑灭活泼金属、金属氢氧化物和能在惰性介质中自身供氧燃烧的物质火灾。

3. 灭火器

（1）灭火器的类型和型号。按灭火器内所充装的灭火剂分为泡沫、干粉、卤代烷、二氧化碳、酸碱、清水等；按其移动方式分为手提式和推车式；按驱动灭火剂动力来源分为储气瓶式、储压式、化学反应式。

我国灭火器的型号是由类、组、特征代号及主要参数等部分组成。我们常见的灭火器有MP型、MPT型、MF型、MFT型、MFB型、MY型、MYT型、MT型、MTT型。其中第一个字母M表示灭火器；第二个字母F表示干粉，P表示泡沫，Y表示卤代烷，T表示二氧化碳；有第三个字母T的表示推车式，B表示背负式，没有第三个字母的表示手提式。

（2）常用灭火器的使用

①泡沫灭火器

手提式化学泡沫灭火器使用方法：手提筒体上部的提环，迅速奔赴火场。应注意在奔跑过程中不得使灭火器过分倾斜，更不可颠倒，以免两种药剂混合而提前喷出。当距离着火点10 m左右时，立即将筒体颠倒，一只手紧握提环，另一只手扶住筒体的底圈，让射流对准燃烧物。在扑救可燃液体火灾时，如呈流淌状燃烧，则泡沫应由远向近喷射，使泡沫完全覆盖在燃烧液面上；如在容器内燃烧，应将泡沫射向容器内壁，使泡沫沿着内壁流淌，逐步覆盖着火液面。切忌直接对准液面喷射，以免由于射流的冲击，反而将燃烧的液体冲散或冲出容器，扩大燃烧范围。在扑救固体物质的初起火灾时，应将射流对准最外猛烈燃烧处。灭火时，随着有效喷射距离的缩短，使用者应逐渐向燃烧区靠近，并始终将泡沫溅射在燃烧物上，直至扑灭。使用时始终保持倒置状态，否则将会中断喷射；不可将筒底对下巴或其他人，否则容易伤人。

②干粉灭火器

手提式灭火器使用方法是先拔去保险销，一只手握住喷嘴，另一手提起提环（或提把），按下压柄就可喷射。扑救地面油火时，要采取平射的姿势，左右摆动，由近及远，快速推进。在使用前，先将筒体上下颠倒几次，使干粉松动，然后再开气喷粉，则效果更佳。

使用推车式灭火器时，将其后部向着火源（在室外应置于上风方向），先取下喷枪，展开出粉管（切记不可有拧折现象），再提起进气压杆，使二氧化碳进入储罐，当表压升至0.7～1 MPa时，放下进气压杆停止进气。这时打开开关，喷出干粉，由近及远扑灭。扑救油类火灾时，不要使干粉气流直接冲击油渍，以免溅起油使火势蔓延。

使用背负式灭火器时，应站在距火焰边缘5~6 m处，右手紧握干粉枪握把，左手扳动转换开关到“3”号位置（喷射顺序为3、2、1），打开保险机，将喷枪对准火源，扣扳机，干粉即可喷出。如喷完一瓶干粉未能将火扑灭，可将转换开关拨到“2”号或“1”号的位置，连续喷射，直到射完为止。

③二氧化碳灭火器

使用手轮式灭火器时，应手提提把，翘起喷嘴，打开启闭阀。使用鸭嘴式灭火器时，用右手拔出鸭嘴式开关的保险销，握住喷嘴根部，左手将上鸭嘴往下压，二氧化碳即可从喷嘴喷出。

④卤代烷灭火器

1211灭火器（1211是二氟一氯一溴甲烷的代号，分子式为CF_2ClBr）是使用最广的一种卤代烷灭火剂。使用时，首先拔掉安全销，然后握紧压把，通过压杆迫使密封阀开启，1211灭火剂在氮气作用下，通过虹吸管从喷嘴以雾状喷出，并立即气化。当拉开压把时，压杆在弹簧的作用下复位，阀门关闭，灭火剂停止喷出，因此可以间歇喷射。

灭火时要保持灭火器直立位置，不可水平或颠倒使用，喷嘴应对准火焰根部，由近及远，快速向前推进；要防止回火复燃，零星小火则可采用点射。如遇可燃液体在容器内燃烧时，可使1211灭火剂的射流由上而下向容器的内侧壁喷射。如果扑救固体物质表面火灾，应将喷嘴对准燃烧最猛烈处，左右喷射。

⑤消火栓系统

消火栓系统包括水枪、水带和消火栓。使用时，将水带的一头与消火栓连接，另一头连接水枪，现有的水带水枪接口均为卡口式的，连接中应注意槽口，然后打开室内消火栓开关，即可由水枪开关来控制射水。

四、危险化学品类火灾的扑救

1. 危险化学品火灾的扑救要求

（1）扑救人员应占领上风或侧风地点。

（2）火场一线人员应采取针对性防护措施，如穿戴防护服、佩戴防护面具或面罩等。应尽量佩带隔绝式面具，因为一般防护面具对一氧化碳无效。

（3）首先应迅速查明燃烧物品、范围和周边物品的主要危险特性，以及火势蔓延的主要途径。

（4）尽快选择最适当的灭火剂和灭火方法。如果该场所内的危险化学品品种较为固定，平时就应有针对性地配备灭火剂和消防设施。

（5）在平时，针对发生爆炸、喷溅等特别危险情况，拟定紧急应对（包括撤退）方案，并进行演练。

2. 压缩或液化气体火灾的扑救要点

一般情况下，压缩或液化气体是储存在钢瓶中，或者通过管道输送。其中钢瓶内气体压力较高，受热或受火焰烤时发生爆裂，大量气体泄出或燃烧爆炸，或使人中毒，危险性较大。另外，如果气体泄出后遇火源已形成稳定燃烧时，其危险性比气体泄出未燃时危险性要小得多。

（1）切记不要盲目灭火。首先要堵漏或截断气源（如关阀门等）。在此之前，应保持泄出气体稳定燃烧。否则，大量可燃气泄出，与空气混合，遇火源就会发生爆炸，后果更为严重。

（2）灭火时要先积极抢救受伤及被困人员，并扑灭火场外围的可燃物火势，切断火势蔓延途径。

（3）如果火场中有受到火焰辐射热威胁的压力容器，首先必须尽量在水枪掩护下疏散到安全地点，不能疏散的应部署足够的水枪进行冷却保护。

（4）如果确认无法截断泄漏气源，则需冷却着火容器及周围容器和可燃物品，或将后两者撤离火场，控制着火范围，直至容器内可燃气烧尽，火自行熄灭。

（5）现场指挥应密切注意各种危险征兆，当有容器爆裂危险时，及时做出正确判断，下达撤退命令并组织现场人员尽快撤离。

3. 易燃液体火灾的扑救要点

易燃液体通常也是储存在容器内或用管道输送，但一般都是常压状态，有些还是敞口的，只有反应釜（锅、炉等）及输送管道内的液体压力较高。液体无论是否着火，如果泄漏或溢出，都将沿着地面（或水面）流淌漂散；而且易燃液体火灾还有着火液体比重和水溶性等涉及能否用水或普通泡沫灭火剂扑救等问题，以及是否可能发生危险性很大的沸溢及喷溅问题。一般可燃液体火灾的扑救要点如下。

（1）首先，切断火势蔓延途径，控制燃烧范围，并积极抢救受伤及被困人员。一方面着火容器、设备有管道与外界相通的，要截断其与外界的联系；另一方面如果有液体泄漏应堵漏或者在外围修防火堤。

（2）及时了解和掌握着火液体的品名、密度、水溶性，以及有无毒害、腐蚀、沸溢、喷溅等危险性；还应正确判断着火面积，以便采取相应的灭火和防护措施。

（3）小面积液体火灾，一般可用雾状水扑救，泡沫、干粉、二氧化碳、卤代烷灭火更有效。

（4）大面积液体火灾则必须根据其密度、水溶性和燃烧面积大小，选择适当的灭火剂扑救：比水轻而不溶于水的液体（如汽油、苯等），一般可用普通蛋白泡沫或轻水泡沫扑救；比水重而不溶于水的液体（如二硫化碳）着火时可用水扑救，用泡沫也有效；具有水溶性的液体，最好用抗溶性泡沫扑救。扑救以上三类液体火灾时，都需要用水冷却容器设备外壁。如果采用干粉或卤代烷灭火剂时，灭火效果要视燃烧面积大小和燃烧条件而定。

（5）扑救具有毒性、腐蚀性或燃烧产物具有毒性的易燃液体火灾时，救火人员必须佩戴防护面具，采取防护措施。

（6）扑救具有沸溢、喷溅危险的液体（原油、重油等）火灾时，如有条件，可采用防止发生放水、搅拌等措施；现场指挥发现危险征兆，应迅速做出正确判断，及时下达撤退命令，避免人员与装备损失。

4. 爆炸品火灾的扑救要点

由于爆炸品是瞬间爆炸，往往同时引发火灾，危险性、破坏性极大，给扑救带来很大困难。因此，应该在保证扑救人员安全的前提下，把握以下要点。

（1）采取一切可能的措施，全力制止再次爆炸。

（2）应迅速组织力量及时疏散火场周围的易爆、易燃物品，使火区周边现场为一个隔离带。切忌用砂、土盖、压爆炸物品，以免增加其爆炸时的爆炸威力。

（3）灭火人员要利用现场的有利地形或采取卧姿行动，尽可能地采取自我保护措施。

（4）如有发生再次爆炸的征兆或危险时，指挥员应迅即作出正确判断，下达命令，组织人员撤退。

5. 遇湿易燃物品火灾的扑救要点

遇湿易燃物品（如金属钠、钾及液态三乙基铝等）能与水或湿气发生化学反应，这类物品在达到一定数量时，绝对禁止用水、泡沫、酸碱等湿性灭火剂扑救，这就为其在发生火灾时的扑救带来很大困难。通常情况下遇湿易燃物品火灾的扑救要点如下。

（1）首先要了解遇湿易燃物品的品名、数量，是否与其他物品混存，燃烧范围及火势蔓延途径等。

（2）如果只有极少量（一般在50 g以内）遇湿易燃物品着火，则无论是否与其他物品混存，仍可以用大量水或泡沫扑救。水或泡沫刚一接触着火物品时，瞬间可能会使火势增大，但少量物品燃尽后，火势就会减小或熄灭。

（3）如果遇湿易燃物品数量较多，而且未与其他物品混存，则绝对禁止用水、泡沫、酸碱等湿性灭火剂扑救，而应该用干粉、二氧化碳、卤代烷扑救，只有轻金属（如钾、钠、铝、镁等）用后两种灭火剂无效。固体遇湿易燃物品应该用水泥（最常用）、干砂、干粉、硅藻土及蛭石等覆盖。对遇湿易燃物品中的粉尘如镁粉、铝粉等，切忌喷射有压力的灭火剂，以防将粉尘吹扬起来，与空气形成爆炸性混合物而导致爆炸。

（4）如遇有较多的遇湿易燃物品与其他物品混存，则应先查明是哪类物品着火，遇湿易燃物品的包装是否损坏。如果可以确认遇湿易燃物品尚未着火，包装也未损坏，应立即用大量水或泡沫扑救，扑灭火势后立即组织力量将遇湿易燃物品疏散到安全地点。如果确认遇湿易燃物品已经着火或包装已经损坏，则应禁止用水或湿性灭火剂扑救，若是液体应该用干粉等灭火剂扑救；若是固体应该用水泥、干沙扑救；如遇钾、钠、铝、镁等轻金属火灾，最好用石墨粉、氯化钠以及专用的轻金属灭火剂扑救。

（5）如果其他物品火灾威胁到相邻的较多遇湿易燃物品，应考虑其防护问题。可先用油布、塑料布或其他防水布将其遮盖，然后在上面盖上棉被并淋水；也可以考虑筑防水堤等措施。

6. 易燃固体、自燃物品火灾的扑救要点

相对于其他危险化学品而言，易燃固体、自燃物品火灾的扑救较为容易，一般都能用水和泡沫扑救。但是有少数物品的扑救比较特殊，需要注意。

（1）甲醚、二硝基萘、萘等能够升华的易燃固体，受热会放出易燃蒸气，在上层空间与空气形成爆炸性混合物，尤其在室内更容易发生爆燃。因此在扑救此类物品火灾时，应注意：不能以为扑灭明火即完成灭火工作，而要在扑救过程中不时向燃烧区域上空及周围喷射雾状水，并用水浇灭燃烧区域及周围的所有火源。

（2）黄磷是自燃点很低，在空气中极易氧化并自燃的物品。扑救黄磷火灾时，首先应切断火势蔓延途径，控制燃烧范围。对着火的黄磷应该用低压水或雾状水扑救。高压水流冲击能使黄磷飞溅，导致灾害扩大。已熔融黄磷流淌时，应该用泥土、沙袋等筑堤阻截并用雾状水冷却。对磷块和冷却后已凝固的黄磷，应该用钳子夹到储水容器中。

（3）少数易燃固体和自燃物品，如三硫化二磷、铝粉、烷基铝、保险粉等，不能用水和泡沫扑救，应根据具体情况分别处理，一般宜选用干砂和非压力喷射的干粉扑救。

7. 氧化剂和有机过氧化物火灾的扑救要点

从灭火角度来说，氧化剂和有机过氧化物是一个杂类。不同的氧化剂和有机过氧化物物态不同，危险特性不同，适用的灭火剂也不同。因此，扑救此类火灾比较复杂，其扑救要点如下。

（1）首先要迅速查明着火的氧化剂和有机过氧化物以及其他燃烧物品的品名、数量、主要危险特性，燃烧范围、火势蔓延途径，能否用水和泡沫扑救等情况。

（2）能用水和泡沫扑救时，应尽力切断火势蔓延途径，孤立火区，限制燃烧范围；同时积极抢救受伤及受困人员。

（3）不能用水、泡沫和二氧化碳扑救时，应该用干粉扑救，或用水泥、干沙覆盖。用水泥、干沙覆盖时，应先从着火区域四周特别是下风方向或火势主要蔓延方向覆盖起，形成孤立火势的隔离带，然后逐步向着火点逼近。需要注意的是，由于大多数氧化剂和有机过氧化物遇酸会发生化学反应甚至爆炸；活泼金属过氧化物等一些氧化剂不能用水、泡沫和二氧化碳扑救。因此，专门生产、使用、储存、经营、运输此类物品的单位及场所不要配备酸碱灭火器，对泡沫和二氧化碳灭火剂也要慎用。

8. 毒害品、腐蚀品火灾的扑救要点

毒害品、腐蚀品火灾扑救不太困难，但此类物品对人体都有一定危害。毒害品主要经口、呼吸道或皮肤使人体中毒；腐蚀品是通过皮肤接触灼伤人体，所以在扑救此类火灾时要特别注意对人体的保护。

（1）灭火人员必须穿着防护服，佩戴防护面具。一般情况下穿着全身防护服即可，对有特殊要求的物品，应穿着专用防护服。在扑救毒害品火灾时，最好使用隔绝式氧气或空气面具。

（2）限制燃烧范围，积极抢救受伤及受困人员。

（3）喷射时应尽量使用低压水流或雾状水，避免毒害品和腐蚀品溅出；遇酸类或碱类腐蚀品，最好配制相应的中和剂进行中和。

（4）遇毒害品和腐蚀品容器设备或管道泄漏，在扑灭火势后应采取堵漏措施。

（5）浓硫酸遇水能释放大量的热，会导致沸腾飞溅，需要特别注意防护。扑救有浓硫酸的火灾时，如果浓硫酸数量不多，可用大量低压水快速扑救；如果浓硫酸数量很大，应先用二氧化碳、干粉、卤代烷等灭火，然后迅速将浓硫酸与着火物品分开。

9. 放射性物品火灾的扑救要点

放射性物品是一类能放射出能严重危害人体健康甚至生命的射线或中子流的特殊物品。扑救此类火灾必须采取防护射线照射的特殊措施。生产、使用、储存、经营及运输放射性物品的单位和有关消防部门要配备一定数量的防护装备和放射性测试仪器。此类火灾的扑救要点如下。

（1）首先要派人测试火场范围和辐射（剂）量，测试人员应采取防护措施。

（2）对辐射（剂）量超过 0.038 7 C/kg 的区域，灭火人员不能深入辐射区域实施扑救；对辐射（剂）量低于 0.038 7 C/kg 的区域，可快速用水或泡沫、二氧化碳、干粉、卤代烷扑救，并积极抢救受伤及受困人员。

（3）对燃烧现场包装没有破坏的放射性物品，可在水枪掩护下设法疏散；无法疏散时，应就地冷却保护，防止扩大破损程度，增加辐射（剂）量。

（4）对已破损的容器切忌搬动或用水流冲击，以防止放射性沾染范围扩大。

（5）灭火人员必须穿戴防护服及配备必要的防护装备。

第五节　有毒有害因素预防

生产环境和劳动过程中的危害因素，对人体健康的是有害的，有些容易构成职业病；有些会产生急性中毒，甚至会丧失生命。在危害因素环境中进行的作业可称为有毒有害作业。

生产环境和劳动过程中的危害因素可以分为化学性因素、物理性因素和生物性因素三个方面。化学性因素包括毒物、粉尘等；物理性因素包括噪声、振动、高温、电离辐射等；生物性因素包括致病微生物和寄生虫等。常见有毒有害因素包括生产性毒物、生产性粉尘、生产性噪声、振动和高温作业等。

一、生产性毒物

1. 生产性毒物的种类

生产性毒物可能存在于生产过程的各个环节，生产中的原料、辅料、半成品、成品、副产品、废弃物等，都可能是生产性毒物的来源。生产性毒物的种类一般分为如下几种。

(1) 原料和生产辅助材料：在工业生产中有的工艺所使用的原料本身就是有毒物质，例如，油漆中的溶剂（苯及同系物），压铸铅字用的铅，金属热处理中表面氰化处理所使用的氰化物等。

(2) 成品、半成品或副产品：在冶炼工业和化学工业中最为常见，例如铅、汞的开采和冶炼，氯、氨、二氧化碳、二硫化碳等生产的成品、半成品或副产品具有毒性。

(3) 中间体及反应产物：有时原料和产品无毒，而中间体和反应产物有毒，如煤及有机物燃烧不完全产生的一氧化碳等。

(4) 废气、废水、废渣：在工业生产中，可能产生各种各样的有害物质，它们以固态、液态或气态的形式存在于工业生产的废气、废水和废渣中，造成环境污染，直接或间接危害人类，如铅在熔融时产生的铅蒸气、矿石在粉碎时产生的硅等。

2. 生产性毒物侵入人体的途径

生产性毒物侵入人体主要有呼吸道、皮肤和消化道等3条途径。在生产条件下毒物主要通过呼吸道和皮肤进入人体。

(1) 从呼吸道侵入：气体、蒸气、雾和粉尘状态的化学物质，可经呼吸道侵入人体，这是毒物侵入人体最常见而且是较危险的一种情况。因为整个呼吸道黏膜都有吸收毒物的能力，毒物经呼吸道吸收不经肝脏解毒，故有三个特点：呼吸面广、发病快、毒性大。因此中毒剂量相对较小。吸收量多少，与呼吸深度、速度、劳动强度、气温、湿度等因素有关。

(2) 从皮肤侵入：毒物经过皮肤进入人体主要有两条途径，一条是通过表皮屏障及可承受的毛囊进入；另一条途径是通过毛囊透过皮脂腺细胞和毛囊壁直接进入真皮乳头毛细血管而被血液吸收。

(3) 从消化道侵入：毒物单纯由消化道进入而引起的职业中毒的情况，是较为少见的，虽然次要，但也有这样的案例。常见的是在有毒车间内饮食、吸烟，留在口唇上和污染在手上的毒物，因在饮食前不洗手、不漱口就会被带到体内，日积月累，可使体内毒物的数量达到引起中毒的浓度。也有因误食毒物引起中毒的。

3. 生产性毒物对人体的危害

生产性毒物进入人体后，可以损害几乎所有的人体组织和器官，导致多种疾病甚至造成急性中毒死亡，有些可产生遗传后果。按接触毒物时间的长短、剂量大小和发病缓急不同，中毒表现为急性、亚急性和慢性三种类型。对人体的危害具体症状如下。

(1) 神经系统。慢性中毒早期常见神经衰弱综合征和精神症状，一般为功能性改变，脱离接触后可逐渐恢复。铅、锰中毒可损伤运动神经、感觉神经引起周围神经炎。震颤常见于锰中毒或急性一氧化碳中毒后遗症。重症中毒可发生脑水肿。

(2) 呼吸系统。一次吸入某些气体可引起窒息，长期吸入刺激性气体能引起慢性呼吸道炎症，可出现鼻炎、咽炎、气管炎等上呼吸道炎症。吸入大量刺激性气体可引起严重的呼吸道病变，如化学性肺水肿和肺炎。

（3）血液系统。许多毒物对血液系统能够造成损害。根据不同的毒物作用，常表现为贫血、出血、溶血、高铁血红蛋白及白血病等。铅可引起低血色素贫血。苯及三硝基甲苯等毒物可抑制骨髓的造血功能，表现为白细胞和血小板减少，严重者发展为再生障碍性贫血。一氧化碳与血液中的血红蛋白结合形成碳氧血红蛋白，使组织缺氧。

（4）消化系统。汞盐、砷等毒物经口进入时，会出现腹痛、恶心、呕吐与出血性肠胃炎等症状。铅中毒时会出现剧烈的持续性的腹绞痛，并有口腔溃疡、牙龈肿胀、牙齿松动等症状。长期吸入酸雾，可导致牙釉质破坏、脱落，称为酸蚀症。吸入大量氟气，牙齿上会出现棕色斑点，牙质脆弱，称为氟斑牙。许多损害肝脏的毒物如四氯化碳、溴苯、三硝基甲苯等，会引起急性或慢性肝病。

（5）泌尿系统。汞、铀、砷化氢、乙二醇等会引起中毒性肾病，如急性肾功能衰竭、肾病综合症和肾小管综合症等。

（6）其他。生产性毒物还会引起皮肤、眼睛、骨骼病变。许多化学物质会引起接触性皮炎、毛囊炎。接触铬的工人，皮肤易发生溃疡，如长期接触焦油、沥青、砷等可引起皮肤黑变病，可诱发皮肤癌。

酸、碱等腐蚀性化学物质会引起刺激性眼炎，严重者会导致化学性灼伤。溴甲烷、有机汞、甲醇等中毒，会造成视神经萎缩，以至失明。有些工业毒物还会诱发白内障。

4. 预防措施

（1）消除毒物。从生产工艺流程中消灭有毒物质，用无毒物或低毒物代替有毒原料，改革能产生有害因素的工艺过程，改造技术设备，实现生产的密闭化、连续化、机械化和自动化，使作业人员脱离或减少直接接触有害物质。

（2）密闭、隔离。密闭、隔离有害物质污染源，控制有害物质逸散。对逸散到作业场所的有害物质采取通风措施，控制有害物质的飞扬、扩散。

（3）加强个人防护。在存在有毒有害物质的作业场所作业，应使用防护服、防护面具、防毒面罩、防尘口罩等个人防护用具。

（4）提高机体抗御力。对于在有害物质作业场所的作业人员，应享受必要的保健待遇，加强营养和锻炼。加强对有害物质的监测，控制有害物质的最高浓度低于国家有关标准。对接触有害物质人员定期进行健康检查，必要时实行转岗、换岗作业。

（5）其他。加强对有毒有害物质及预防措施的宣传教育。建立健全安全生产责任制、卫生责任制和岗位责任制。

5. 个体防护措施

凡是接触毒物的作业都应按规定采取有针对性的个人防护和养成良好的卫生习惯。比如，不准在作业场所吸烟、吃东西、班后洗澡等。

在作业场所，按规定使用保护用品，主要有防护服、防尘口罩和防毒面具等。为防止毒物经皮肤侵入，要选择适当的防护服，防护服要有专用柜存放，禁止穿防护服去食堂、浴室、宿舍等。防护用品要经常清洗、保持清洁，必要时进行化学处理。不准将工作服带回家，这样不仅保护操作者自身，而且也能避免家庭成员，特别是儿童间接受伤害。

二、生产性粉尘

粉尘是长时间漂浮于空气中的固体颗粒，在生产过程中产生的粉尘称为生产性粉尘。

1. 生产性粉尘的主要产生过程

在生产过程中，产生粉尘的作业很多，主要如下：

（1）粉状物料的生产、运输、成型、包装过程，如矿石的开采、破碎、筛选、运输过程，用压砖机对模具中粉状物料冲压成型的过程。

（2）固体物料的破碎过程，例如用球磨机磨碎物料、用粉碎机粉碎饲料等过程。

（3）金属物质的熔炼和焊接过程，例如铅的熔化过程、出钢过程、焊接过程等。

（4）物质燃烧和加热过程，例如物质燃烧后放出的烟尘等过程。

2. 对人体的危害

（1）长期接触生产性粉尘的作业人员，因长期吸入粉尘，肺内粉尘的积累逐渐增多，达到一定数量时即可引发尘肺病。尘肺是生产性粉尘对人体的最主要的危害之一，长期吸入游离二氧化硅粉尘可引发矽肺，长期吸入金属性粉尘如锰尘等，可引发锰肺等各种金属肺。

（2）长期吸入煤尘可引发煤肺等。

（3）长期接触生产性粉尘还可引发鼻炎、咽炎、支气管炎等呼吸道疾病以及皮肤黏膜损害、皮疹、皮炎、眼结膜炎，例如吸入石灰粉尘可引起鼻黏膜损伤。

（4）吸入毛、麻等纤维性粉尘可引起气管炎、支气管炎；在阳光下接触沥青烟尘，可引起光感性皮炎、眼结膜炎等。

（5）吸入有害物质粉尘还可引起急性或慢性职业中毒，例如焊接作业长期吸入锰尘，可引发锰中毒，铅熔炼作业人员易发生铅中毒等。

3. 对生产的危害

作业场所空气中的粉尘附着于高级、精密仪器、仪表，可使这些设备的精确度下降；附着于机器设备的传动、运转部位，使磨损加剧，使用寿命缩短；粉尘可能使某些化工产品、机械产品、电子产品，如油漆、胶片、微型轴承、电机、集成电路等，质量下降；使人在生产过程中视线受影响，使工作效率降低。

4. 对环境的危害

漂浮于空气中的粉尘可使其他有害物质附着于其上，形成严重的大气污染。生物体吸入可引起各种疾病，文物、古迹、建筑物表面会被腐蚀、污染。另外，大量粉尘悬浮于空气中，会降低大气的能见度，促使烟雾形成，使太阳的热辐射受到影响。

5. 主要综合防尘措施

（1）工艺改革。以低粉尘、无粉尘物料代替高粉尘物料，以不产尘设备、低产尘设备代替高产尘设备是减少或消除粉尘污染的根本措施。

（2）密闭尘源。使用密闭的生产设备或者将敞口设备改成密闭设备，是防止和减少粉尘外逸，减少作业场所空气污染的重要措施。

（3）通风排尘。设备无法密闭或密闭后仍有粉尘外逸时，要采取通风的方法，将产尘点的含尘气体直接抽走，确保作业场所空气中粉尘浓度符合国家卫生标准。

（4）个人防护措施。在粉尘无法控制或高浓度粉尘条件下作业，必须合理、正确地使用防尘口罩、防尘服等个人防护用品及用具。

（5）卫生保健措施。定期对接触粉尘人员进行体检，对从事特殊作业的人员应发放保健津贴，有作业禁忌症的人员，不得从事接尘作业。

（6）维护检查。加强对使用的各种除尘设备的检查、维护，确保设备良好、高效运行。

三、生产性噪声

噪声是由很多不协调的基音及其谐音一起形成的无规律、杂乱的声音，生产性噪声对从业人员人体会产生危害。

1. 生产性噪声分类

生产性噪声种类繁多，一般可分为空气动力性、机械性和电磁性3类。

①空气动力性噪声，如各种风机噪声、燃气轮机噪声、高压排气锅炉放空时产生的噪声。

②机械性噪声，如织布机噪声、球磨机噪声、剪板机噪声、机床噪声等。

③电磁性噪声，如发电机噪声、变压器噪声等。

2. 生产性噪声对人体的危害

（1）损害听觉。短时间暴露在噪声下，可引起以听力减弱、听觉敏感性下降为表现的听觉疲劳。长期在噪声的作用下，可引发永久性耳聋。

（2）引起各种病症。长时间接触高声级噪声，除引起职业性耳聋外，还可引发消化不良、食欲不振、恶心、呕吐、头痛、心跳加快、血压升高、失眠等身体病症。

（3）引起事故。强烈噪声可导致某些机器、设备、仪表的损坏或精度下降；在某些场所，强烈的噪声会掩盖警告声响等，引发设备损坏或人员伤亡事故。

3. 预防噪声危害的措施

（1）消声。控制和消除噪声源是控制和消除噪声的根本措施，改革工艺过程和生产设备，以低声或无声设备或工艺代替产生强噪声的设备和工艺，将噪声源远离工人作业区和居民区均是噪声控制的有效手段。

（2）控制噪声的传播。用吸声材料、吸声结构和吸声装置将噪声源封闭，防止噪声传播。常用的有隔声墙、隔声罩、隔声地板、门窗等。用吸声材料铺装室内墙壁或悬挂于室内空间，可以吸收辐射和反射的声能，降低传播中噪声的强度，常用的吸声材料有玻璃棉、矿渣棉、毛毡、泡沫塑料、棉絮等。合理规划厂区、厂房。在产生强烈噪声的作业场所周围，应设置良好的绿化防护带，如车间墙壁、顶面、地面等应设吸声材料。

（3）采用合理的防护措施。合理使用耳塞，根据耳道大小选择合适的耳塞，对高频噪声的阻隔效果更好。合理安排工作时间，工作中穿插休息时间，在休息时段离开噪声环境。限制噪声作业的工作时间，可减轻噪声对人体的危害。

（4）卫生保健措施。接触噪声的人员应进行定期体验。以听力检查为重点，对于已经出现听力下降者，应加以治疗和观察，重症患者应调离岗位。就业前体检或定期体检中发现有明显的听觉器官疾病、心血管病、神经系统器质性疾病者不得参加接触强烈噪声的工作。

四、振动

振动是指物体在外力作用下以中心位置为基准呈往返振荡的现象。

1. 生产性振动源

在生产过程中，由于设备运转、撞击或运输工具行驶等产生的振动称为生产性振动。生产过程中经常接触的振动源有：

①风动工具，如铆钉机、凿岩机、风铲、风钻等。

②电动工具，如电钻、冲击钻、砂轮、电锤等。

③运输工具，蒸汽机车、内燃机车、汽车等。

④农业机械，拖拉机、收割机、脱粒机等。

2. 生产性振动对人体的危害

在生产过程中，按振动作用于人体的方式，可将其分为局部振动和全身振动。一些工种所受的振动以局部振动为主，一些工种所受的振动以全身振动为主，有些工种作业同时受两种振动的作用。局部振动是生产中最常见和危害性较大的振动，对人体的危害有：

①神经系统。表现为大脑皮层功能下降，条件反射潜伏期延长或缩短，皮肤感觉迟钝，触觉、温热觉、痛觉、振动觉功能下降等。

②心血管系统，出现心动过缓、窦性心律不齐、传导阻滞等病症。

③肌肉系统。有握力下降、肌肉萎缩、肌纤维颤动和疼痛等症状。

④骨组织。可引起骨和关节改变，出现骨质增生、骨质疏松、关节变形、骨硬化等病症。

⑤听觉器官。表现为听力损失和语言能力下降。

全身振动常引起足部周围神经和血管变化，出现足痛，易疲劳、腿部肌肉触痛，脸色苍白、出冷汗、恶心、呕吐、头痛、头晕、食欲不振、胃机能障碍、肠蠕动不正常等症状。

3. 防止振动危害的措施

（1）局部振动的减振措施

①改革工艺。用液压机、焊接和高分子黏连工艺代替铆接工艺，用液压机代替锻压机等可以大大减少振动的发生源。

②改革工作制度，专人专机，合理使用减振个人用品。

③建立合理的劳动制度，限制作业人员每日接触振动的时间。

（2）全身振动的减振措施

①在有可能产生较大振动设备的周围设置隔离地沟，衬以橡胶、软木等减振材料，以确保振动不能外传。

②对振动源采取减振措施，如用弹簧等减振阻尼器，减少振动的传递距离；为汽车等运输工具的座椅加泡沫垫等，减弱运行中由于各种原因传来的振动。

③利用尼龙机件代替金属机件，可减低机器的振动。

④及时检修机器，可以防止因零件松动引起的振动，消除机器运行中的空气流和涡流等。

五、高温作业

高温作业主要是由在生产过程中能够产生和散发热量的生产设备、产品或工件等生产性热源造成，夏季露天作业，是造成高温作业的原因之一。高温作业几乎遍布于工业生产的所有行业，主要的高温作业工种涉及炼钢、炼铁、造纸、塑料生产、水泥生产等。

工业企业和服务行业工作地点中具有生产性热源，当室外实际达到本地区夏季室外通风设计计算温度的气温时，其工作地点气温高于室外气温2℃及其以上的作业称为高温作业。

1. 高温作业对人体的危害和中暑

（1）高温作业对人体的危害。

①对循环系统的影响。高温作业时，皮肤血管扩张，大量出汗使血液浓缩，造成心脏活动增加、心跳加快、血压升高、心血管负担增加。

②对消化系统的影响。高温对唾液分泌有抑制作用。胃液分泌减少，胃蠕动减慢，造成食欲不振；大量出汗和氯化物的丧失，使胃液酸度降低，易造成消化不良。此外，高温可使小肠的运动减慢，形成其他胃肠道疾病。

③对泌尿系统的影响。高温下，人体的大部分体液由汗腺排出，从而使尿液浓缩，肾脏负担加重。

④对神经系统的影响。在高温及热辐射作用下，肌肉的工作能力、动作的准确性、协调性、反应速度及注意力降低。

（2）中暑。中暑是在高温、高湿或强辐射气象条件下发生的，以体温调节障碍为主的急性疾病。按发病机理，中暑可分为四种类型，即热射病、热痉挛、日射病和热衰竭。通常的中暑一般为以上4种类型的综合征。

中暑根据病症的程度可分为先兆中暑、轻症中暑和重症中暑。

①先兆中暑。在高温作业场所工作一定时间后，出现大量出汗、口渴、头昏、耳鸣、胸闷、心悸、恶心、全身疲乏、四肢无力、注意力不集中等症状，体温正常或略升高。如能及时离开高温环境，经休息短时间内症状可消失。

②轻症中暑。除先兆中暑症状外，尚有下列症状：体温在38℃以上，有面色潮红、皮肤灼热等现象；有面色苍白、恶心、呕吐、大量出汗、皮肤湿冷、血压下降、脉搏细弱而快等呼吸、循环衰竭的早期表现。脱离高温环境，轻症中暑可在4~5 h内恢复。

③重症中暑。除上述症状外，表现为出现突然昏倒或痉挛，或皮肤干燥无汗、体温在40℃以上。

（3）中暑的处置措施。对于先兆中暑和轻症中暑，应首先将患者移至阴凉通风处休息，擦去汗液，给予适量的清凉含盐饮料，并可选服人丹、十滴水等药物，一般患者可逐渐恢复。如有循环衰竭倾向，需立即给予对症治疗。对于重症中暑，必须采取紧急措施抢救。对昏迷者，治疗以迅速降温为主，对循环衰竭或患热痉挛者，以调节水、电解质平衡和防治休克为主。

2. 防暑降温的主要措施

（1）合理的劳动休息制度。高温下作业应尽量缩短工作时间，可采取实行小换班、增加工作休息次数、延长午休时间等方法。休息地点应远离热源，应备有清凉饮料、风扇、洗澡设备等。有条件的可在休息室安装空调或采取其他的防暑降温措施。

（2）改革工艺过程。合理设计或改革生产工艺过程，改进生产设备和操作方法，尽量实现机械化、自动化、仪表控制，消除高温和热辐射对人的危害。

（3）隔热。水隔热效果最好，能最大限度地吸收辐射热。利用石棉、玻璃纤维等导热系数小的材料包敷热源也有较好的效果。

（4）通风。利用自然通风或机械通风的方法，交换车间内外的空气。

（5）供给含盐饮料。向高温作业人员提供足量合乎卫生要求的含盐饮料，以补充人体所需的水分和盐分。

（6）发放保健食品。高温环境下作业，能量消耗增加，应增加蛋白质、热量、维生素等的摄入，以减轻疲劳，提高工作效率。

（7）加强个人防护。高温作业的工作服应结实、耐热、宽大、便于操作，按不同作业需要，及时供给工作帽、防护眼镜、隔热面罩、隔热靴等。

（8）医疗预防。高温作业人员应进行就业前和入暑前体检，凡有心血管系统疾病、高血压、溃疡病、肺气肿、肝病、肾病等疾病的人员不宜从事高温作业。

第五章　事故分析调查处理

事故调查处理是安全生产工作的重要环节。我国政府历来重视事故的报告和调查处理工作，新中国成立以来先后制定了一系列事故报告和调查处理的法规和标准，如国务院1956年颁布了《工人职员伤亡事故报告规程》，1989年颁布了《特别重大事故调查程序暂行规定》，1990年颁布了《海上交通事故调查处理条例》，1991年颁布了《企业职工伤亡事故报告和处理规定》，2001年颁布了《国务院关于特大安全事故行政责任追究的规定》，2007年4月颁布了《生产安全事故报告和调查处理条例》，2007年7月颁布了《铁路交通事故应急救援和调查处理条例》。此外，在《安全生产法》、《矿山安全法》、《消防法》、《道路交通安全法》、《海上交通安全法》、《铁路法》、《民用航空法》等法律中也对有关事故的报告和调查处理工作作出了明确规定。另外，国家还颁布了《企业职工伤亡事故分类标准》（GB 6441—1986）、《企业职工伤亡事故调查分析规则》（GB 6442—1986）、《企业职工伤亡事故经济损失统计标准》（GB 672l—1986）、《事故伤害损失工作日标准》（GB/T 15499—1995）等标准。

国务院2007年4月9日颁布实施的《生产安全事故报告和调查处理条例》（第493号令）是《安全生产法》的重要配套法规。它在总结国务院颁布的《企业职工伤亡事故报告和处理规定》和《特别重大事故调查程序暂行规定》实施经验的基础上，对生产安全事故的报告和调查处理作出了全面、明确的法律规定，是各级人民政府、安全生产监督管理部门和负有安全生产监督管理职责的其他有关部门做好事故报告和调查处理工作的主要法律依据。本章根据《生产安全事故报告和调查处理条例》和有关法律、法规就生产安全事故报告和调查处理的有关规定和知识作一介绍。

第一节　安全事故分类与等级

事故是以人体为主，在与能量系统有关的系列上，突然发生的与人的希望和意志相反的事件，也可以定义为个人或集体在时间的进程中，在为了实现某一意图而采取行动的过程中，突然发生了与人的意志相反的情况，迫使这种行动暂时或永久停止的事件。

一、事故的分类

有关事故的分类问题，由于研究的目的不同，角度不同，分类的方法也就有所不同。目前主要有以下几种分类方法。

1. 依照造成事故的责任分

依照造成事故的责任不同分为责任事故和非责任事故两大类。

（1）责任事故

责任事故是指由于人们违背自然或客观规律，违反法律、法规、规章和标准等行为造成的事故。

（2）非责任事故

非责任事故是指遭遇不可抗拒的自然因素或目前科学无法预测的原因造成的事故。

2. 依照事故造成的后果分

依照事故造成的后果不同分为伤亡事故、一般事故和物质遭受损失的事故三大类。

（1）伤亡事故

伤亡事故简称伤害，是个人或集体在行动过程中，接触了与周围条件有关的外来能量，该能量作用于人体，致使人体生理机能出现部分的或全部丧失的现象。这种事故的后果，严重时会决定一个人一生的命运，所以习惯称为不幸事故。人体本身就是一个能量体系，把能量吸收在人体的生理结构中，并通过自身的新陈代谢消耗能量以进行各种活动，当人的行为超出了正常状态，且与生产设备的能量流动发生接触、碰撞以致遭受打击而蒙受伤害。这时也就妨碍了人行动的正常进行。

（2）一般事故

一般事故是指人身没有受到伤害，受伤轻微，停工短暂或与人的生理机能障碍无关的事故。由于传给人体的能量很小，尚不足以构成伤害，习惯上称为微伤；另一种是对人身而言的未遂事故，也称为无伤害事故。事故发生时，其结果到底是伤亡事故，还是一般事故，完全是一个受偶然性支配的、只有毫厘之差的问题，两者的分界线是不鲜明的。把两者分开的可能性，从本质上说是一个偶然性的问题。

（3）物质遭受损失的事故

指在根据不同目的并为了实现这一目的而创造的人工环境的生产现场，有时供给它的动力不符合要求，致使能量突然逸散而发生了物质的破坏、倒塌、火灾、爆炸等现象，以致迫使生产过程停顿，并造成财产损失的事故。

3. 依照事故监督管理的行业分

依照事故监督管理的行业的不同分为企业职工伤亡事故（工矿商贸企业伤亡事故）、道路交通事故、火灾事故、特种设备事故、水上交通事故、铁路交通事故、民航飞行事故、农业机械事故、渔业船舶事故等。

4. 依照造成人身伤害的原因分

依照造成人身伤害的原因不同分为20类。

（1）物体打击：指失控物体的重力或惯性力造成的人身伤害事故。适用于落下物、飞来物、滚石、崩块所造成的伤害。如砖头、工具从建筑物等高处落下，打桩、锤击造成物体飞溅等，都属于此类伤害。但不包括因爆炸引起的物体打击。

（2）车辆伤害：指由运动中的机动车辆引起的机械伤害事故。适用于机动车辆在行驶中的挤、压、撞车或倾覆等事故，以及在行驶中上下车、搭乘矿车或放飞车、车辆运输挂钩事故，跑车事故。

（3）机械伤害：指由运动中的机械设备引起伤害的事故。适用于在使用、维修机械设备与工具引起的绞、碾、碰、割、戳、切等伤害。如工件或刀具飞出伤人，切屑伤人，手或身体被卷入，手或其他部位被刀具碰伤，被转动的机构缠住等。

（4）起重伤害：指从事起重作业时引起的机械伤害事故。适用于各种起重作业中发生的脱钩砸人，钢丝绳断裂抽人，移动吊物撞人，绞入钢丝绳或滑车等伤害。同时包括起重设备在使用、安装过程中的倾翻事故及提升设备过卷、蹲罐等事故。

（5）触电：指电流流经人体，造成生理伤害的事故。适用于触电、雷击伤害。如人体接触带电的设备金属外壳、裸露的临时线、漏电的手持电动工具，起重设备误触高压线或感应带电，雷击伤害，触电坠落等事故。

（6）淹溺：是指人落入水中，水侵入呼吸系统造成伤害的事故。用于船舶、排筏、设施在航行、停泊、作业时发生的落水事故。

(7) 灼烫：指因接触酸、碱、蒸汽、热水或因火焰、高温、放射线引起的皮肤及其他器官、组织损伤的事故。适用于烧伤、烫伤、化学灼伤、放射性皮肤损伤等伤害。不包括电烧伤以及火灾事故引起的烧伤。

(8) 火灾：是指造成人身伤亡的企业火灾事故。不包括非企业原因造成的火灾事故，如居民火灾蔓延到企业的事故。

(9) 高处坠落：指作业人员在工作面上失去平衡，在重力作用下坠落引起的伤害事故。适用于脚手架、平台、房顶、桥梁、山崖等高于地面的坠落，也适用于由地面踏空失足坠入洞、坑、沟、升降口、漏斗等情况。

(10) 坍塌：指建筑物、构筑物、堆置物等倒塌以及土石塌方引起的伤害事故。适用于因设计或施工不合理而造成的倒塌，以及土方、岩石发生的塌陷事故。如建筑物倒塌，脚手架倒塌，挖掘沟、坑、洞时土石的塌方等事故。

(11) 冒顶片帮：是指矿井工作面、巷道侧壁由于支护不当、压力过大造成的坍塌，称为片帮；顶板垮落称为冒顶。二者同时发生，称为冒顶片帮。适用于矿山、地下开采、掘进及其他坑道作业发生的坍塌事故。

(12) 透水：指矿山、地下开采或其他坑道作业时，意外水源造成的伤亡事故。适用于井巷与含水岩层、地下含水带、溶洞或与被淹巷道、地面水域相通时，涌水成灾的事故。不适用于地面水害事故。

(13) 放炮：是指施工时，放炮作业造成的伤亡事故。适用于各种爆破作业，如采石、采矿、采煤、开山、修路、拆除建筑物等工程进行的放炮作业引起的伤亡事故。

(14) 瓦斯爆炸：指可燃性气体瓦斯、煤尘与空气混合形成了浓度达到燃烧极限的混合物，接触火源时，引起的化学性爆炸事故。主要适用于煤矿，同时也适用于空气不流通，瓦斯、煤尘积聚的场合。

(15) 火药爆炸：指火药与炸药在生产、运输、储藏的过程中发生的爆炸事故。适用于火药与炸药在加工、配料、运输、储藏、使用过程中，由于震动、明火、摩擦、静电作用，或因炸药的热分解作用，发生的化学性爆炸事故。

(16) 锅炉爆炸：是指锅炉发生的物理性爆炸事故。适用于使用工作压力大于0.7大气压、以水为介质的蒸汽锅炉，但不适用于铁路机车、船舶上的锅炉以及列车电站和船舶电站的锅炉。

(17) 容器爆炸：指压力容器破裂引起的气体爆炸，即物理性爆炸，包括容器内盛装的可燃性液化气，在容器破裂后，立即蒸发，与周围的空气混合形成爆炸性气体混合物，遇到火源时产生的化学爆炸，也称容器的二次爆炸。

(18) 其他爆炸：凡不属于上述爆炸的事故均列入其他爆炸。

(19) 中毒和窒息事故：中毒是指人接触有毒物质引起的人体急性中毒事故，如误食有毒食物，呼吸有毒气体；窒息是指因为氧气缺乏，发生突然晕倒，甚至死亡的事故，如在废弃的坑道、竖井、涵洞、地下管道等不通风的地方工作，发生的伤害事故。两种现象合为一体，称为中毒和窒息事故。

(20) 其他伤害：凡不属于上述伤害的事故均称为其他伤害。如扭伤、跌伤、冻伤、野兽咬伤、钉子扎伤等。

二、普通生产安全事故的等级划分

生产安全事故等级，是指根据生产安全事故造成的人员伤亡或者直接经济损失严重程度划分的事故等级。这种事故等级的划分，主要是为了便于生产安全事故报告和调查处理工作的分级管理。根据《生产安全事故报告和调查处理条例》第三条的有关规定，生产安全事故一般分为以下四个等级。

1. 特别重大事故

（1）一次造成30人以上（含30人）死亡；

（2）一次造成100人以上（含100人）重伤（包括急性工业中毒）；

（3）一次造成1亿元以上（含1亿元）直接经济损失。

2. 重大事故

（1）一次造成10~29人死亡；

（2）一次造成50~99人重伤（包括急性工业中毒）；

（3）一次造成5 000万~1亿元直接经济损失。

3. 较大事故

（1）一次造成3~9人死亡；

（2）一次造成10~49人重伤（包括急性工业中毒）；

（3）一次造成1 000万~5 000万元直接经济损失。

4. 一般事故

（1）一次造成1~2人死亡；

（2）一次造成1~9人重伤（包括急性工业中毒）；

（3）一次造成100万~1 000万元直接经济损失。

需要说明的是，《生产安全事故报告和调查处理条例》在规定事故一般分为上述四个等级的同时，也规定针对一些行业或者领域事故的实际情况，国务院安全生产监督管理部门可以会同国务院有关部门，制定事故等级划分的补充性规定。这样规定，体现了原则性和灵活性的统一，符合实际情况。

三、特殊行业或者领域的事故等级划分

质监、公安、交通等有关部门都制定有特种设备事故、道路交通事故、火灾事故分级标准。这些分级标准有的与《生产安全事故报告和调查处理条例》的规定不尽一致。但其分级标准仍在行业或领域内使用。

1. 特种设备事故等级划分

《特种设备安全监察条例》（国务院令549号2009年修正）规定，特种设备事故一般分为以下等级。

（1）特别重大事故

有下列情形之一的事故：特种设备事故造成30人以上死亡，或者100人以上重伤（包括急性工业中毒，下同），或者1亿元以上直接经济损失的；600兆瓦以上锅炉爆炸的；压力容器、压力管道有毒介质泄漏，造成15万人以上转移的；客运索道、大型游乐设施高空滞留100人以上并且时间在48 h以上的。

（2）重大事故

有下列情形之一的事故：特种设备事故造成10人以上30人以下死亡，或者50人以上100人以下重伤，或者5 000万元以上1亿元以下直接经济损失的；600兆瓦以上锅炉因安全故障中断运行240 h以上的；压力容器、压力管道有毒介质泄漏，造成5万人以上15万人以下转移的；客运索道、大型游乐设施高空滞留100人以上并且时间在24 h以上48 h以下的。

（3）较大事故

有下列情形之一的事故：特种设备事故造成 3 人以上 10 人以下死亡，或者 10 人以上 50 人以下重伤，或者 1 000 万元以上 5 000 万元以下直接经济损失的；锅炉、压力容器、压力管道爆炸的；压力容器、压力管道有毒介质泄漏，造成 1 万人以上 5 万人以下转移的；起重机械整体倾覆的；客运索道、大型游乐设施高空滞留人员 12 h 以上的。

（4）一般事故

有下列情形之一的事故：特种设备事故造成 3 人以下死亡，或者 10 人以下重伤，或者 1 万元以上 1 000 万元以下直接经济损失的；压力容器、压力管道有毒介质泄漏，造成 500 人以上1 万人以下转移的；电梯轿厢滞留人员 2 h 以上的；起重机械主要受力结构件折断或者起升机构坠落的；客运索道高空滞留人员 3.5 h 以上 12 h 以下的；大型游乐设施高空滞留人员 1 小时以上 12 h 以下的。

2. 道路交通事故

《中华人民共和国道路交通安全法》（2004 年 5 月 1 日施行）中规定，道路交通事故是指车辆在道路上因过错或者意外造成的人身伤亡或者财产损失的事件。公安部《关于修订道路交通事故等级划分标准的通知》（公通字〔1991〕113 号）将道路交通事故分为四类。

（1）轻微事故：指一次造成轻伤 1 ~2 人或者财产损失不足 1 000 元，非机动车事故不足 200 元的事故。

（2）一般事故：指一次造成重伤 1 ~2 人或者轻伤 3 人以上，或者财产损失不足 3 万元的事故。

（3）重大事故：指一次造成死亡 1 ~2 人或者重伤 3 人以上 10 人以下，或者财产损失 3 万元以上不足 6 万元的事故。

（4）特大事故：指一次造成死亡 3 人以上或者重伤 11 人以上，或者死亡 1 人、同时重伤 8 人以上，或者死亡 2 人、同时重伤 5 人以上，或者财产损失 6 万元以上的事故。

3. 火灾事故

《火灾统计管理规定》（公安部、原劳动部、国家统计局，1997 年）中规定，凡在时间或空间上失去控制的燃烧所造成的灾害，都为火灾。按照一次火灾所造成的人员伤亡和财产损失程度，将火灾事故分为以下三类。

（1）特大事故：指一次死亡 10 人以上，或者重伤 20 人以上，或者死亡、重伤合计 20 人以上，或者受灾 50 户以上，或者直接财产损失 100 万以上的事故。

（2）重大事故：指一次死亡 3 人以上，或者重伤 10 人以上，或者死亡、重伤合计 10 人以上，或者受灾 30 户以上，或者直接财产损失 30 万以上的事故。

（3）一般事故：指不构成重大及其以上事故的事故。

第二节　事故特性

根据对事故的分析研究，可以认识到事故具有以下特性：

1. 事故的因果性

事故是由相互联系的多种因素共同作用的结果，引起事故的原因是多方面的，可以是一因多果，也可以是多因一果，在伤亡事故调查分析过程中，应弄清事故发生的因果关系，找到导致事故发生的主要、次要及其他原因，才能对症下药，有效地防范。

2. 事故的偶然性与必然性

偶然性（随机性），导致事故发生原因的多样性和复杂性，决定了事故发生的偶然性，即在一定条件下可能发生也可能不发生，这说明事故的预测和预防具有一定的难度。

必然性（规律性），在人、机、环境、管理系统中存在着事故隐患或某种危险性，在一定条件下发生事故是必然的。从事故的统计资料中可以找到事故发生的规律性。因而，事故统计分析对制订正确的预防措施有重大的意义。

3. 事故的潜伏性

从表面上看，事故是一种突发事件，但是事故发生之前有一段潜伏期。在事故发生前，人、机、环境系统所处的这种状态是不稳定的，也就是说系统存在着事故隐患，具有危险性。如果这时有一触发因素出现，就会导致事故的发生。在生产活动中，一个单位较长时间内未发生事故，如麻痹大意，就是忽视了事故的潜伏性，这是思想方面的隐患，是应予以克服的。掌握了事故潜伏性对有效预防事故起着关键作用。

4. 事故的可预防性

现代工业生产系统均是人造系统，这种客观实际给事故预防提供了基本的前提，任何事故从理论和客观上讲都是可预防的。认识到这一特性，对坚定信念、防止事故发生有积极的促进作用。人们可以通过各种合理的对策和努力，从根本上消除事故发生的隐患，把工业事故的发生降低到最小限度。

5. 事故与伤亡事故的关系

事故中包括伤亡事故（重伤或死亡事故）、轻伤或微伤事故、无人员伤害事故，统计结果表明，在事故中无伤害的一般事故占90%以上，它比伤亡事故的概率大十到十几倍。伤亡事故: 轻伤或微伤事故: 无伤害事故数量为1: 29: 300，这就是海因里希的事故金字塔。

第三节　事故预警

建立事故预警及其有关机制，能有效地辨识和提取隐患信息，提前进行预测警报，使生产经营单位能及时、有针对性地采取预防措施，降低事故发生。事故预警及有关机制已成为安全生产管理过程中的重要途径。

一、事故预警的基础知识

预警是指在事故发生前进行预先警告，即对将来可能发生的危险进行事先的预报，提请相关当事人注意。机制，是指有机体或其他自然和人造系统内各要素的构建、相互作用的方式和条件，以及系统与环境之间通过物质、能量和信息交换所产生的双向作用。

预警机制则是指能灵敏、准确地告示危险前兆，并能及时提供警示，使机构能采取有关措施的一种制度，其作用在于超前反馈、及时布置、防患于未然，最大限度地降低由于事故发生对生命造成的侵害、对财产造成的损失。完善的事故预警机制建立在预警系统基础之上，而预警系统主要由预警分析系统和预控对策系统两部分组成。

1. 事故预警的目标、任务与特点

事故预警的目标是通过对生产活动和安全管理进行监测与评价，警示生产过程中所面临的危害程度。

事故预警需要完成的任务是针对各种事故征兆的监测、识别、诊断与评价，及时报警，并根据预警分析的结果对事故征兆的不良趋势进行矫正、预防与控制。事故预警在完成上述任务的基础上，还要体现与其他预测工作不同的特征。

（1）快速性。即建立的预警系统能够灵敏快速地进行信息搜集、传递、处理、识别和发布，这一系统的任何一个环节都必须建立在“快速”的基础上，失去了快速性，事故预警就失去了意义。

(2) 准确性。工业生产过程中的信息复杂多变，事故预警不仅要求快速搜集和处理信息，更重要的是要对复杂多变的信息作出准确的判断。判断是否正确，关系到整个预警的成败。

(3) 公开性。即事故信息一经确认，就必须客观、如实地向企业和社会公开发布。因为控制事故发展和应急救援需要企业、社会的力量。由于事故的发生取决于人、机、环境、管理等多种复杂因素的影响，公开影响事故发生的各种信息一是有利于社会监督，二是有利于企业及时采取有效措施，控制事故发生。

(4) 完备性。预警系统应能全面收集与事故相关的各类信息，据此从不同角度、不同层面全过程地分析事故的发展态势。

(5) 连贯性。要想使预警分析不致因孤立、片面而得出错误的结论，每一次的分析应以上次的分析为基础，紧密衔接，才能确保预警分析的连贯和准确。

预警机制作为一种制度，需要利用高科技手段，将监测到的各种异常信息在事故发生前进行预告。这要求报警、接警、处警的部门和第一响应队伍明确预警的方式、方法、程序和监督措施。

2. 建立事故预警的原则和要求

构建事故预警需要遵循及时、全面、高效和引导的原则。

(1) 及时性原则

实行事故预警的出发点是“居安思危”，即事故还在孕育和萌芽的时期，就能够通过细致的观察和研究，防微杜渐，提早作好各种防范的准备。预警系统只有及时地监测出异常情况，并将它及时报告，才能及时采取有效措施，最大限度减少经济损失和人员伤亡。

(2) 全面性原则

预警就是要对生产活动的各个领域进行全面监测，及时发现各个领域的异常情况，尽最大努力保证生命财产的安全，这是建立预警机制的宗旨。全面性原则主要体现在监测、识别、判断、评价和对策预警操作系统方面。

(3) 高效性原则

鉴于事故的不确定性和突发性，预警机制必须以高效率为重要原则。唯有如此，才能对各种事故进行及时预告，并制订合理适当的应急救援措施。

(4) 引导性原则

预警正是在某种灾害、突发公共事件降临之前，提醒或引导人们应该怎么做或应该采取什么态度去应付和处理，这样既减少了因盲从、跟风带来的被动和生命财产的损失，又体现了尊重公民的基本权利。

3. 预警管理体系的建立

事故的发生和发展是由于人的不安全行为、物的不安全状态、环境的不安全因素以及管理的缺陷等方面相互作用的结果，因此在事故预警管理战略上，应针对事故特点建立事故预警管理体系。各种类型事故预警的管理过程可能不同，但预警的模式具有一致性。一个完整的预警管理体系应由外部环境预警系统、内部管理不良的预警系统、预警信息管理系统和事故预警系统构成。

(1) 外部环境预警系统

①自然环境突变的预警

生产活动所处的自然环境突变诱发的事故主要是自然灾害以及人类活动造成的破坏。自然灾害的损害往往是一天甚至一小时之间，对它的预警只能是被动的。对环境污染、社会治安等现象的监测和警报是预警管理系统的基本内容之一。

②政策法规变化的预警

国家有关政策与法规的变动，对生产管理的影响是直接的。国家对行业政策的调整、法规体系的修正和变更，对安全生产管理的影响非常大，应经常予以监测。

③技术变化的预警

现代安全生产一个重要标志是对科学技术进步的依赖越来越大。例如大型复杂化工生产线，不仅涉及各种化工技术、而且也需要有防火防爆技术、计算监测技术、辨识、诊断技术等。因而预警体系也应当关注技术创新、技术标准变动的预警。

（2）内部管理不良的预警系统

①质量管理预警

企业质量管理的目的是生产出合格的产品（工程），基本任务是确定企业的质量目标，制定企业规划和建立健全企业的质量保证体系。对质量管理预警就是针对生产过程中存在不当、错误、失误现象等质量问题进行预警。质量管理预警系统应当建立在管理信息系统、数据库技术、专家系统技术以及质量安全监控于一体的智能化管理系统之上。

②设备管理预警

设备管理预警对象是生产过程的各种设备的维修、操作、保养等活动。该系统主要功能是对设备资料数据的搜集和整理、设备使用情况的检查和评价、设备维修及时性评价、设备检修质量合格率的监督、设备工作时对环境污染的安全度评价、设备管理的预警对策等。

③人的行为活动管理预警

事故发生诱因之一是由人的不安全行为所引发的，人的行为活动预警对象主要是思想上的疏忽、知识和技能欠缺、性格上的缺陷、心理和生理弱点等。该预警系统的主要功能是收集有关人的活动信息，进行识别与选择，对人的行为活动进行评价与分析，对人的不良行为进行预警。

（3）预警信息管理系统

预警信息管理系统以管理信息系统为基础，专用于预警管理的信息管理，主要是监测外部环境与内部管理的信息。预警信息的管理包括信息收集、处理、辨伪、存储、推断等过程。

（4）事故预警系统

事故预警系统是综合运用事故致因理论、安全生产管理原理，以事故预防和控制为目的，通过对生产活动和安全管理过程中各种事故征兆的监测、识别、诊断与评价，根据事故的严重程度和可能性给出安全风险预警级别，并根据预警分析的结果对事故征兆的不良趋势进行矫正、预防与控制。当事故难以控制时，发出警告，并提供对策、措施和建议。

二、预警系统的建立与实现

建立预警系统需要遵循以准确、客观的统计资料为基础，以国家的法律法规为依据，以系统实用性与可操作性为出发点，兼顾硬件系统建设与软件系统结合的原则。

1. 预警系统的组成及功能

预警系统主要由预警分析系统和预控对策系统两部分组成。预警分析系统主要包括监测系统、预警信息系统、预警评价指标体系系统、预测评价系统等组成。预控对策系统根据具体警情确定控制方案。其中监测系统、预警信息系统、预警评价指标体系系统、预测评价系统完成预警功能，预控对策系统完成对事故的控制功能。

（1）监测系统

监测系统是预警系统的硬件部分，功能是采用各种监测手段获得有关信息和运行数据。此系统通过采集监测对象（如温度、压力、液位等）传感器的输出信号，这些信号通过传输设施送入计算机进行处理，处理结果输出到操作控制台的显示器等外围设备上。监测系统主要完成实时信息采集，并将采集信息存入计算机，供预警信息系统分析使用。

（2）预警信息系统

预警信息系统负责对信息的存储、处理、识别。事故预警的主要依据是与事故有关的外部环境与内部管理的原始信息。预警信息系统完成将原始信息向征兆信息转换的功能。原始信息包括历史信息、现实和实时信息，同时包括国内外相关的事故信息。

预警信息系统主要由信息网、中央处理系统和信息判断系统组成。信息网的作用是进行信息搜集、统计与传输；中央信息处理系统的功能是储存和处理从信息网传入的各种信息，进行综合、甄别和简化。信息推断系统是对缺乏的信息进行判断，并进行事故征兆的推断。

（3）预警评价指标体系系统

预警评价指标体系系统主要完成指标的选取、预警准则和阈值的确定。预测评价系统主要有完成评价对象的选择，根据预警准则、选择预警评价方法，给出评价结果，根据危险级别状态，进行报警。建立预警评价指标体系的目的是使信息定量化、条理化和可操作化。预警指标从技术层次可以分为潜在指标和显现指标两类。潜在指标主要用于对潜在因素或征兆信息定量化；显现指标则主要用于显现因素或现状信息的定量化。在实际预警指标选取上主要考虑人、机、环境、管理等方面的有关因素。

（4）预测评价系统

对评价对象经过监测、识别、诊断、预测等活动过程后，预警系统需要对整个生产活动的安全状况做出评估，即预警系统信号输出和预警级别的给出。它是预警活动的重要成果之一。预警信号一般采用国际通用的颜色表示不同的安全状况，按照事故的严重性和紧急程度，颜色依次为蓝色、黄色、橙色、红色，分别代表安全、一般、严重和特别严重四种级别（Ⅳ、Ⅲ、Ⅱ、Ⅰ级）。对于预警管理活动，蓝色和黄色应用价值最大。四级预警如下：

Ⅰ级预警，表示安全状况特别严重，用红色表示；

Ⅱ级预警，表示受到事故的严重威胁，用橙色表示；

Ⅲ级预警，表示处于事故的上升阶段，用黄色表示；

Ⅳ级预警，表示生产活动处于正常状态，用蓝色表示。

严重程度等级根据有关行业标准和实际情况可分为多级，事故发生的可能性根据历年有关统计和生产状况不同设定不同级别。

2. 预警系统的实现

完善的预警系统为实现事故预警提供了物质基础。预警系统通过预警分析和预控对策实现事故的预警和控制，预警分析完成监测、识别、诊断与评价功能，而预控对策完成对事故征兆的不良趋势进行纠错和治错的功能。

（1）监测

监测是预警活动的前提，监测的任务包括两个方面：一是对生产中的薄弱环节和重要环节进行全方位、全过程的监测；二是对大量的监测信息进行处理（整理、分类、存储、传输），建立信息档案，进行历史的和技术的比较。即通过对历史数据、即时数据的整理、分析、存储，建立预警信息档案及数据库，信息档案中的信息和数据是整个预警系统共享的，它将监测信息及时、准确地输入下一预警环节。

（2）识别

识别是运用评价指标体系对监测信息进行分析，以识别生产活动中各类事故征兆、事故诱因，以及将要发生的事故活动趋势。识别的主要任务是应用“适宜”的识别指标，判断已经发生的异常征兆、可能的连锁反应。

（3）诊断

对已被识别的各种事故现象，进行成因过程的分析和发展趋势预测，可以明确哪些现象是主要的，哪些现象是从属的、附生的。诊断的主要任务是在诸多致灾因素中找出危险性最高、危害程度最严重的主要因素，并对其成因进行分析，对发展过程及可能的发展趋势进行准确定量的描述。

（4）评价

对已被确认的主要事故征兆进行描述性评价，以明确生产活动在这些事故征兆现象冲击下会遭受什么样的打击，判断此时生产所处状态是正常、警戒，还是危险、极度危险、危机状态，并把握其发展趋势，在必要时准确报警。其风险可能是静态的，可能是动态的。有的是比较明显的，有的是潜在的。一方面可通过感性认识和历史经验来判断，另一方面则是通过对各种客观的事故记录进行整理、分析和归纳，必要时咨询专家的意见。

（5）监测、识别、诊断、评价的关系

监测、识别、诊断、评价这四个预警活动环节，是前后顺序的因果联系。监测活动是预警系统活动开展的前提，没有明确和准确的监测信息，后三个环节的活动就是盲目的，甚至是无意义的。识别活动是至关重要的环节，它对实现事故现象的判别，使企业生产安全管理在繁杂多变的致灾因素中能确定预警工作重点，也使诊断和评价活动有明确的目标。诊断活动和评价活动是技术性的分析过程，它对主要事故现象的成因与过程分析，以及对事故损失后果的评价，可使企业在采取预控对策或者危机管理对策时有科学的判识依据。整个预警活动过程，呈现一种前后有序、因果关联的关系。其中，监测活动的监测信息系统，是整个预警管理系统所共享的，识别、诊断、评价这三个环节的预警活动结果将以信息方式存入到监测系统中。

三、预警控制

预警的目标是实现对各种事故现象的早期预防与控制，并能对事故实施危机管理。控制是预警的落脚点，预控对策一般包括组织准备、日常监控和事故管理三个活动阶段。

1. 组织准备

组织准备是指开展预警分析和对策行动的组织保障活动，它包括整个预警机制的运行制定并实施的制度、标准、规章，目的在于为预控对策的实施提供有保障的组织环境。

组织准备有两个特定任务，一是确定预警系统的组织构成、职能分配及运行方式，二是为事故状态时的管理提供组织训练与对策准备。组织准备活动服务于整个预警的组织管理过程。组织准备体现在以下方面。

（1）预警功能的组织管理体系

为使预警机制真正能得以有效实施，有必要就企业原有经营管理系统的职能结构进行一定的重组与改造，形成一个具有预警功能的体系。这一新组织功能体系，融合企业安全管理与实践于一体，集企业正常活动的防错、纠错和生产事故状态时的预警方法于一身；将处理过程所产生的不可靠性，置于有效监测与控制之下，使企业生产活动在有序的均衡态中实现自组织状态，最终保证企业安全生产。

（2）预警机构

为了保证预警机制高效运转，促进安全管理的预控工作，企业应对原有安全监察机构进行改造，成立安全预警机构，增加预警管理职能。

预警机构的基本工作目标是保证企业的生产经营在安全的轨道上运行，同时指导企业各关键岗位的“预警预控”工作，模拟未来可能发生的企业危机制定危机应对方案等。预警机构的职能可分为单指标监控、综合监控和事故危机监控。

2. 日常监控

日常监控是对预警分析所确定的主要事故征兆（现象）进行特别监视与控制的管理活动。由于预警活动所确立的事故现象往往对安全生产全局有重大影响作用，因此要进行及时跟踪监测。同时，由于事故现象是变化发展的，可能产生难以迅速控制的局势，所以，在日常监控过程中还要预测事故未来发展的严重程度及可能出现的危机结果，以防患于未然。

3. 事故的危机管理

事故的危机管理是日常监控活动无法有效扭转危险状态的发展，企业生产活动陷入危机状态时采取的一种特殊性质的管理，只有在特殊情况下才采用的特别管理方式。它是在企业生产安全管理系统已无法控制事故状态或企业领导层基本丧失指挥能力的情况下，以特别的危机计划、特别领导小组、紧急救援体系等介入企业领导管理过程。一旦危机状态恢复到可控状态，危机管理的任务即告完成，由日常监控环节继续履行预控对策的任务。

4. 预警分析与预控对策的关系

预警分析的活动内容主要是对系统隐患的辨识，预控对策的活动内容是对事故征兆的不良趋势进行纠错、治错的管理活动，两者相辅相成。

（1）预警分析与预控对策的基本关系

预警分析过程的四个环节和预控对策活动的三个环节，是明确的时间顺序关系和逻辑顺序关系。预警分析是事故预警管理系统完成其职能的基础，预控对策是其职能活动的目标，两者缺少任何一个方面，事故预警管理系统的职能便不能成立。两种活动中的有关环节是任何时期内进行预警不可缺少的，缺少一个，其过程就是不完整的，其职能实现就是残缺的。

（2）预警分析与预控对策的沟通

在预警分析活动和预控对策中，监测活动环节和组织准备环节所建立信息和对策都是整个预警系统所共享的。而且，预控中的对策要纳入预警系统的监测信息库，它为监测过程中对监测结果进行科学分类、处理、储存提供判识的背景。两个活动之间的信息沟通主要是监测信息系统的运行。而这个信息系统，又是企业生产活动整体的管理信息系统的一个有机部分，它使预警系统的活动同企业生产活动整体的安全管理融为一体。

第四节　事故应急救援

随着现代工业的发展，生产经营过程中存在的巨大能量和有害物质，一旦发生重大事故，往往造成惨重的生命、财产损失和环境破坏。当事故或灾害不可能完全避免的时候，建立重大事故应急救援体系，组织及时有效的应急救援行动，已成为抵御事故风险或控制灾害蔓延、降低危害后果的关键甚至是唯一手段。

一、事故应急救援的基本任务

事故应急救援的总目标是通过有效的应急救援行动，尽可能地降低事故的后果，包括人员伤亡、财产损失和环境破坏等。事故应急救援的基本任务包括下述几个方面。

1. 组织营救受害人员

抢救受害人员是应急救援的首要任务。在应急救援行动中，要组织营救受害人员，组织撤离或者采取其他措施保护危害区域内的其他人员。快速、有序、有效地实施现场急救与安全转送伤员是降低伤亡率、减少事故损失的关键。由于重大事故发生突然、扩散迅速、涉及范围广、危害大，应及时指导和组织群众采取各种措施进行自身防护，必要时迅速撤离危险区或可能受到危害的区域。在撤离过程中，应积极组织群众开展自救和互救工作。

2. 迅速控制事态

迅速控制事态并对事故造成的危害进行检测、监测，确定事故的危害区域、危害性质及危害程度。及时控制造成事故的危险源是应急救援工作的重要任务，只有及时控制住危险源，防止事故的继续扩展，才能及时有效进行救援。特别对发生在城市或人口稠密地的化学事故，应尽快组织工程抢险队与事故单位技术人员一起及时控制事故继续扩展。

3. 消除危害后果，做好现场恢复

针对事故对人体、动植物、土壤、空气等造成的现实危害和可能的危害，迅速采取封闭、隔离、洗消、监测等措施，防止对人的继续危害和对环境的污染。及时清理废墟和恢复基本设施，将事故现场恢复至相对稳定的基本状态。

4. 查清事故原因，评估危害程度

事故发生后应及时调查事故的发生原因和事故性质，评估事故的危害范围和危险程度，查明人员伤亡情况，做好事故原因调查，并总结救援工作中的经验和教训。

二、事故应急救援的特点

重大事故往往具有发生突然、扩散迅速、危害范围广的特点，为尽可能降低重大事故的后果及影响，减少因此而导致的人员及财产损失，要求应急救援行动必须做到迅速、准确和有效。

所谓迅速，就是要求建立快速的应急响应机制，能迅速准确地传递事故信息，迅速地调集所需的大规模应急力量和设备、物资等资源，迅速地建立起统一指挥与协调系统，开展救援活动。

所谓准确，要求有相应的应急决策机制，能基于事故的规模、性质、特点、现场环境等信息，正确地预测事故的发展趋势，准确地对应急救援行动和战术进行决策。

所谓有效，主要指应急救援行动的有效性，很大程度它取决于应急准备的充分与否，包括应急队伍的建设与训练、应急设备（施）物资的配备与维护、预案的制定与落实，以及有效的外部增援机制等。因而决定了应急救援行动必须做到迅速、准确和有效。

三、事故应急救援的相关法律法规要求

近年来我国政府相继颁布的一系列法律法规如《安全生产法》《危险化学品安全管理条例》《特种设备安全监察条例》《关于特大安全事故行政责任追究的规定》等，对特大安全事故、危险化学品泄漏事故、重大危险源等应急救援工作作出了相应的规定和要求。

《安全生产法》第十七条规定，生产经营单位的主要负责人具有组织制定并实施本单位的生产安全事故应急救援预案的职责；第三十三条规定，生产经营单位对重大危险源应当制定应急救援预案，并告知从业人员和相关人员在紧急情况下应当采取的相应措施；第六十八条规定，县级以上地方各级人民政府应当组织有关部门制定本行政区域内特大生产安全事故应急救援预案，建立应急救援体系。

《职业病防治法》规定，用人单位应当建立、健全职业病危害事故应急救援预案。

《消防法》规定，消防安全重点单位应当制定灭火和应急疏散预案，定期组织消防演练。

《危险化学品安全管理条例》第四十九条规定，县级以上地方各级人民政府负责危险化学品安全监督管理综合工作的部门会同同级有关部门制定危险化学品事故应急救援预案，报本级人民政府批准后实施；第五十条规定，危险化学品单位应当制定本单位事故应急救援预案，配备应急救援人员和必要的应急救援器材和设备，并定期组织演练。危险化学品事故应急救援预案应当报设区的市级人民政府负责化学品安全监督管理综合工作的部门备案。

国务院《特种设备安全监察条例》第三十一条规定，特种设备使用单位应当制定特种设备的事故应急措施和救援预案。

国务院《使用有毒物品作业场所劳动保护条例》规定，从事使用高毒物品作业的用人单位，应当配备应急救援人员和必要的应急救援器材、设备，制定事故应急救援预案，并根据实际情况变化对应急预案适时进行修订，定期组织演练。事故应急救援预案和演练记录应当报当地卫生行政部门、安全生产监督管理部门和公安部门备案。

《关于特大安全事故行政责任追究的规定》第七条规定，市（地、州）、县（市、区）人民政府必须制定本地区特大安全事故应急处理预案。

四、事故应急管理

事故应急管理是对重大事故的全过程管理，贯穿于事故发生前、中、后的各个过程，充分体现了“预防为主，常备不懈”的应急思想。应急管理是一个动态的过程，包括预防、准备、响应和恢复四个阶段。尽管在实际情况中，这些阶段往往是交叉的，但每一阶段都有自己明确的目标，而且每一阶段又是构筑在前一阶段的基础之上，因而预防、准备、响应和恢复的相互关联，构成了应急管理的循环过程。

1. 预防

在应急管理中预防有两层含义，一是事故的预防工作，通过安全管理和安全技术等手段，来尽可能地防止事故的发生，实现本质安全；二是在假定事故必然发生的前提下，通过预先采取的预防措施，来达到降低或减缓事故的影响或后果严重程度。从长远观点来看，低成本高效率的预防措施是减少事故损失的关键。

2. 准备

应急准备是应急管理过程中一个极其关键的过程。它针对可能发生的事故，为迅速有效地开展应急行动而预先所做的各种准备，包括应急体系的建立、有关部门和人员职责的落实、预案的编制、应急队伍的建设、应急设备（施）与物资的准备和维护、预案的演习、与外部应急力量的衔接等，其目标是保持重大事故应急救援所需的应急能力。

3. 响应

应急响应是在事故发生后立即采取的应急与救援行动。包括事故的报警与通报、人员的紧急疏散、急救与医疗、消防和工程抢险措施、信息收集与应急决策及外部救援等，其目标是尽可能地抢救受害人员、保护可能受威胁的人群，尽可能控制并消除事故。

4. 恢复

恢复工作应在事故发生后立即进行，它首先使事故影响区域恢复到相对安全的基本状态，然后逐步恢复到正常状态。要求立即进行的恢复工作，包括事故损失评估、原因调查、清理废墟等，在短期恢复中应注意的是避免出现新的紧急情况；长期恢复包括厂区重建和受影响区域的重新规划和发展，在长期恢复工作中，应汲取事故和应急救援的经验教训，开展进一步的预防工作和减灾行动。

五、事故应急救援体系的建立

事故应急救援工作是一个系统工程，它不是仅仅依靠某一部门或某一个方面就能够实现的，应当建立起完善的应急救援体系，根据应急救援工作的特点和需求，合理地规划和完善其各个组成部分。

1. 事故应急救援体系的基本构成

由于潜在的重大事故风险多种多样，每一类事故灾难的具体相应措施可能千差万别，但其基本应急模式是一致的，应急救援体系的构建应贯彻顶层设计和系统论的思想，以事件为中心，以功能为基础，分析和明确应急救援工作的各项需求，在应急能力评估和应急资源统筹安排的基础上，科学地建立规范化、标准化的应急救援体系，保障各级应急救援体系的统一和协调。

（1）应急救援中心。应急救援中心是整个应急救援系统的重心，主要负责协调事故应急救援期间各个机构的运作，统筹安排整个应急救援行动，为现场应急救援提供各种信息支持；实施场外应急力量、救援装备、器材、物品等的迅速调度和增援，保证行动快速、有序、有效地进行。

（2）应急救援专家组。该专家组对应急准备和应急救援中起着重要的参谋作用。包括对潜在重大危险的评估、应急资源的配备、事态及发展趋势的预测、应急力量的重新调整和布置、个人防护、公众疏散、抢险、现场恢复等行动提出决策性的建议。

（3）医疗救治。主要负责设立现场医疗急救站，对伤员进行现场分类和急救处理，并及时转院进行治疗，对现场救援人员进行医学监护等。

（4）消防与抢险。主要由公安消防队、专业抢险队、军队防化兵等组成。其职责是尽可能、尽快地控制并消除事故，营救受伤人员。

（5）监测组织。主要负责迅速测定事故的危害区域范围及危害性质，监测空气、水、食物、设备（施）的污染情况等。

（6）公众疏散组织。主要负责根据现场指挥部发布的警报和防护措施，引导必须撤离的居民有秩序地撤离至安全区或安置区，组织好特殊人群的疏散安置工作，维护安全区或安置区内的秩序和治安等。

（7）警戒与治安组织。主要负责对危害区域外围的交通路口实施封锁，阻止事故危害区外的公众进入，及时疏散交通阻塞，对重要目标实施保护，维护社会治安等。

（8）洗消去污组织。主要对受污染的人员或设备、器材进行消毒，对建筑物表面进行消毒，降低有毒有害物的空气浓度，减小扩散范围等。

（9）后勤保障组织。主要负责应急救援所需的各种设施、设备、物资以及生活、医药等的后勤保障等。

（10）信息发布中心。负责事故和救援信息的统一发布，以及及时准确地向公众发布有关保护措施的紧急公告，消除群众对事故的恐慌等。

企业的应急救援体系构成基本上应参考上述要求进行。

2. 事故应急救援体系响应机制

重大事故应急救援体系应根据事故的性质、严重程度、事态发展趋势和控制能力实行分级响应机制，对不同的响应级别，相应地明确事故的通报范围、应急中心的启动程度、应急力量的出动和设备、物资的调集规模、疏散的范围、应急总指挥的职位等。典型的响应级别通常可划分三级。

(1) 一级紧急情况。必须利用所有有关部门及一切资源的紧急情况，或者需要各个部门同外部机构联合起来处理各种紧急情况，通常要宣布进入紧急状态。在该级别中，作出主要决定的职责通常是紧急事务管理部门。现场指挥部可在现场作出保护生命和财产以及控制事态所必需的各种决定。解决整个紧急事件的决定，应该由紧急事务管理部门负责。

(2) 二级紧急情况。需要两个或更多个部门响应的紧急情况。该事故的救援需要有关部门的协作，并且提供人员、设备或其他资源。该级响应需要成立现场指挥部来统一指挥现场的应急救援行动。

(3) 三级紧急情况。能由一个部门正常可利用的资源处理的紧急情况。正常可利用的资源指在该部门权力范围内通常可以利用的应急资源，包括人力和物力等。必要时，该部门可以建立一个现场指挥部，所需的后勤支持、人员或其他资源增援由本部门负责解决。

3. 事故应急救援体系的响应程序

事故应急救援系统的应急响应程序按过程可分为接警、响应级别确定、应急启动、救援行动、应急恢复和应急结束等过程。

(1) 接警与响应级别确定。接到事故报警后，按照工作程序，对警情作出判断，初步确定相应的响应级别。如果事故不足以启动应急救援体系的最低响应级别，响应关闭。

(2) 应急启动。应急响应级别确定后，按所确定的响应级别启动应急程序，如通知应急中心有关人员到位、开通信息与通讯网络、通知调配救援所需的应急资源（包括应急队伍和物资、装备等）、成立现场指挥部等。

(3) 救援行动。有关应急队伍进入事故现场后，迅速开展事故侦测、警戒、疏散、人员救助、工程抢险等有关应急救援工作，专家组为救援决策提供建议和技术支持。当事态超出响应级别，无法得到有效控制时，向应急中心请求实施更高级别的应急响应。

(4) 应急恢复。救援行动结束后，进入临时应急恢复阶段，包括现场清理、人员清点和撤离、警戒解除、善后处理和事故调查等。

(5) 应急结束。执行应急关闭程序，由事故总指挥宣布应急结束。

六、编制事故应急救援预案

1. 事故应急预案的层次

应急预案根据事故类型、事故的严重程度等可分为三个层次。

(1) 综合预案。综合预案是整体预案，从总体上阐述城市的应急方针、政策、应急组织结构及相应的职责、应急行动的总体思路等。

(2) 专项预案。对某种具体的、特定类型的紧急情况，例如危险物质泄漏、火灾、某一自然灾害等的应急而制定的。专项预案是在综合预案的基础上充分考虑了某特定危险的特点，对应急的形势、组织机构、应急活动等进行更具体的阐述，具有较强的针对性。

(3) 现场预案。现场预案是在专项预案的基础上，根据具体情况需要而编制的。它是针对特定的具体场所（即以现场为目标），通常是该类型事故风险较大的场所、装置或重要防护区域等所制定的预案。现场预案的另一特殊形式为单项预案。单项预案主要是针对临时活动中可能出现的紧急情况，预先对相关应急机构的职责、任务和预防性措施作出安排。

2. 应急预案的文件体系

不同的预案由于各自所处的层次和适用的范围不同，因而在内容的详略程度和侧重点上会有所不同，但实质上都可以采用相似的基本结构。一个完整的应急预案的文件体系应包括预案、程序、指导书、记录等，是一个4级文件体系。

从记录到预案，层层递进，组成了一个完善的预案文件体系，从管理角度而言，可以根据这4级预案文件等级分别进行归类管理，既保持了预案文件的完整性，又因其清晰的条理性便于查阅和调用。

3. 应急预案的编制过程

应急预案的完整编制过程应包括下面5个过程。

（1）成立由各有关部门组成的预案编制小组，指定负责人。

（2）危险分析和应急能力评估。辨识可能发生的重大事故风险，并进行影响范围和后果分析；分析应急资源需求，评估现有的应急能力。

（3）编制应急预案。基于危险分析和应急能力评估的结果，确定最佳的应急策略。

（4）应急预案的评审与发布。预案编制后应组织开展预案的评审工作，包括内部评审和外部评审，以确保应急预案的科学性、合理性以及与实际情况的符合性。预案经评审完善后，由主要负责人签署发布，并按规定报送上级有关部门备案。

（5）应急预案的实施。预案经批准发布后，应组织落实预案中的各项工作，开展应急预案宣传、教育和培训，落实应急资源并定期检查，组织开展应急演习和训练，建立电子化的应急预案，对应急预案实施动态管理与更新，并不断完善。

4. 事故应急预案核心要素及编制要求

应急预案是针对可能发生的重大事故所需的应急准备和应急响应行动而制定的指导性文件，其核心内容应包括下列内容：

（1）对紧急情况或事故灾害及其后果的预测、辨识和评价。

（2）规定应急救援各方组织的详细职责。

（3）应急救援行动的指挥与协调。

（4）应急救援中可用的人员、设备、设施、物资、经费保障和其他资源，包括外部或社会援助资源等。

（5）在紧急情况或事故灾害发生时保护生命、财产和环境安全的措施。

（6）现场恢复。

（7）其他，如应急培训和演练，法律法规的要求等。

应急预案是整个应急管理体系的反映，它的内容不仅仅限于事故发生过程中的应急响应和救援措施，还应包括事故发生前的各种应急准备和事故发生后的紧急恢复以及预案的管理与更新等。因此，一个完整的应急预案按相应的过程可分为6个一级关键要素，包括：方针与原则，应急策划，应急准备，应急响应，现场恢复，预案管理与评审改进。

6个一级要素相互之间既相对独立，又紧密联系，从应急的方针、策划、准备、响应、恢复到预案的管理与评审改进，形成了一个有机联系并持续改进的体系结构。一级要素所包括的任务和功能中，应急策划、应急准备和应急响应三个一级关键要素，可进一步划分成若干个二级小要素。这些要素是重大事故应急预案编制所应当涉及的基本方面，在实际编制时，可根据职能部门的设置和职责分配等具体情况，将要素进行合并或增加，以便于预案的内容组织和编写。

七、事故应急预案演练

事故应急预案演练是检验、评估和保持应急能力的一个重要手段。其重要作用突出地体现在：可在事故真正发生前暴露预案和程序的缺陷；发现应急资源的不足（包括人力和设备等）；改善各应急部门、机构、人员之间的协调；增强应对突发重大事故的信心和应急意识；提高应急人员的熟练程度和技术水平；进一步明确各自的岗位与职责；提高各级预案之间的协调性；提高整体应急反应能力。

1. 应急演练类型

对应急预案的完整性和周密性进行评估，可采用不同规模的应急演练方法，如桌面演练、功能演练和全面演练等。

（1）桌面演练。是指由应急组织的代表或关键岗位人员参加的，按照应急预案及其标准工作程序讨论紧急情况时应采取行动的演练活动。桌面演练的主要特点是对演练情景进行口头演练，一般是在会议室内举行。主要目的是锻炼参演人员解决问题的能力，以及解决应急组织相互协作和职责划分的问题。桌面演练一般仅限于有限的应急响应和内部协调活动，应急人员主要来自本地应急组织，事后一般采取口头评论形式收集参演人员的建议，并提交一份简短的书面报告，总结演练活动和提出有关改进应急响应工作的建议。桌面演练方法成本较低，主要用于为功能演练和全面演练作准备。

（2）功能演练。功能演练是指针对某项应急响应功能或其中某些应急响应行动举行的演练活动。功能演练一般在应急指挥中心进行，并可同时开展现场演练，调用有限的应急设备，主要目的是针对应急响应功能，检验应急人员以及应急体系的策划和响应能力。功能演练比桌面演练规模要大，需动员更多的应急人员和机构，因而协调工作的难度也随着更多应急响应组织的参与而加大。演练完成后，除采取口头评论形式外，还应提交有关演练活动的书面汇报，提出改进建议。

（3）全面演练。全面演练指针对应急预案中全部或大部分应急响应功能，检验、评价应急组织应急运行能力的演练活动。全面演练一般要求持续几个小时，采取交互式方式进行，演练过程要求尽量真实，调用更多的应急人员和资源，并开展人员、设备及其他资源的实战性演练，以检验相互协调的应急响应能力。与功能演练类似，演练完成后，除采取口头评论、书面汇报外，还应提交正式的书面报告。

2. 应急演练实施过程

由于应急演练是由许多机构和组织共同参与的一系列行为和活动，因此，应急演练的组织与实施是一项非常复杂的任务，建立应急演练策划小组（或领导小组）是成功组织开展应急演练工作的关键。应急演练的过程可划分为演练准备、演练实施和演练总结三个阶段。

（1）演练准备阶段。主要是确定演练日期，确定演练目标和演练范围，编写演练方案，确定演练现场规则，指定评价人员，安排后勤工作，准备和分发评价人员工作文件，培训评价人员，讲解演练方案与演练活动。

（2）演练实施阶段。主要是记录参演组织的演练表现。

（3）演练总结阶段。主要是评价人员访谈演练参与人员，汇报与协商，编写书面评价报告，演练参与人员自我评价，举行公开会议，通报不足项，编写演练总结报告，评价和报告补救措施，追踪整改项的纠正。

3. 应急演练结果评价

应急演练结束后应对演练的效果作出评价，并提交演练报告，详细说明演练过程中发现的问题。按对应急救援工作及时有效性的影响程度，演练过程中发现的问题，可划分为不足项、整改项和改进项。

（1）不足项。不足项是指演练过程中观察或识别出的应急准备缺陷，可能导致在紧急事件发生时，不能确保应急组织或应急救援体系有能力采取合理应对措施，保护公众的安全与健康。不足项应在规定的时间内予以纠正。演练过程中发现的问题确定为不足项时，策划小组负责人应对该不足项进行详细说明，并给出应采取的纠正措施和完成时限。

（2）整改项。整改项指演练过程中观察或识别出的，单独不可能在应急救援中对公众的安全与健康造成不良影响的应急准备缺陷。整改项应在下次演练前予以纠正。在两种情况下，整改项可列为不足项：一是某个应急组织中存在两个以上整改项，共同作用可影响保护公众安全与健康能力的；二是某个应急组织在多次演练过程中，反复出现前次演练发现的整改项问题的。

（3）改进项。改进项指应急准备过程中应予改善的问题。改进项不同于不足项和整改项，它不会对人员的生命健康安全产生严重的影响，视情况予以改进，不必要求一定予以纠正。

第五节 职业伤亡事故调查与处理

事故调查与处理是安全管理的重要内容，是对已发生事故进行调查、分析、处理的一系列管理活动。工作内容包括从事故发生后的调查到事故结案整个过程中所进行的各项工作。

一、事故调查

事故调查是掌握整个事故发生过程、原因和人员伤亡及经济损失情况的重要工作，根据调查结果，分析事故责任，提出事故处理意见和事故预防措施，并撰写事故调查报告书。事故调查是整个伤亡事故处理的基础。通过调查可掌握事故发生的基本事实，以便在此基础上进行正确的事故原因和责任分析，对事故责任者提出恰当的处理意见，对事故预防提出合理的防范措施，使职工从中吸取深刻教训。

1. 事故调查程序

经抢救与事故现场保护处理后，就应开始对事故进行调查。主要程序包括组成调查组，进行现场勘察、人员调查询问、事故鉴定、模拟试验等，收集各种物证、人证、事故事实材料（包括人员、作业环境、设备、管理、事故过程材料）。调查结果是进行事故分析的基础材料。

2. 事故调查组织

（1）伤亡事故发生后应当组织成立事故调查组，由事故调查组进行事故调查工作。事故调查组成员应当具有事故调查所需要的知识和专长，并且与事故单位及有关人员没有利害关系。

（2）轻伤、重伤事故由生产经营单位组织成立事故调查组。事故调查组由本单位安全、生产、技术等有关人员以及本单位工会代表参加。事故发生地的县（市、区、旗）人民政府安全生产综合监督管理部门认为有必要时，可派员参加重伤事故调查组或直接组织成立重伤事故调查组。

（3）一般、重大、特大伤亡事故发生后，按下列规定组织事故调查组。

①特大伤亡事故由事故发生地省、自治区、直辖市人民政府安全生产综合监督管理部门组织成立事故调查组；重大伤亡事故由事故发生地区的市（盟、州、地）人民政府（行署）安全生产综合监督管理部门组织成立事故调查组；一般伤亡事故由事故发生地县（市、区、旗）人民政府安全生产综合监督管理部门组织成立事故调查组。

②有关地方人民政府认为有必要时，可以直接组织成立事故调查组。事故调查组由安全生产综合监督管理部门、行政监察部门、公安部门、其他有关部门和工会组织的人员及有关专家

组成。伤亡事故有关责任人员中的国家公务人员涉嫌犯罪的，应当邀请人民检察机关的人员参加事故调查组。伤亡事故涉及其他地区、其他部门或军方的，还应当邀请所涉及地区和部门或军方的有关人员参加事故调查组。

3. 事故调查取证

在事故调查过程中，事故调查取证是完成事故调查过程的非常重要的一个环节。国家的法规标准中对如何进行事故调查的取证，规定了相应的方法和技术手段。事故调查取证主要包括以下几个方面。

（1）事故现场物证收集。事故现场收集的物证包括破损部件、碎片、残留物、致害物等，搜集到的所有物件均应贴上标签，注明所在地点、时间、管理者，所有物件都应保持原样，不准冲洗擦拭，对危害健康的物品，应采取不损坏原始证据的安全防护措施。

（2）事故事实材料收集。事故事实材料的收集应包括以下内容：发生事故的单位、地点、时间；受害人和肇事者的姓名、性别、年龄、文化程度、职业、技术等级、工龄、本工种工龄等；受害人和肇事者的技术状况、接受安全教育情况；出事当天，受害人和肇事者什么时间开始工作、工作内容、工作量、作业程序、操作时的动作（或位置）；受害人和肇事者过去的事故记录。

另外，还包括事故发生的有关事实，如事故发生前设备、设施等的性能和质量状况；使用的材料，必要时进行物理性能或化学性能实验与分析；有关设计和工艺方面的技术文件、工作指令和规章制度方面的资料及执行情况；关于工作环境方面的状况，包括照明、湿度、温度、通风、道路工作面状况以及工作环境中的有毒、有害物质取样分析记录；个人防护措施状况，包括有效性、质量、使用范围；出事前受害人和肇事者的健康状况；其他可能与事故致因有关的细节或因素。

（3）事故人证材料收集记录

在事故调查取证时，应尽可能与每一位受害人及证人进行交谈。同时也要与事故发生前的现场人员以及在事故发生之后立即赶到事故现场的人员进行交谈。要保证每一次交谈记录的准确性。询访见证人、目击者和当班人员时，应采用交流的形式，不应采用审问方式。见证人可提供有关事故调查方面的信息，包括事故现场状态、周围环境情况及人为因素。

（4）事故现场摄影、拍照及事故现场图绘制

在收集事故现场的资料时，要尽可能通过对事故现场进行录像来获得更清楚地信息。事故现场图的形式，可以是事故现场示意图、流程图、受害者位置图等。

二、事故原因分析

事故发生原因不尽相同，通过大量事故案例剖析，运用系统工程观点、方法分析可知，每一种事故发生都取决于人、物、环境、管理四个要素。导致事故的发生原因分为直接原因和间接原因。

1. 直接原因

直接原因是在时间上和空间上最接近事故发生的原因，又称为一次原因，它可分为3类。

（1）物的原因。是指由于设备不良所引起的，也称为物的不安全状态。所谓物的不安全状态是使事故能发生的不安全的物体条件或物质条件。

（2）环境原因。指由于环境不良所引起的。

（3）人的原因。是指由人的不安全行为而引起的事故。所谓人的不安全行为是指违反安全规则和安全操作原则，使事故有可能或有机会发生的行为。

2. 间接原因

间接原因指引起事故原因（一次原因）的原因。间接原因主要有以下方面。

（1）技术的原因。包括：主要装置、机械、建筑的设计，建筑物竣工后的检查保养等技术方面不完善，机械装备的布置，工厂地面、室内照明以及通风、机械工具的设计和保养，危险场所的防护设备及警报设备，防护用具的维护和配备等所存在的技术缺陷。

（2）教育的原因。包括：与安全有关的知识和经验不足，对作业过程中的危险性及其安全运行方法无知、轻视不理解、训练不足，坏习惯及没有经验等。

（3）身体的原因。包括：身体有缺陷或由于睡眠不足而疲劳、醉酒等。

（4）精神的原因。包括怠慢、反抗、不满等不良态度，焦躁、紧张、恐怖、不和等精神状况，偏狭、固执等性格缺陷。

（5）管理原因。包括：企业主要领导人对安全的责任心不强，作业标准不明确，缺乏设备检查保养制度，劳动组织不合理等。

3. 主要原因

在造成某次事故的直接原因和间接原因中，对事故发生起了主要作用的原因即为主要原因。主要原因既可以是直接原因，也可以是间接原因。

三、事故性质的认定

对事故性质的认定是事故调查的重要内容，企业职工伤亡事故按其性质分为责任事故、非责任事故、破坏性事故。

（1）责任事故，是指由于工作人员的违章和渎职行为而造成的事故。

（2）非责任事故，是指由于自然因素造成且人力不可抗拒的事故，或在发明创造、科学试验中，超出所能预料的事故。

（3）破坏性事故，是指行为人为达到一定目的而故意制造的事故。破坏性事故由公安部门处理。

四、事故责任分析

事故责任分析是在查清事故原因、认定事故性质基础上进行的。查清事故的原因，是确定事故责任的依据。责任分析的目的在于使责任者、相关单位和人员吸取教训，事故责任分析应当注意以下几点。

1. 事故的责任者确定

根据事故调查所确定的事实，通过对事故原因（包括直接原因和间接原因）的分析，找出对应于这些原因的人及其与事故的关系，确定是否属于事故责任者；按责任者与事故的关系认定所应负的责任。事故责任者分为直接责任者、主要责任者、领导责任者。

（1）直接责任者，指其行为与事故的发生有直接关系的人员。

（2）主要责任者，指对事故的发生起主要作用的人员。

（3）领导责任者，指对事故的发生负有领导责任的人员。

2. 事故责任分析步骤

按确认事故调查的事实分析事故责任；按照有关组织管理（劳动组织、规程标准、规章制度、教育培训、操作方法）及生产技术因素（如规划设计、施工、安装、维护检修等），追究最初造成不安全状态的责任；按照有关技术规定的性质、明确程度、技术难度，追究属于明显违反技术规定的责任；根据事故后果（性质轻重、损失大小）和责任者应负的责任以及认识态度（抢救和防治事故扩大的态度、对调查事故的态度和表现）提出处理意见。

3. 事故责任处罚

根据事故责任的大小，对事故责任者进行不同程度的处罚。处罚的形式有行政处罚、经济处罚和刑事处罚。

五、总结事故教训

“前车之鉴，后事之师”说明了总结事故教训的道理。通过对事故、事件原因的分析，找出引以为戒的教训，再制订有针对性的整改措施，达到防止事故发生的目的。实践证明，事故的发生与其原因有着一定的因果关系，通过总结事故教训，消除发生事故的原因，可防止事故发生。

总结事故教训要以确定的事故发生的原因和事故性质为依据。一般来说，总结事故教训可从以下几个方面来考虑：

（1）是否贯彻落实了有关安全生产的法律、法规和技术标准。

（2）是否制订了完善的安全管理制度。

（3）是否制订了合理的安全技术防范措施。

（4）安全管理制度和技术防范措施执行是否到位。

（5）安全培训教育是否到位，职工的安全意识是否到位。

（6）有关部门的监督检查是否到位。

（7）企业负责人是否重视安全生产工作。

（8）是否存在官僚主义和腐败现象，因而造成了事故的发生。

（9）是否落实了有关“三同时”的要求。

（10）是否有合理有效的事故应急救援预案和措施。

六、制订整改措施

整改措施也称安全对策措施，即针对发生事故的类别、原因、性质采取相应的安全对策措施。整改措施主要分为安全技术、安全管理及安全培训和教育三个方面。

1. 安全技术

针对发生的事故及其原因采取有针对性的技术整改措施，对防止事故发生起着直接有效的作用，同时，在条件允许的情况下采用先进的生产设备、工艺和作业方法，采用先进的安全设施、设备，提高生产系统的可靠性，增强本质安全。

2. 安全管理

安全管理整改措施是通过一系列管理手段将企业的安全生产工作整合、完善、优化，将人、机、物、环境等涉及安全生产工作的各个环节有机地结合起来，在保证安全的前提下正常开展生产经营活动，使安全技术对策措施发挥最大的作用。

3. 安全培训和教育

生产经营单位应进行全员的安全培训和教育。

（1）单位主要负责人和安全生产管理人员的安全培训教育，侧重于国家有关安全生产的法律、法规、行政规章和各种技术标准、规范，具备对安全生产管理的能力，取得安全管理岗位的资格证书。

（2）从业人员的安全培训教育在于了解安全生产知识，熟悉有关的安全生产规章制度和安全操作规程，掌握本岗位的安全操作技能。

（3）特种作业人员必须按照国家有关规定经专门的安全作业培训，取得特种作业操作资格证书。

(4) 加强对新职工的安全教育、专业培训和考核，新职工必须经过严格的三级安全教育和专业培训，并经考试合格后方可上岗。对转岗、复工人员应参照新职工的办法进行培训和考核。

七、撰写事故调查报告书

事故调查报告书是根据调查结果，由事故调查组撰写的事故调查文件，死亡、重伤事故调查报告书经调查组全体成员和单位负责人签字后，按规定上报安全生产监督管理部门批复。

1. 事故调查报告书的内容

事故调查报告书反映的是事故调查组对事故的调查分析结果，要说明事故发生的全过程和所有原因、事故造成的人员伤亡和经济损失、事故的性质、事故教训、事故责任者及其责任情况，事故处理意见和防范措施的建议等。

根据事故严重与复杂程度，事故调查通常分为专项调查（如管理调查、技术调查等）和综合事故调查。如果事故过程和原因比较简单明确，一般只需提供综合报告。否则，除了提供综合报告外，还需提供专项分析报告。

2. 事故调查报告书的撰写要求

(1) 事故发生过程调查分析要准确。事故到底是怎样发生的，与分析原因和分析责任有直接关系，因此，必须把情况搞准确。

(2) 原因分析要细。根据发生事故的特点，结合思想、生产、技术、设备和管理等方面进行分析，哪些是直接原因、哪些是主要原因、哪些是根本原因。分析要细，事实要有证据，内容要有说服力。为责任分析和采取防范措施奠定基础。

(3) 责任分析要明。在原因已知的基础上，分析每条原因，应该由谁负责。一般分为：直接责任、主要责任、重要责任、领导责任（包括教育、检查、措施不当）。

(4) 对责任者处理要严肃。对造成事故的责任者，要以教育为主，对违反安全生产规章制度、工作不负责以致造成重大事故的责任者，必须分别情况给予行政处分，情节严重的，要以党纪国法论处。

(5) 防范措施要具体。预防事故的措施要具体，要有针对性，才能落实并发挥防范作用。项目要具体，要落实负责人，确定完成期限，并明确规定谁负责检查执行情况。如果有措施，因不积极落实，并造成重大伤亡事故，措施执行人要受到更加严肃的处理。

(6) 调查组成员要签字。调查组成员对事故情况、原因及责任分析、处理建议、防范措施的意见统一或基本统一后，每个调查组成员都要在调查报告上签字。如有不同意见，可在签字时注明具体保留意见。签字之后，按规定即宣布调查组任务已完成。

(7) 生产经营单位负责人要认真讨论调查报告。生产经营单位负责人必须及时认真地讨论和研究调查报告，应尊重调查组的意见。生产经营单位负责人对调查报告，有不同意见可以提出，在上报调查报告时同时上报。

八、事故的善后处理

事故的善后处理是整个事故处理的重要环节，如果处理不当，可能会影响到生产的正常进行，影响到社会的稳定。事故善后处理的主要内容包括伤亡者的妥善处理、群众的教育、恢复生产、整改措施的落实等。

(1) 伤亡者的妥善处理。处理的基本原则是迅速处理、不拖延，分散处理，避免受伤者及伤亡者家属集结，要统一认识，统一标准，事故处理成员要团结一致地做好工作。

（2）做好群众安全教育，尽快恢复生产。要利用所发生的事故案例，对群众开展安全教育，使大家从中吸取教训。同时，应及时对事故现场进行清理，尽快恢复生产。

（3）事故报告批复后的处理。一次轻伤 3 人以上的事故、重伤事故、死亡事故的调查报告，要报经安全生产监督管理部门批复，各单位接到调查报告书批复的处理决定后，要向群众宣布调查处理的结果。

（4）调查报告归档及事故登记。一次轻伤 3 人以上的事故、重伤事故、死亡事故的调查报告书和上级批复的处理决定，现场勘察资料，技术鉴定和试验报告，医疗部门对伤亡者的诊断结论及影印件，物证、人证调查材料，受处理人员的检查材料等必须分别存入死、伤者档案和受处分责任者的档案，随时备查。

九、事故调查时限和事故报告的规范内容

《生产安全事故报告和调查处理条例》第二十九条和第三十条明确规定了提出事故报告的时限和事故调查报告应当包括的内容。

1. 事故调查时限

原则上，事故调查组应当自事故发生之日起 60 日内提交事故调查报告；特殊情况下提交事故调查报告的期限经负责事故调查的人民政府批准可以适当延长，但延长的期限最长不超过 60 日。事故调查报告报送负责事故调查的人民政府后，事故调查工作即告结束。事故调查的有关资料应当归档保存。

2. 事故调查报告正文的内容

事故调查报告正文应当包括下列内容：

（1）事故发生单位概况；

（2）事故发生经过和事故救援情况；

（3）事故造成的人员伤亡和直接经济损失；

（4）事故发生的原因和事故性质；

（5）事故责任的认定以及对事故责任者的处理建议；

（6）事故防范和整改措施。

3. 事故调查报告附件应当包括的内容

事故调查报告应当附具有关证据材料和事故调查组成员在事故调查报告上的签名页。事故调查报告附具的有关证据材料是事故调查报告的重要部分，应作为事故调查报告的附件一并提交。事故调查报告附具的有关证据材料应当具有真实性，并作为事故调查报告的附件予以详细登记，必要时有关当事人及获得该证据材料的事故调查组成员应当在证据材料上签名。事故调查组成员在事故调查报告上的签名页是事故调查报告的必备内容。没有事故调查组成员签名的事故调查报告，可以不予批复。

十、事故调查处理的原则

事故调查处理是一项政策性、专业性、技术性都很强的工作。事故调查处理应当遵守以下原则。

1. 实事求是、尊重科学的原则

对事故的调查处理要揭示事故发生的内在原因，找出事故发生的机理，研究事故发生的规律，制订预防事故重复发生的措施，作出事故性质和事故责任的认定，依法对有关责任人进行处理。

2. “四不放过”的原则

即事故原因未查清不放过；责任人员未处理不放过；整改措施未落实不放过；有关人员未受到教育不放过。

3. 公正、公开的原则

公正，就是实事求是，以事实为依据，以法律为准绳，既不包庇事故责任人，也不得借机对事故责任人打击报复，更不得冤枉无辜。公开，就是对事故调查处理的结果要在一定范围内公开，以引起全社会对安全生产工作的重视，吸取事故的教训。

第六章　典型事故案例分析

安全事故的发生，触目惊心。君不见，在瞬间，一张张鲜活烂漫的笑脸变成了痛苦的回忆，一个个美丽可爱的天使变成了僵硬的定格。发生在我们身边的一桩桩、一件件事故，血的教训，让人惊醒、深思。

我们从数以万计的事故中，甄选出26起典型事故，作为案例分类进行分析，希望对广大从业人员有所启迪。

一、电气事故

事故一

1. 事故概况及经过

某电力局检修队樊某，带领26名工人清扫10 kV输电线路。按规程要求，工作负责人应在接到许可开工的命令后，立即进行断电、验电并装设接地线，然后才能开始工作。而樊某在停电后尚未验电，也未判明线路是否断开电源和装好临时接地线的情况下，即命令工人在线路上登杆作业。由于该线路有开关未断开，导致徒工张某登杆后触电身亡。

2. 事故原因分析

这次事故的直接原因是现场指挥樊某严重违反安全操作规程制度，既不验电，也未接挂地线，盲目指挥工人登杆作业，造成徒工触电死亡。

3. 对事故责任者的处理

经人民检察院起诉，樊某玩忽职守，违反安全作业规程，造成死亡事故，已构成犯罪，查被告人曾因不验电、不挂接地线而造成2人触电事故，受过降级的处分，但其未从中吸取教训，未作出任何措施预防防止类似事故再发生。此触电事故发生后，被告对死者不积极抢救，表现不负责任，因而激起在场工人的义愤。判处其有期徒刑3年，缓刑3年。

事故二

1. 事故概况及经过

某建筑材料公司建筑工程队队长张某承包一综合楼施工，施工现场上空有10 kV高压供电线由南向北通过。当工程进行到二楼约2.5 m高时，公司副经理胡某带质量安全检查组一行5人对该工地进行检查，发现窗上平均距高压线1.2 m，即通知该建筑队“高压线如果不拆除6号停工，损失由甲方负责”。事后张某虽同甲方进行交涉，但在高压线未拆除的情况下仍继续施工。供电所王某等人亦提醒建筑队说：“高压线危险，不敢再施工了，否则出了问题我们不负责任。”工程进行到二层窗以上时，副经理一行6人再次来到工地检查，在检查中发现上部高压线距钢管约35 cm，立即让该队记工员朱某书面通知该建筑队队长张某全部停工，找建设单位拆除高压线。张某接到通知后，对公司的指令置若罔闻，未令停工，副队长王某继续组织编扎二楼大梁钢筋。下午上班时，王某说：“上班了，上午干啥，下午还干啥。”说后工人刘某即顺脚手架爬上二楼顶两搭处，准备扎大梁钢筋，当行走到高压线处时，遭到电击，从二楼顶摔到地面，头撞到地面一根钢管上，头被撞破死亡。

2. 事故原因分析

（1）强令工人冒险作业。公司副经理胡某两次带安检人员到现场检查，均指出高压线危险，应立即停工拆除，张某对上级的指示置若罔闻，仍指挥工人冒险施工。

（2）违章建筑。楼房建筑前，应首先拆除高压线，在无障碍和危险的情况下进行施工。而张某明知有高压线危险的状态下还是违章承建其工程，其根本原因是经济利益驱动违章、冒险作业，导致事故发生。

3. 对事故责任者的处理

人民检察院侦查终结后认为，工程队长张某的行为已触犯《刑法》第一百一十四条规定，构成重大责任事故罪，向法院提起诉讼，最终对其依法进行惩处。

4. 整改措施

（1）严格按照规章制度办事，绝不能冒险指挥工人作业。

（2）加强安全监督。安全监察部门发现问题，并指出其危害性，建筑队就必须执行，否则就要吊销其经营资格。

（3）严肃处理。对于那些强令工人冒险作业，对上级的指示置若罔闻者，应从重处罚。

事故三

1. 事故概况及经过

某副所长陈某带领 4 名工人检修线路。陈某用一香烟纸盒写上“当班的同志，请停105#”。叫一民工将其带到变电站，值班员黄某、李某见条后，于 9 时停了 105#线路高压电。停电后，陈某未做短路保护，便和工人邱某上电杆作业，工人黎某上 105#、106#共用电杆拆旧线，工人班某在杆下接新线，黎某拆完旧线就下杆了。

巡线工吴某问李某：“106#事故停电，是什么原因”？李某询问黄某，得知 106#是三相不平衡停电。在查阅操作表时，看到陈某写停 105#线路电的字条，就动手检查 106 线路问题，发现 106#是中相零克松动，就用零克棒将零克推紧，并在记录中写上“线路无事故，处理错误”。于10 时 10 分令值班员黄某送 106#的电。11 时 20 分，当班某和黎某再上 105#、106#共用电杆作业时，造成班某触电死亡，黎某触电受伤。

2. 事故原因分析

（1）违背操作规程。陈某身为领导，带领工人改修线路，却违反操作规章，不做好短路保护，也不设置安全保护措施，造成人员伤亡的严重后果，其行为已构成重大责任事故罪。

（2）缺乏联系沟通。李某在排除故障过程中，已看到陈某写的字条，却不与陈某进行联系，就擅自决定送电，是造成作业工人触电伤亡的重要原因。

3. 对事故责任者的处理

鉴于该事故造成 1 死 1 伤，直接经济损失达 3 026. 61 元的严重后果，人民法院依据《刑法》第一百一十四条规定，以重大责任事故罪判处该所副所长陈某有期徒刑 1 年，缓刑 2 年。

4. 整改措施

严格操作规程，及时加强信息沟通。改修线路，既要做好断电，设置安全保护等措施，也要与有关人员加强联系，及时沟通信息，以互相配合，统一行动，保证万无一失。

事故四

1. 事故概况及经过

某市一建公司孙某向电焊工崔某提出，晚上回楼抹地面，需安照明灯。当时担任工地电工任务的张某家中有事离开工地，并向崔某说，有了电工活，替他干一下，崔某表示同意。后来，崔某在安装线路灯具时，为了固定灯具，用钢筋支护灯具。安好后，崔某推闸灯亮即离开工地。民工杜某在作业时，不慎碰到灯具外壳（铁盒）触电身亡。崔某的行为触犯了《刑法》第一百一十四条之规定，构成重大责任事故罪。检察院依法提起公诉，法院判处崔某拘役 6 个月，缓刑 6 个月。

2. 事故原因分析

（1）违反规定，焊工代替电工操作。电工按照规定，经过考试合格以后取得电工资格才能上岗作业。崔某身为焊工，领导没有安排他代替电工工作，但当电工张某委托他时，他竟满口答应，代替电工工作。

（2）违反操作规程。电线不能用导电物体做支护和护罩，崔某竟违反安装技术规程，用钢筋支护灯具，用铁盒作灯具外壳，致使民工作业时触电身亡。

（3）领导负有一定的责任。按规定工地须配专职电工。当工地电工正式调查以后，领导只是委派没有电工资格的电焊工张某担任电工工作。张某因事离开工地时，又擅自委派电焊工崔某。崔某安装四楼照明灯时，副工长崔某知道此事，也没有制止。因此，领导对这起事故也负有一定的责任。

3. 整改措施

（1）严格按照规章制度办事。焊工只能担任焊工工作，不能代替电工工作。电工必须按照规定取得电工资格证书，才能从事电工工作，绝不能滥竽充数。

（2）领导必须认真负责，严格管理。规章制度、操作规程是总结以往的经验教训得出的，应该严格遵守。对于不按规章制度办事的行为应当制止，把事故消灭在萌芽状态。

事故五

1. 事故概况及经过

某村从主线路上接通的一条专供村礼堂演戏用的三相低压裸电线，农电整改时被废除，但电工程某未将此线拆除。该村请剧团在礼堂演戏，因系统电路停电，用柴油机发电。为解决住有剧团人员的村民家里的用电问题，程某与剧团电工一起将柴油机的输电线路与系统照明线路接通。剧团走后，程某不但不及时拆除，反而把柴油机线头和已被废除的线头捆在一起。系统线路供电后，使柴油机的三相线中一相带电，形成事故隐患。后因线路故障，配电室送不出电，程某不但不去检查线路，反而将配电室内的保安器退出，强行送电。县电力局人员去该村检查配电室运行情况时发现保安器被退出，当即对程某进行批评，并罚款，将保安器恢复了正常运行。后因线路故障又停了电，程某再次去配电室将保安器退出，强行送电。村民莫某等人在配电室附近干活时，因有一根已歪倒的原被废除的专用线杆上的裸电线，离地面只有60 cm，妨碍施工。莫某以为废线不带电，就用手去拿，当即触电倒地，经抢救无效死亡。

2. 事故原因分析

（1）没有及时拆除作废线路。程某身为电工，明知原线路被整改废除，不仅不及时将此线拆除，反而将废除的线头与柴油机线头捆在一起，埋下了事故隐患。

（2）违反规定，忽视安全送电。线路出现故障后，程某作为电工，不去检查原因，反而违反保安器的管理规定，擅自将保安器退出，强行送电。受到批评和罚款后，他不吸取教训，再次违反规定，退出保安器，强行送电，致使线头失去触电保护，最终酿成人员触电死亡的严重后果。

3. 对事故责任者的处理

电工程某违章强行送电，造成 1 人触电死亡的重大事故。其行为触犯《刑法》第一百一十四条规定，构成重大责任事故罪，依法判处程某有期徒刑 1 年 6 个月。

4. 整改措施

加强对电工的监督管理和安全送电教育。经常进行检查、考核，加强管理。发现违反规定、不遵守制度的行为，不但要批评教育，而且要坚决纠正和制止，直至解除或清退。

事故六

1. 事故概况及经过

某电石厂炉面操作人员进行压料作业。但在刚压少数料还未摊开时，3 号电极导电板以下的 100 mm 处突然软断，电极遇融化状态的电石面而发生爆燃。将在炉面上工作的 9 名工人全部灼伤，烧伤面积最小为 70%，最大者达 94%。烧伤深度均在Ⅱ至Ⅲ度，其中 5 人重伤，4 人经医院抢救无效而死亡。

2. 事故原因分析

（1）作业人员压放电极的长度违反“每次压放长度不超过 100 mm”的要求，该班共放两次电极，每次实放都是 150 mm，致使电极过长过重，电极烧给不成熟，插入炉料电极过长，从而造成电极软断。

（2）操作人员违反“放电极前应先松开顶丝，放后再紧住”的规定，未松开顶丝便强行放电极。在放电极后又不紧顶丝，致使电极夹持不牢。

（3）操作人员采用将木棒顶在屋梁和电极顶之间，然后用卷扬机拉电极筒，致使电极和电极筒产生相对位移的方法进行压放，由于拉电极筒的钢丝绳长度不等，木棒位置未位于电极顶木盖中心等原因，致使两根电极带受力不平衡。

（4）电极带与电极筒之间的焊缝质量低劣，受力后发生断裂。操作人员检查不严格，将未成熟的电极压下。

（5）操作人员违反化工部颁发的有关规定，在放电极时明弧作业。

（6）有关领导违反化工部颁发的有关规定，让 1 名参加工作仅 2 个月、未受过三级安全教育的合同工担任配电员，导致其未从仪表变化中发现事故异常。

（7）该班为 8 000 kW 炉和 16 500 kW 炉的替班，两台炉的操作参数不同。

3. 整改措施

严格执行安全技术规定和工艺规程，加强班组的技术、安全教育，确保安全生产。

二、爆炸事故

事故七

1. 事故概况及经过

某化工厂三甲苯胺车间配酸工段反应釜由于染料中间体生产过程中产生大量废硫酸难以处理。该厂拟从工艺路线上进行改造，使之不再产生废酸。在实验室实验成功后，直接对生产设备进行了改装，决定在生产装置上直接投料试验。8 时 15 分开始投料，8 时 35 分反应釜即发生强烈爆炸。锅体从二楼震落到底楼，锅盖飞出 11 m 远，搅拌器电动机飞出 20 多米远，厂房倒塌。2 人当场死亡，站在稍远处的 6 人被锅内喷出的物料严重灼伤，其中 1 名抢救无效死亡，另有 9 人被不同程度的灼伤或外伤。事故造成 3 人死亡、9 人重伤、5 人轻伤，经济损失达 200 多万元。

2. 事故原因分析

（1）违反技术改造的基本程序，将未经小试鉴定，未经中试的不成熟技术，用于企业的工艺改造，将仅通过 60 g 试验的实验室“成果”，直接扩大到 1 100 kg，并且在 1 000 L 反应釜上投料试验。

（2）对技术路线本身的危险性不认识。实验室人员所用的基本路线是用醋酐取代硫酸，与硝酸配酸进行硝化反应。这条路线本身有较大的危险性；醋酐与硝酸混合可产生硝酸乙酰和四硝基甲烷，这两种物质极不稳定，容易爆炸。因此反应温度应控制在10℃以下，而此项反应要求控制的温度是30℃，可见所制订的工艺条件是错误的，对其爆炸的危险性毫无认识。

（3）对所用设备没有进行认真的验证。因釜大投料少，物料仅浸搅拌底部7.5 cm，使搅拌的作用极大地降低。更严重的是液面距温度计底部还有40多厘米，温度计只能反映出气相温度，而不能反映出液相温度，因此操作者错将气相温度当成液相温度去控制。设备上的这些问题在试验前都没有考核，就盲目地投料试车，从而导致了事故的发生。

3. 整改措施

（1）科研成果必须成熟可靠，并经技术鉴定，转让技术时必须对生产中的安全问题有全面系统的介绍；危险性大的生产过程，要有可靠的安全措施，要严格控制科研成果的来源，对于个人成果要得到有关部门的承认和鉴定才能转让。

（2）参加技术鉴定的专家必须对新技术的安全可靠性严格把关审查，并在鉴定证书上真实地反映出问题，对安全可靠性负责。科研成果转化为工业生产要严格履行程序，小试未经鉴定的项目不能进行中试，中试未经鉴定的项目不能进行工业化生产试验。

（3）企业新上项目必须在该项目上配有懂工艺、懂设备的工程技术及安全人员。技术力量未配够的项目不准开工。各种项目必须按“三同时”原则建设安全卫生设施。凡安全卫生设施不配套的项目不准开工。

事故八

1. 事故概况及经过

北京某化工厂1997年6月27日21时05分左右，在罐区当班的职工闻到泄漏物料异味。21时10分左右，操作室仪表盘有可燃气体报警信号显示。泄漏物料形成的可燃气体迅速扩散。21时15分左右，油品罐区工段操作员和调度员去检查泄漏源。21时26分左右，可燃物遇火源发生燃烧爆炸，其中泵房爆炸破坏最大。石脑油A罐区易燃液体发生燃烧。爆炸对周围环境产生冲击和震动破坏，造成新的可燃物泄漏并被引燃，火势迅速扩展，乙烯B罐因被烧烤出现塑性变形开裂，21时42分左右，罐中液相乙烯突沸爆炸。此次爆炸的破坏强度更大，被爆炸驱动的可燃物在空中形成火球和“火雨”向四周抛撒；乙烯B罐被炸成7块，向四外飞散，打坏管网引起新的火源，与乙烯B罐相邻的A罐被爆炸冲击波向西推倒，罐底部的管线断开，大量液态乙烯从管口喷出后遇火燃烧。爆炸冲击波还对其他管网、建筑物、铁道上油罐车等产生破坏作用，大大增加了可燃物的泄漏，火势严重扩展，大火至1997年6月30日4时55分熄灭。

事故中共死亡9人，其中现场死亡4人，受伤39人，直接经济损失1.17亿元。

2. 事故原因分析

经过调查取证、计算机模拟和鉴定分析，事故现场阀门开关状况勘察表明，事故的直接原因是：6月27日在从铁路罐车经油泵往储罐卸轻柴油时，由于操作工开错阀门，20点接班后卸轻柴油操作时阀门处于错开错关状态，造成错误卸油流程，使轻柴油进入了满载的石脑油A罐，导致石脑油从罐顶气窗大量溢出（约637 m^3），石脑油蒸气密度略高于空气，溢出的石脑油及其油气在沿地面扩散过程中遇到明火，产生第一次爆炸和燃烧，同时未气化的石脑油起火燃烧，继而引起罐区内乙烯罐等其他罐的爆炸和燃烧。

事故发生的间接原因是化工厂安全生产管理混乱，岗位责任制等规章制度不落实。此外，罐区自动控制水平低，罐区与锅炉之间距离较近且无隔离墙等问题也是事故发生的间接原因。

3. 事故预防措施

（1）工厂的领导和职工，要切实树立“安全第一、预防为主”的思想，认真完善安全生产规章制度，认真落实安全生产责任制；严格操作规程，严守劳动纪律，改变那种纪律松弛、管理不严、有章不循的情况；要切实提高生产装置和储运设施的自动化和管理水平。有关部门要加强企业的监督管理，及时发现企业存在的事故隐患，并督促做好整改工作。

(2) 实事求是、科学地分析事故原因，是总结经验教训、举一反三的重要前提。要认真汲取事故教训，落实安全规章制度，强化安全防范措施，进一步加强安全生产管理工作，防止此类事故再次发生。

事故九

1. 事故概况与经过

某打火机厂在未经批准的情况下，以“试生产”的名义承接了25万只一次性气体打火机的生产业务，开始在一个以前是装配电动剃须刀的厂房中进行生产。在返修漏气的打火机时，由于天气寒冷，车间门窗紧闭。当天至少修理了15 000余只，车间突然发生爆炸，房屋随之倒塌并起火，造成楼下14人及楼上3人死亡，3人受伤。

2. 事故原因分析

造成事故的直接原因是由于在修理打火机时，每只打火机都会有少量的丁烷气体泄出，而现场空气又不流通，造成丁烷气体聚集并在部分区域内达到爆炸极限，遇明火发生爆炸。间接原因如下：

(1) 该企业严重违反国家有关消防安全法规，在未经安全及消防部门批准、不具备生产条件、没有合理的安全制度和措施的情况下组织生产。

(2) 该厂在不了解返修打火机所造成的危险因素及需采取的防范措施的情况下盲目承接返修任务，在没有采取任何消防安全措施的情况下，在日常不带气操作的车间内进行带气返修，导致了事故的发生。

(3) 订货商将打火机返修任务交给不具备条件的打火机厂，并且在安全方面没有任何交代，给这次事故留下了隐患。

(4) 主管部门在审查该项目时，既没有全面调查论证，又没有提出使用可燃气体在安全方面的要求，未能真正起到把关的作用。

事故十

1. 事故概况及经过

某啤酒厂一台DZL4—I，27—A型锅炉（厂内编号2#）发生爆炸事故，死亡1人，重伤1人，轻伤4人。297 m^3 的锅炉房全部摧毁，锅炉本体向左侧翻转180°，靠在1#锅炉本体上，1#锅炉也受到程度不同的损坏，直接经济损失近17万元。

事故发生前，该锅炉因故障停炉，正在检修。1月19日，正在运行的1#炉损坏，需停炉检修，要紧急启动2#炉投入运行。当时厂内停电，2#炉炉内无水。16时30分，车间主任明知炉内无水，却命令当班司炉点火烘炉。当班司炉工也知炉内无水，仍进行点火。17时30分，厂内送电，当班司炉又没有按规定将锅炉水位上升至最低允许水位就进行调整燃烧和升压操作。18时08分，锅炉发生爆炸。当班司炉在点火至爆炸的全过程中没有观察水位计、压力表。爆炸前，安全阀也没有动作。

2. 事故现场分析

(1) 金相分析

为确定事故原因，对破口的塑性变形最大部位进行了金相分析，其组织为铁素体加片状珠光体。铁素体晶粒已拉长变形，珠光体中碳化物有球化现象，但没有发现重新相变的淬硬组织，硬度值也基本没有变化。

（2）现场分析

该锅炉自投入运行以来，连续运行了20个月，一直没有可靠的水处理措施，且长期不排污。事故发生前，锅炉结垢厚达20 mm，排污管完全被水垢堵死，锅壳底部因沉积水垢，水渣较多，有一处已有明显过热变形，直径约200 mm。水位计单只运行，另一只早已损坏。

2. 事故原因分析

（1）领导违章指挥，司炉违章误操作。工厂领导忽视安全生产，片面追求产量，锅炉房管理混乱，无水处理措施，特别是在锅炉无水的情况下，违章指挥工人升火，导致锅筒钢材严重过热，强度下降，引起爆炸。

（2）锅炉的安全附件不全也未进行维修。该锅炉的压力表和水位表一直都是单只运行，安全阀自从安装后一直没有进行校验。

3. 整改措施

（1）使用单位领导要提高安全意识，认真贯彻执行国家有关法规。

（2）司炉人员要进行培训考核，合格后才能独立操作。要提高人员素质。

（3）对安全附件要按规程要求进行校验和维护。

事故十一

1. 事故概况及经过

某年12月17日19时，司炉工邓某、姬某接班，锅炉正常运行，接班后邓某去洗衣服，姬某于23时脱岗睡觉，18日凌晨2时30分，一台SZY6—8燃油锅炉发生爆炸，姬某被爆炸声震醒，见满屋大火，忙从窗口逃出喊人，领导与消防人员奔赴现场，扑灭了大火，邓某死于距炉前1.5 m处，直接经济损失10万元。

2. 现场破坏情况及试验分析

现场调查发现，上锅筒纵向裂开，开口尺寸长4.24 m，最宽为1.23 m，裂口呈延性，明显减薄，破口壁厚最薄处为1.4 m，在破口附近200 mm区域有塑性伸长。

水冷壁管外有氧化皮，其中有四根管过烧穿洞，呈流淌状，水冷壁管及靠近水冷壁的对流管均被爆炸的冲击波压扁，锅炉房门窗全部毁坏，锅炉前墙、预燃室与炉膛分开，飞出2 m远，炉墙、铁皮护板倒塌。

机械性能试验结果表明：裂口处试样的抗拉强度和屈服限均低于其他部位的试样，且根本无屈服颈缩现象。金相检查结果表明：高温区管材的珠光体全部球化。

3. 事故原因分析

（1）经调查和理化金相分析，确定这是一起严重缺水干锅爆炸事故。

（2）两名司炉工失职，严重脱岗，以致锅炉长时间严重缺水，是这次事故的直接原因。

（3）制造质量不合格。该锅炉是快装锅炉，原设计上锅筒不受热，并焊有鱼鳞销钉，但实际上出厂时没有涂钒土水泥，使锅筒直接受火。此外，锅炉材料没有复验，无焊接与探伤资料。

（4）领导责任。工厂领导失职，司炉工倒班工作时间12 h，在锅炉房安放床位，提供司炉工脱岗睡觉的条件。

4. 对事故责任者的处理

辞退司炉（临时工）工人姬某；主管抓安全的经理向党委作书面检查，向全公司职工公开检讨；给予公司动力站副站长行政记过处分。

事故十二

1. 事故概况及经过

某化工厂电解车间液氯工段包装岗位，当班的3人负责在包装台灌液氯钢瓶，2人负责推运钢瓶。当需要灌装时，这2人察看了157#（容量半吨）钢瓶的合金堵和外观后，认为无问题，即推上了磅秤，操作者未认真抽空即充氯，充氯1 min后，157#瓶发生猛烈爆炸。瓶体纵向开裂，并向相反方向弯曲，还有许多碎块向四处飞溅。3人当场死亡，2人轻伤。

2. 事故原因分析

（1）据调查，爆炸的直接原因是钢瓶内存有环氧丙烷，这类有机物与液氯混合会发生剧烈的化学反应，引起爆炸。这一班的操作工在灌装前未认真检查，盲目充装，满足了爆炸发生的条件。

（2）上一班包装工在灌瓶前检查钢瓶时发现有一只编号为157#的钢瓶，瓶嘴有白色泡沫冒出，并有芳香味，立即向厂有关管理部门汇报，管理部门和工人都没采取解体、分离的具体措施，仍与待装钢瓶放在一起，导致下一班又有用该瓶充装的可能。

（3）这批钢瓶是以前使用过的，有的装过环氧丙烷类的有机物，购进厂后应认真整瓶，按规定进行内外检查、抽空、清洗、试压、干燥等，若这样此次事故是完全可以避免的。钢瓶未认真整瓶，就投入使用，是这次事故在管理上的根本原因。

（4）购瓶、整瓶、使用三个环节都不严格，各环节之间也没有严格的交接手续。

（5）管理的混乱：充装现场钢瓶横七竖八；合格的与不合格的钢瓶混放在一起；钢瓶安全附件不全；表面锈蚀严重，有的看不出“液氯”标记；大部分钢瓶没有定期检验，没有检验钢印；没有专设抽空验瓶台，没有专人验瓶；充装完的重瓶不进行复秤；充装记录不签字，没有出厂合格证；充装时不核对空瓶重量；液氯汽化器仍用蒸汽加热；换热器和汽化器没有排污装置，也不进行三氯化氮定期分析。

三、机械事故

事故十三

1. 事故概况及经过

某年3月18日9时左右，山西运城某化机厂三车间，在起吊不锈钢板过程中，发生了一起因钢板脱钩坠落，造成1人死亡的事故。3月18日早上8时，某化机厂三车间运来一车不锈钢板，因下货处距汽车20 m，需用行车起吊。当时，行车操作工王某操作行车，贺某站在汽车东边负责指挥，赵某在汽车东边挂钩，伊某在西边挂钩。抵某在闪蒸器南边打扫卫生。大约8时40分左右，第3次起吊钢板（每次起吊6块，前面已起吊过2次）。当钢板吊起离开汽车后，距地面大约2.5 m左右，横向西2 m左右，起吊钢板快接近切割转台时，王某发现不锈钢板南北上下出现晃动，此时吊车未停，向南点打。大约9时左右，贺某发现有人在闪蒸器北边站立（危险区），立即向王某打手势，并大声呼喊。王某看见贺某用手挥动，并大声喊“哎——”，按惯例，她意识到要紧急停车，于是王某立即紧急停车。此时钢板脱离吊钩，由南向下坠落，瞬时，车间尘土飞扬。在场的贺某、赵某等人已意识到出事了。当他们赶到出事地点时，发现抵某仰躺在闪蒸器南边，脚在闪蒸器下面。贺某、赵某等人赶紧找车将抵某送往医院，经医院抢救，因抵某脑部严重受损，抢救无效，于11时左右死亡。

2. 事故原因分析

（1）行车操作工王某违章操作，在行车西行2 m后，当她已发现钢板南北上下晃动时，应立即停车弄清原因，消除晃动因素后，再往南行。但王某违反操作规程，点打吊车往南运行，导致钢板脱离吊钩，造成抵某死亡。这是事故发生的一个直接原因。

(2) 贺某现场违章指挥。一是起吊前贺某未对现场进行检查；二是物体离地面高度较高，贺某未特别加强安全警戒；三是指挥失误，当行车西行发现晃动时，应立即出示停车手势，但贺某未做；四是贺某站的位置不符合指挥者要求，应站在吊车的西边，便于检查和阻止其他人员进入危险区，但贺某却站在汽车东边一直未离开。因而对吊车西边抵某的出现不能及时发现。贺某违章指挥是本次事故发生的主要原因。

(3) 抵某本应在闪蒸器南边清扫卫生，但抵某违反劳动纪律，站到闪蒸器的北边（危险区），也是导致事故发生的直接原因。

(4) 现场环境不良，安全通道不畅。如切割转台、闪蒸器、其他设备均在通道区域内；在用钢板、废料等摆放不定置，不规范，影响了操作人员的视线和行车的正常运行。

3. 整改措施

(1) 完善制度，健全规程，层层落实安全责任目标，强化现场监督检查力度，从严考核，严格落实责任。

(2) 强化有效安全教育，严格执行持证上岗制度。特别是对特殊工种的教育、对干部就职前的教育、在职人员的日常安全教育要落到实处。必须坚持严格考试，持证上岗，不能走过场。

(3) 推行定置化管理，优化现场管理。

(4) 组织一次全厂性的反事故、反习惯性违章，查隐患、找漏洞的大整改活动，认真吸取血的教训，坚决杜绝“三违”行为。

事故十四

1. 事故概况及经过

某年1月28日，四川省某磷矿化工厂磷铵车间磷酸工段化工一班操作工王某，在对磷酸工段盘式过滤机辅料情况检查时，发生盘式过滤机翻盘叉及翻盘滚轮、导轨立柱、导轨挤压、辗压伤害事故，致王某左腰部、后背部挤压伤，双腿大腿开放性、粉碎性骨折，经抢救无效死亡。

1月28日0时30分，磷铵车间化工一班值长陈某、班长秦某、尹某、王某等人值夜班，交接班后，各自到岗位上班。陈某、秦某俩人工作职责之一包括到磷酸工段巡查，尹某系盘式过滤机岗位操作工，王某系磷酸工段中控岗位操作工，其职责包括对过滤机进行巡查。5时30分，厂调度室通知工业用水紧张，磷酸工段因缺水停车。7时40分，陈某、尹某、王某3人在磷酸工段三楼（事发地楼层）疏通盘式过滤机冲盘水管，处理完毕后，7时45分左右系统正式开车，陈某离开三楼去其他岗位巡查，尹某在调冲水量及角度后到絮凝剂加料平台（距二楼楼面高3 m）观察絮凝剂流量大小，尹某当时看到王某在三楼过滤机热水桶位置处。

2. 事故原因分析

(1) 死者王某自身违章作业是导致事故发生的主要直接原因。一是王某上班时间劳保穿戴不规范，纽扣未扣上，致使在观察过程中被翻盘滚轮辗住难以脱身，进入危险区域；二是王某在观察辅料情况时违反操作规程，未到操作平台上观察，而是图省事到导轨和导轨主柱侧危险区域，致使伤害事故发生。

(2) 王某处理危险情况经验不足，精神紧张是导致事故发生的又一原因。当危险出现后，据平台运行速度和事后分析看，王某有充分的时间和办法脱险。但王某安全技能较差，自我防护能力不强。

（3）执行规章制度不严是事故发生的又一原因。通过王某劳保用品穿戴和进入危险区域作业可以看出，虽然现场挂有操作规程，但当班人员对王某的行为未及时纠正，说明职工在“别人的安全我有责”和安全执规、执法上还有死角，应当引以为戒。

3. 事故教训和防范措施

（1）加大安全工作的执规、执法力度，切实做到“我的安全我负责，别人的安全我有责”，相互监督，相互关心。

（2）对事发地点盘式过滤机周围增设一圈防护栏，并悬挂安全警示牌。

（3）认真落实安全工作严、实、细、快的工作作风，勤查隐患，狠抓整改，防患于未然。

事故十五

1. 事故概况及经过

某中药厂电工徐某违反维修安全操作规程，擅自按下启动按钮，导致一人重伤死亡。徐某、刘某、黄某、齐某四人一起检查搅拌罐控制装置，但未找到故障点。此时电工刘某正好路过，四人让刘某帮忙。经刘某检查，初步判定是中间继电器损坏，需要调换，查明原因后，黄某、齐某、刘某当即下班。徐某、刘某感到自己难以修理，便去找下班休息的熊某。7 点 10 分，当徐某、齐某找熊某时，操作工刘某来到车间，按正常工作程序对罐进行检修，同时让发酵工郑某卸下罐的保险。郑某卸下保险，放在配电盘前的地上，因事离开。7 点 40 分，徐某和刘某找到熊某，三人一齐来到配电盘前，见地上放着一对保险，未引起注意。熊某认为这是开始检修时徐某、刘某摘下的，即按顺序旋好，然后用电笔测试电路。刘某发现有电，即喊：“有电。”徐某立即说：“有电就好，试吧。”熊某未作出任何表示，徐某以为熊某已同意，立即按下“启动”按钮，搅拌机启动旋转，将在消毒的刘某打成重伤，经抢救无效死亡。

2. 事故原因分析

忽视安全，违章操作。徐某身为电工，却不顾安全，违反“在设备维修改进后，须向运行人员交底并与运行人员共同启动试运”的规定，擅自按下启动按钮，导致刘某重伤死亡，是事故发生的决定性原因。

3. 对事故责任者的处理

某人民法院依据《刑法》第一百一十四条规定，以重大责任事故罪判处徐某有期徒刑 2 年，缓刑 2 年。

4. 整改措施

必须严格执行维修安全操作规程。维修设备，要照章按序进行，设备维修好后，要同有关运行人员取得联系，共同启动试运。不联系好，绝不能擅自启动。

事故十六

1. 事故概况及经过

1995 年 3 月 4 日下午 2 时 20 分，某厂磺酸车间发生 1#离心机在运行过程中解体，造成 3 人死亡的重大死亡事故。某厂磺酸车间产品为对甲苯磺酸，工艺上布设离心工段，共 4 台离心机，离心机的作用为磺酸脱酸（硫酸）用。1#离心机已使用两年并历经数次修理，该离心机其他部件都不同程度地进行过修理或更换部件。1995 年 3 月 3 日上午 8 时，经快慢反复调试正常后试机，于上午 10 时左右开始投料生产，未发生异常现象，在第五次投料完毕后，即下午2 时 20分左右，离心机突然解体，外套和机座、机脚向西南方向飞出，离心机内衬向东北方向飞出，将当班正在操作的陈某、徐某二人均砸伤，并把距离离心机 4 m 的吸收工汪某砸伤。事故发生后，全厂全力救护伤者并及时送医院抢救。徐某于当日下午 4 时抢救经县人民医院紧急包扎后在送往南京的途中死亡。陈某于3月5日上午在南京第一人民医院全力抢救无效死亡。

2. 事故原因分析

根据对事故的调查分析和专家组的“技术鉴定报告”，调查组认为这起事故是由于设备老化，腐蚀严重且设备的完好性尤其是安全性（安全系数几乎没有）不能承受离心机工作时突然增大的离心力，因而最终解体造成3人伤亡的重大事故。

（1）事故的直接原因：1#离心机完好程度差，无法保证系统的安全运行。

（2）因调速电机及电气线路等原因，离心机经常处于较高的转速并有突然增速的条件。

（3）插座短路或断路打火使调速电机转速突然增速，使得离心机的离心力突然增大。

由于以上原因，导致高速旋转的转鼓和物料既产生很大的离心力，同时也产生一个向上方的分力，以致于造成转鼓与鼓底的分离，并击坏了离心机外罩及罩上方的限量周圆罩，因而向一侧飞去并击断了一侧的支承脚飞离了工作平台，飞出的部分虽是向一侧呈曲线状飞离，同时本身还进行着自转，因而增大了作用力和破坏力，导致三人被当场砸伤。

3. 整改措施

（1）全面开展、落实安全教育培训工作，努力提高全厂干部职工素质，尤其是安全素质，必须对干部职工安全教育工作制度化、经常化。重点设备，特种设备的操作人员应先教育培训后上岗作业。

（2）鉴于离心机具属于连续性生产设备，在强腐蚀的条件下工作，对这类设备要实行定期强制检修更新的制度，做到该降级限制使用的降级限制使用，该淘汰报废的坚决淘汰报废。

（3）根据国家有关安全标准、规定，对安全规章制度进行一次全面检查并加以修订、完善和补充，并制订离心机从选型、安装、使用、维修、改造等环节的管理制度，以防止类似事故发生。

四、坠落事故

事故十七

1. 事故发生经过

2005年4月，某打火机厂宿舍楼二期工程工地，建筑公司工人在施工时，有一个小工陈某不慎坠落井字架井底，造成一人死亡。宿舍楼二期工程工地，泥水班组小工陈某在二楼从事搅拌室内墙面贴砖使用的砂浆等工作时，没有佩戴安全帽就到了二楼井字架卸料平台，二楼卸料平台安全门为自制简易安全门，陈某从二楼卸料平台（高度为4～5 m）坠落到井字架底，并伴有“砰”的一声坠地声，此时井字架吊篮已升到三层位置，目击工人急忙喊“出事了”，井架操作工急忙停机。项目经理闻讯后赶快拨打“120”，由于工地位置比较偏僻，项目经理派车把陈某送到医院，到医院经抢救无效死亡。

2. 事故原因分析

（1）直接原因：工人陈某本人安全意识不强，没有佩戴安全帽，致使其从二楼卸料平台安全门处摔至地面井架基础时，直接造成头部着地伤势过重死亡。井字架卸料平台安全门设置不符合要求，这是管理不到位造成坠落的直接原因。施工机械操作不规范，不能正确使用物料提升机的联络信号。

（2）间接原因：该建筑公司对宿舍楼二期工程项目部安全管理措施没有真正得到落实。工程项目经理及泥水班班组长没有对工人进行三级安全教育及必要的安全技术交底，现场工人包括井架操作工均存在违章作业现象，是造成事故发生的间接原因。施工单位现场安全员，对施工现场检查不够细致，对施工现场违反作业操作规程的行为没有及时制止。

3. 责任情况及处理建议

（1）陈某，安全意识差，自我保护意识不强，对该起事故负直接责任。

（2）泥水班班组长对施工现场明显违反作业规程的举动不能及时发现，从而导致事故发生，建议公司给予处分。

（3）工程项目部，安全生产管理比较薄弱，施工现场安全管理不到位，未能监督施工人员按操作规程作业，且事故发生后未以最快方式向当地建设行政主管部门或其他部门报告。建议建设行政主管部门给予该建筑公司暂停承揽业务半年，并交罚金2万元的行政处罚。

（4）施工单位现场安全员，对施工现场检查不够细致，没有及时发现工人的违章作业，建议建设行政主管部门给予暂停执业资格一年的行政处罚。

（5）公司项目经理对施工现场的管理不到位，没有及时制止未经安全教育及安全培训的工人进场作业，没有落实建设工程安全生产管理关于工人要进行三级教育的要求，建议建设行政主管部门给予暂停执业资格一年的行政处罚。

（6）工程监理有限公司对施工现场的安全监督没有落实到位，对龙门架井架物料提升机作业过程中存在安全隐患不能及时提出整改要求并监督落实，对事故发生负有一定的监理责任。建议建设主管部门给予通报批评的行政处罚。

事故十八

1. 事故发生经过

1990年某建筑公司，因违章操作，利用提升料盘乘人，钢丝绳拉断，提升料盘坠落，导致3人死亡。该公司施工队队长张某、提升司机张某、瓦工张某准备上六层去，他们不从楼梯上，而违章乘提升料盘上。这时，提升机操作手王某正准备由4层往6层上运木料，司机张某走过去，将提升架由四层落下，让王某送他们上6层。王某不同意，说“提升架不能乘人”。张某见王某不给开，就强行让旁边的于某（非操作司机）给开。于某开机前，看见提升料盘上已站着张某等3人。于某将提升架升到2层停了一下，架上的人向上摆手，于某又将提升架升到三层停一下，架上的人又向上摆手，当升到六层时，提升架被一根施工架杠挡住，停机的同时，钢丝绳被拉断、提升架突然坠落，造成3人死亡。

2. 事故原因分析

施工现场管理不善，制度不落实，缺乏应有的维修保养，为事故埋下了隐患。职工安全素质差，非操作人员违反“非司机不准开机”“料盘上不准上下人”的规定，这是发生事故的直接原因。

3. 对事故责任者的处理

于某本人是看场员，不会操作提升机，在张某强逼下，违章操作提升机，是事故直接责任者，交司法部门处理。建筑公司宋经理，对职工安全教育不够，忽视安全生产，施工现场管理不善，负有直接领导责任。给予经济处罚，并通报批评。

五、特大火灾事故

事故十九（新中国第一大火灾：克拉玛依特大火灾）

1994年12月7日，新疆维吾尔自治区教委“义务教育与扫盲评估验收团”一行25人到克拉玛依市检查工作。12月8日16时，克拉玛依教委组织15所中、小学15个规范班（每所学校组织最漂亮的40多名学生歌舞队），全市最漂亮的能歌善舞的中小学生及教师家长796人在友谊馆剧场为检查团举办“专场文艺演出”。

现场气氛热烈，欢歌笑语。18 时 20 分左右，舞台正中偏后北侧上方倒数第二道光柱灯（1 kW）烤燃纱幕起火，坐在前排的人们闻到了一股淡淡的焦糊味道。很多人当时并不以为然，认为仅仅是一个不和谐的小插曲而已，演出还在继续进行。由于电工被派出差，火情没有及时处理，迅速蔓延至剧厅，火势越来越猛，产生大量有毒、有害气体。而通往剧场的七个安全门，仅开一个。一分钟后火势迅速蔓延，电线短路，所有灯光瞬间完全熄灭，高高的幕布带着火苗向人们砸来。人们混乱了，生存的本能开始让人们疯狂逃窜。友谊馆内浓烟滚滚，到处都是火光，人们的衣服被烤焦了，头发被灼热了，没有办法呼吸。他们就着火光疯狂地冲向各个门口，前仆后继，前面的人倒下去，后面的人继续向前。然而大部分的人们失望了。断电后不久，原本开着的卷帘门突然掉落下来，而此时其他几个供人逃生的安全门全都死死关闭着，掌管钥匙的工作人员也不知道去向。此时的友谊馆变成了一个完全封闭的大火炉。仅仅过了二十几分钟，一切都结束了。

323 人死亡，132 人烧伤致残（注，另有一说：死 325 人，伤 136 人；此处采用法院判决书的数字）；死者中有 288 人是天真美丽可爱的中小学生。直接经济损失 3 800 余万元。

1994 年 12 月 10 日克拉玛依市人民检察院对 14 名被告人分别以重大责任事故罪、玩忽职守罪立案侦查。1995 年 5 月 30 日向克拉玛依市中级人民法院提起公诉。立案侦查证实这起特大火灾的发生是由于上述被告严重违反规章制度，工作严重不负责任，玩忽职守造成，分别以重大责任事故罪和玩忽职守罪判处 14 人 4 ~ 7 年的有期徒刑。

事故二十（河南洛阳东都商厦特大火灾）

2000 年 12 月 25 日，河南省洛阳东都商厦发生特大火灾事故，造成 309 人死亡，7 人受伤，直接经济损失 275 万元。12 月 25 日 20 时许，为封闭楼梯两侧扶手穿过钢板处留有两个小方孔，东都分店负责人王某（台商）指使该店员工王某和宋某、丁某将一小型电焊机从东都商厦四层抬到地下一层大厅，并安排王某（无焊工资质证）进行电焊作业，未作任何安全防护方面的交代。王某施焊中也没有采取任何防护措施，电焊火花从方孔溅入地下二层可燃物上，引燃地下二层的绒布、海绵床垫、沙发和木制家具等可燃物品。

王某等人发现后，用室内消火栓的水枪从方孔向地下二层射水灭火，在不能扑灭的情况下，既未报警也没有通知楼上人员便逃离现场，并订立攻守同盟。正在商厦办公的东都商厦总经理李某以及为开业准备商品的东都分店员工见势迅速撤离，也未及时报警和通知四层娱乐城人员逃生。

随后，火势迅速蔓延，产生的大量一氧化碳、二氧化碳、含氰化合物等有毒烟雾，顺着东北、西北角楼梯间向上蔓延（地下二层大厅东南角楼梯间的门关闭，西南、东北、西北角楼梯间为铁栅栏门，着火后，西南角的铁栅栏门进风，东北、西北角的铁栅栏门过烟不过人）。由于地下一层至三层东北、西北角楼梯与商场采用防火门、防火墙分隔，楼梯间形成烟囱效应，大量有毒高温烟雾通过楼梯间迅速扩散到四层娱乐城。由于东北角的楼梯被烟雾封堵，其余的 3 部楼梯被上锁的铁栅栏堵住，人员无法通行，仅有少数人员逃到靠外墙的窗户处获救，其余 309 人中毒窒息死亡，其中男 135 人，女 174 人。

“12 · 25” 特大火灾是由于东都分店违法筹建及施工，施焊人员违章作业，东都商厦长期存在重大火灾隐患拒不整改，东都娱乐城无照经营、超员纳客，政府有关部门监督管理不力而导致的一起重大责任事故。

司法机关对 3 人以涉嫌放火罪，对 12 人以涉嫌包庇罪，对 7 人以涉嫌玩忽职守罪，对 2 人以涉嫌滥用职权罪予以逮捕并追究刑事责任。对东都商厦副总经理、东都商厦党委书记、洛阳市相关党政领导给予了党纪政纪处分，建议给予河南省主管消防安全工作的副省长行政警告处分。

事故二十一（吉林市中百商厦特大火灾）

2004 年 2 月 15 日，吉林省吉林市中百商厦发生一起特大为灾事故，造成 54 人死亡，70 人受伤，直接财产损失 426 万多元。中百商厦伟业电器行员工于某在事发当日向 3 号库房送纸板时，将正在抽的香烟掉落在库房中，未予熄灭就离去，香烟引燃地面上的纸屑、纸板等可燃物，致使库房起火燃烧，并蔓延到商厦，造成特大火灾事故。

中百商厦没有严格执行《消防法》关于法人单位逐级落实消防安全责任制和岗位消防安全责任制的有关规定；违章将商厦北墙外的自行车棚改建成简易仓库后，没有落实消防部门下达的对商厦北墙相邻简易仓库的窗户进行封堵的限期整改通知要求；超范围租赁经营舞厅项目，且忽视对该舞厅的消防安全管理；发生火灾后，安全保卫人员没有组织商厦三、四层的人员疏散，有关人员没有及时报警。

经调查认定，吉林市中百商厦“2 · 15”特大火灾事故是一起责任事故。

事故二十二（新中国医疗卫生系统第一大火灾：辽源市中心医院特大火灾）

2005 年 12 月 15 日 16 时 58 分，吉林省辽源市最大的医院——中心医院发生火灾，住院楼发生火灾，经过消防官兵的奋力扑救，及时救出 150 余名被困人员，大火于 21 时 20 分被扑灭，死亡 40 人。在这场火灾中，过火面积达 5 000 多平方米。这是新中国成立以来，全国医疗卫生系统发生的最大的火灾事故。

事发当日 16 时 30 分左右，辽源市中心医院突然停电，按照医院的电路设计，如果停电，变电箱电闸会自动跳到副闸，继续维持医院正常供电，但当时电闸并没有自动跳闸，而电工班班长张殿坤在未查明停电原因的情况下强行送电导致火灾发生。

当时冒烟的地下电缆线，十几根电缆杂乱无章地缠在一起，而像这样的电缆应该非常整齐地平铺放置，并要设置防火层。

因此，辽源市纺织公司电气安装队队长、辽源电业局退休干部（高级工程师）孙某、辽源市中心医院退休职工后返聘人员金某 3 人也因涉嫌重大责任事故罪被起诉，追究刑事责任。

六、知名特大事故

事故二十三（新中国第一大起重事故：“7 · 17”龙门起重机吊装主梁过程倒塌事故）

2001 年 7 月 17 日上午 8 时许，在沪东中华造船（集团）有限公司船坞工地，由上海电力建筑工程公司等单位承担安装的 600 t × 170 m 龙门起重机在吊装主梁过程中发生倒塌事故。事故造成 36 人死亡，2 人重伤，1 人轻伤。死亡人员中，电建公司 4 人，机器人中心 9 人（其中有副教授 1 人，博士后 2 人，在职博士 1 人），沪东厂 23 人。事故造成经济损失约 1 亿元，其中直接经济损失 8 000 多万元。

造成事故的直接原因：在吊装主梁过程中，由于违规指挥、操作，在未采取任何安全保障措施情况下，放松了内侧缆风绳，致使刚性腿向外侧倾倒，并依次拉动主梁、塔架向同一侧倾坠、垮塌。电建公司第三分公司施工现场指挥张海平在发生主梁上小车碰到缆风绳需要更改施工方案时，违反吊装工程方案中关于“在施工过程中，任何人不得随意改变施工方案的作业要求，如有特殊情况进行调整必须通过一定的程序以保证整个施工过程安全”的规定，未按程序编制修改书面作业指令和逐级报批，在未采取任何安全保障措施的情况下，下令放松刚性腿内侧的两根缆风绳，导致事故发生。

事故教训是工程施工必须坚持科学的态度，严格按照规章制度办事，坚决杜绝有章不循、违章指挥、凭经验办事和侥幸心理。此次事故的主要原因是现场施工违规指挥所致，而施工单位在制订、审批吊装方案和实施过程中都未对沪东厂600 t龙门起重机刚性腿的设计特点给予充分的重视，只凭以往在大吨位门吊施工中曾采用过的放松缆风绳的“经验”处理这次缆风绳的干涉问题。对未采取任何安全保障措施就完全放松刚性腿内侧缆风绳的做法，现场有关人员均未提出异议，致使电建公司现场指挥人员的违规指挥得不到及时纠正。此次事故的教训证明，安全规章制度是长期实践经验的总结，是用鲜血和生命换来的，在实际工作中，必须进一步完善安全生产的规章制度，并坚决贯彻执行，以改变那种纪律松弛、管理不严、有章不循的情况。不按科学态度和规定的程序办事，有法不依、有章不循，想当然、凭经验、靠侥幸是安全生产的大敌。

今后在进行起重吊装等危险性较大的工程施工时，应当明确禁止其他与吊装工程无关的交叉作业，无关人员不得进入现场，以确保施工安全。

事故二十四（重庆涪陵“6·19”特大水上交通事故）

2003年6月19日7时57分，重庆三峡轮船股份有限公司所属的涪州10#客货轮与涪陵江龙船务有限公司（私营企业）所属的江龙806#货轮在重庆市涪陵区长江上游搬针沱水域（长江上游里程557.8 km）发生碰撞，涪州10#轮当即沉没，船上人员全部落水，造成27人死亡，25人失踪，直接经济损失296.6万元。

经调查认定，事故双方在突遇浓雾的情况下，冒险航行，未保持正规瞭望，违章操作，临危措施不当，是造成事故的直接原因。这是一起违章操作造成的责任事故。根据事故双方的过失程度及违规行为，涪州10#轮应负主要责任，江龙806#轮应负次要责任。

重庆三峡轮船股份有限公司对安全生产工作重视不够，公司的有关安全职能部门未能有效地履行职责，安全生产责任制落实不到位；未有效组织开展安全教育培训工作，船员安全意识不强；对船舶安全生产工作监督检查不力；未按照“四不放过”原则调查处理曾发生的生产安全事故，没有制订有效的防范措施，未能防止同类事故重复发生。

涪陵江龙船务有限公司安全管理水平低，安全管理制度不落实，未严格按安全管理体系的要求运行，对船员缺乏针对雾航情况的安全教育和培训，对新上岗的船员未能进行严格的岗前培训，船员的安全生产意识不强，缺乏有关水上安全生产的法律法规知识。

这次事故共查处相关责任人10人。其中：在事故中失踪免予追究责任的1人，移送司法机关依法追究刑事责任的1人，建议撤销党内外职务的1人，行政记大过1人，记过2人，行政警告1人，建议给予个人20万元罚款的3人。

事故二十五（中国石油天然气集团公司“12·23”井喷特大事故）

2003年12月23日21时57分，中国石油天然气集团公司四川石油管理局川东钻探公司钻井二公司川钻12队承钻的中国石油天然气股份有限公司西南油气田分公司川东气矿罗家16H井发生井喷事故，死亡243人，直接经济损失9 262.71万元。

经调查认定，由于严重违章操作，起钻前循环浆时间不够，起钻过程中灌浆不及时，灌入量不够，且在起钻过程中修理顶驱后没有下钻到底进行循环泥浆，从而导致井内液注压力降低，造成溢流。加之岗位无人观察，未能及时发现溢流而造成井喷。在本次钻井过程中，钻柱又未加装回压力阀，造成井喷失控。井内含有大量浓度较高的硫化氢有毒气体随空气迅速扩散，导致在短时间内造成大面积人员伤害。

钻井队在起钻前循环泥浆不够，起钻过程中灌泥浆不及时灌入量欠缺，修理顶驱后没有下钻到底循环，无人在泥浆罐上观察泥浆注入量和出口变化情况是引发这起特大井喷事故的直接原因。在气层中钻进时，违反了“从钻开油气层前到完钻作业结束必须始终在钻具上安装防喷工具”的要求，致使井喷时钻杆无法控制，使井喷演变成为井喷失控。

井喷失控后，钻井队处置工作混乱，组织人员撤离后，没有派专人监视井口喷势，检测井场有毒气体浓度，致使无法及时收集井口准确资料和确定最佳点火时机，没能及时点火，导致高含硫天然气扩散。同时，由于该井处于地势低洼地带，当地大气逆温层稳定，混合层低，无风、浓雾的气候，使空气中的硫化氢气体不易散发；井喷时处于夜晚，周边居民较多，又散居在山区，交通通讯极为不便。诸多不利条件，增加了逃生、疏散、搜救、抢险工作的难度，使井喷失控事故进一步扩大和恶化。

经过现场勘察、调查取证和技术分析，认定中石油川东钻探公司“12·23”井喷特大事故是一起责任事故。

事故二十六（中石油吉林石化公司双苯厂“11·13”爆炸污染事故）

2005年11月13日下午1点左右，中石油吉林石化公司双苯厂新苯胺装置发生数次爆炸，造成当班的6名工人中5人死亡、1人失踪，事故还造成60多人不同程度受伤。事故的有毒泄漏物苯流入工厂附近的松花江，造成该江大规模污染。因为污染严重，松花江沿岸，从吉林省到黑龙江省都发生大面积停止供水事件，哈尔滨市更是因此全城停水4天。污染物还对邻国俄罗斯的用水安全造成了威胁。

依据现场勘察、证人笔录、岗位操作记录等相关资料，事故调查组专家组经分析一致认为，中石油吉林石化公司双苯厂连环爆炸的直接原因是由于当班操作工停车时，疏忽大意，未将应关闭的阀门及时关闭，误操作导致进料系统温度超高，长时间后引起爆裂，随之空气被抽入负压操作的T101塔，引起T101塔、T102塔发生爆炸，随后致使与T101、T102塔相连的两台硝基苯储罐及附属设备相继爆炸，随着爆炸现场火势增强，引发装置区内的两台硝酸储罐爆炸，并导致与该车间相邻的55#灌区内的一台硝基苯储罐、两台苯储罐发生燃烧。

附录　国务院关于进一步加强企业安全生产工作的通知

国发〔2010〕23号

各省、自治区、直辖市人民政府，国务院各部委、各直属机构：

近年来，全国生产安全事故逐年下降，安全生产状况总体稳定、趋于好转，但形势依然十分严峻，事故总量仍然很大，非法违法生产现象严重，重特大事故多发频发，给人民群众生命财产安全造成重大损失，暴露出一些企业重生产轻安全、安全管理薄弱、主体责任不落实，一些地方和部门安全监管不到位等突出问题。为进一步加强安全生产工作，全面提高企业安全生产水平，现就有关事项通知如下：

一、总体要求

1. 工作要求。深入贯彻落实科学发展观，坚持以人为本，牢固树立安全发展的理念，切实转变经济发展方式，调整产业结构，提高经济发展的质量和效益，把经济发展建立在安全生产有可靠保障的基础上；坚持“安全第一、预防为主、综合治理”的方针，全面加强企业安全管理，健全规章制度，完善安全标准，提高企业技术水平，夯实安全生产基础；坚持依法依规生产经营，切实加强安全监管，强化企业安全生产主体责任落实和责任追究，促进我国安全生产形势实现根本好转。

2. 主要任务。以煤矿、非煤矿山、交通运输、建筑施工、危险化学品、烟花爆竹、民用爆炸物品、冶金等行业（领域）为重点，全面加强企业安全生产工作。要通过更加严格的目标考核和责任追究，采取更加有效的管理手段和政策措施，集中整治非法违法生产行为，坚决遏制重特大事故发生；要尽快建成完善的国家安全生产应急救援体系，在高危行业强制推行一批安全适用的技术装备和防护设施，最大程度减少事故造成的损失；要建立更加完善的技术标准体系，促进企业安全生产技术装备全面达到国家和行业标准，实现我国安全生产技术水平的提高；要进一步调整产业结构，积极推进重点行业的企业重组和矿产资源开发整合，彻底淘汰安全性能低下、危及安全生产的落后产能；以更加有力的政策引导，形成安全生产长效机制。

二、严格企业安全管理

3. 进一步规范企业生产经营行为。企业要健全完善严格的安全生产规章制度，坚持不安全不生产。加强对生产现场监督检查，严格查处违章指挥、违规作业、违反劳动纪律的“三违”行为。凡超能力、超强度、超定员组织生产的，要责令停产停工整顿，并对企业和企业主要负责人依法给予规定上限的经济处罚。对以整合、技改名义违规组织生产，以及规定期限内未实施改造或故意拖延工期的矿井，由地方政府依法予以关闭。要加强对境外中资企业安全生产工作的指导和管理，严格落实境内投资主体和派出企业的安全生产监督责任。

4. 及时排查治理安全隐患。企业要经常性开展安全隐患排查，并切实做到整改措施、责任、资金、时限和预案“五到位”。建立以安全生产专业人员为主导的隐患整改效果评价制度，确保整改到位。对隐患整改不力造成事故的，要依法追究企业和企业相关负责人的责任。对停产整改逾期未完成的不得复产。

5. 强化生产过程管理的领导责任。企业主要负责人和领导班子成员要轮流现场带班。煤矿、非煤矿山要有矿领导带班并与工人同时下井、同时升井，对无企业负责人带班下井或该带班而未带班的，对有关责任人按擅离职守处理，同时给予规定上限的经济处罚。发生事故而没有领导现场带班的，对企业给予规定上限的经济处罚，并依法从重追究企业主要负责人的责任。

6. 强化职工安全培训。企业主要负责人和安全生产管理人员、特殊工种人员一律严格考核，按国家有关规定持职业资格证书上岗；职工必须全部经过培训合格后上岗。企业用工要严格依照劳动合同法与职工签订劳动合同。凡存在不经培训上岗、无证上岗的企业，依法停产整顿。没有对井下作业人员进行安全培训教育，或存在特种作业人员无证上岗的企业，情节严重的要依法予以关闭。

7. 全面开展安全达标。深入开展以岗位达标、专业达标和企业达标为内容的安全生产标准化建设，凡在规定时间内未实现达标的企业要依法暂扣其生产许可证、安全生产许可证，责令停产整顿；对整改逾期未达标的，地方政府要依法予以关闭。

三、建设坚实的技术保障体系

8. 加强企业生产技术管理。强化企业技术管理机构的安全职能，按规定配备安全技术人员，切实落实企业负责人安全生产技术管理负责制，强化企业主要技术负责人技术决策和指挥权。因安全生产技术问题不解决产生重大隐患的，要对企业主要负责人、主要技术负责人和有关人员给予处罚；发生事故的，依法追究责任。

9. 强制推行先进适用的技术装备。煤矿、非煤矿山要制定和实施生产技术装备标准，安装监测监控系统、井下人员定位系统、紧急避险系统、压风自救系统、供水施救系统和通信联络系统等技术装备，并于3年之内完成。逾期未安装的，依法暂扣安全生产许可证、生产许可证。运输危险化学品、烟花爆竹、民用爆炸物品的道路专用车辆，旅游包车和三类以上的班线客车要安装使用具有行驶记录功能的卫星定位装置，于2年之内全部完成；鼓励有条件的渔船安装防撞自动识别系统，在大型尾矿库安装全过程在线监控系统，大型起重机械要安装安全监控管理系统；积极推进信息化建设，努力提高企业安全防护水平。

10. 加快安全生产技术研发。企业在年度财务预算中必须确定必要的安全投入。国家鼓励企业开展安全科技研发，加快安全生产关键技术装备的换代升级。进一步落实《国家中长期科学和技术发展规划纲要(2006—2020年)》等，加大对高危行业安全技术、装备、工艺和产品研发的支持力度，引导高危行业提高机械化、自动化生产水平，合理确定生产一线用工。“十二五”期间要继续组织研发一批提升我国重点行业领域安全生产保障能力的关键技术和装备项目。

四、实施更加有力的监督管理

11. 进一步加大安全监管力度。强化安全生产监管部门对安全生产的综合监管，全面落实公安、交通、国土资源、建设、工商、质检等部门的安全生产监督管理及工业主管部门的安全生产指导职责，形成安全生产综合监管与行业监管指导相结合的工作机制，加强协作，形成合力。在各级政府统一领导下，严厉打击非法违法生产、经营、建设等影响安全生产的行为，安全生产综合监管和行业管理部门要会同司法机关联合执法，以强有力措施查处、取缔非法企业。对重大安全隐患治理实行逐级挂牌督办、公告制度，重大隐患治理由省级安全生产监管部门或行业主管部门挂牌督办，国家相关部门加强督促检查。对拒不执行监管监察指令的企业，要依法依规从重处罚。进一步加强监管力量建设，提高监管人员专业素质和技术装备水平，强化基层站点监管能力，加强对企业安全生产的现场监管和技术指导。

12. 强化企业安全生产属地管理。安全生产监管监察部门、负有安全生产监管职责的有关部门和行业管理部门要按职责分工，对当地企业包括中央、省属企业实行严格的安全生产监督检查和管理，组织对企业安全生产状况进行安全标准化分级考核评价，评价结果向社会公开，并向银行业、证券业、保险业、担保业等主管部门通报，作为企业信用评级的重要参考依据。

13. 加强建设项目安全管理。强化项目安全设施核准审批，加强建设项目的日常安全监管，严格落实审批、监管的责任。企业新建、改建、扩建工程项目的安全设施，要包括安全监控设施和防瓦斯等有害气体、防尘、排水、防火、防爆等设施，并与主体工程同时设计、同时施工、同时投入生产和使用。安全设施与建设项目主体工程未做到同时设计的一律不予审批，未做到同时施工的责令立即停止施工，未同时投入使用的不得颁发安全生产许可证，并视情节追究有关单位负责人的责任。严格落实建设、设计、施工、监理、监管等各方安全责任。对项目建设生产经营单位存在违法分包、转包等行为的，立即依法停工停产整顿，并追究项目业主、承包方等各方责任。

14. 加强社会监督和舆论监督。要充分发挥工会、共青团、妇联组织的作用，依法维护和落实企业职工对安全生产的参与权与监督权，鼓励职工监督举报各类安全隐患，对举报者予以奖励。有关部门和地方要进一步畅通安全生产的社会监督渠道，设立举报箱，公布举报电话，接受人民群众的公开监督。要发挥新闻媒体的舆论监督，对舆论反映的客观问题要深查原因，切实整改。

五、建设更加高效的应急救援体系

15. 加快国家安全生产应急救援基地建设。按行业类型和区域分布，依托大型企业，在中央预算内基建投资支持下，先期抓紧建设7个国家矿山应急救援队，配备性能可靠、机动性强的装备和设备，保障必要的运行维护费用。推进公路交通、铁路运输、水上搜救、船舶溢油、油气田、危险化学品等行业（领域）国家救援基地和队伍建设。鼓励和支持各地区、各部门、各行业依托大型企业和专业救援力量，加强服务周边的区域性应急救援能力建设。

16. 建立完善企业安全生产预警机制。企业要建立完善安全生产动态监控及预警预报体系，每月进行一次安全生产风险分析。发现事故征兆要立即发布预警信息，落实防范和应急处置措施。对重大危险源和重大隐患要报当地安全生产监管监察部门、负有安全生产监管职责的有关部门和行业管理部门备案。涉及国家秘密的，按有关规定执行。

17. 完善企业应急预案。企业应急预案要与当地政府应急预案保持衔接，并定期进行演练。赋予企业生产现场带班人员、班组长和调度人员在遇到险情时第一时间下达停产撤人命令的直接决策权和指挥权。因撤离不及时导致人身伤亡事故的，要从重追究相关人员的法律责任。

六、严格行业安全准入

18. 加快完善安全生产技术标准。各行业管理部门和负有安全生产监管职责的有关部门要根据行业技术进步和产业升级的要求，加快制定修订生产、安全技术标准，制定和实施高危行业从业人员资格标准。对实施许可证管理制度的危险性作业要制定落实专项安全技术作业规程和岗位安全操作规程。

19. 严格安全生产准入前置条件。把符合安全生产标准作为高危行业企业准入的前置条件，实行严格的安全标准核准制度。矿山建设项目和用于生产、储存危险物品的建设项目，应当分别按照国家有关规定进行安全条件论证和安全评价，严把安全生产准入关。凡不符合安全生产条件违规建设的，要立即停止建设，情节严重的由本级人民政府或主管部门实施关闭取缔。降低标准造成隐患的，要追究相关人员和负责人的责任。

20. 发挥安全生产专业服务机构的作用。依托科研院所，结合事业单位改制，推动安全生产评价、技术支持、安全培训、技术改造等服务性机构的规范发展。制定完善安全生产专业服务机构管理办法，保证专业服务机构从业行为的专业性、独立性和客观性。专业服务机构对相关评价、鉴定结论承担法律责任，对违法违规、弄虚作假的，要依法依规从严追究相关人员和机构的法律责任，并降低或取消相关资质。

七、加强政策引导

21. 制定促进安全技术装备发展的产业政策。要鼓励和引导企业研发、采用先进适用的安全技术和产品，鼓励安全生产适用技术和新装备、新工艺、新标准的推广应用。把安全检测监控、安全避险、安全保护、个人防护、灾害监控、特种安全设施及应急救援等安全生产专用设备的研发制造，作为安全产业加以培育，纳入国家振兴装备制造业的政策支持范畴。大力发展安全装备融资租赁业务，促进高危行业企业加快提升安全装备水平。

22. 加大安全专项投入。切实做好尾矿库治理、扶持煤矿安全技改建设、瓦斯防治和小煤矿整顿关闭等各类中央资金的安排使用，落实地方和企业配套资金。加强对高危行业企业安全生产费用提取和使用管理的监督检查，进一步完善高危行业企业安全生产费用财务管理制度，研究提高安全生产费用提取下限标准，适当扩大适用范围。依法加强道路交通事故社会救助基金制度建设，加快建立完善水上搜救奖励与补偿机制。高危行业企业探索实行全员安全风险抵押金制度。完善落实工伤保险制度，积极稳妥推行安全生产责任保险制度。

23. 提高工伤事故死亡职工一次性赔偿标准。从2011年1月1日起，依照《工伤保险条例》的规定，对因生产安全事故造成的职工死亡，其一次性工亡补助金标准调整为按全国上一年度城镇居民人均可支配收入的20倍计算，发放给工亡职工近亲属。同时，依法确保工亡职工一次性丧葬补助金、供养亲属抚恤金的发放。

24. 鼓励扩大专业技术和技能人才培养。进一步落实完善校企合作办学、对口单招、订单式培养等政策，鼓励高等院校、职业学校逐年扩大采矿、机电、地质、通风、安全等相关专业人才的招生培养规模，加快培养高危行业专业人才和生产一线急需技能型人才。

八、更加注重经济发展方式转变

25. 制定落实安全生产规划。各地区、各有关部门要把安全生产纳入经济社会发展的总体布局，在制定国家、地区发展规划时，要同步明确安全生产目标和专项规划。企业要把安全生产工作的各项要求落实在企业发展和日常工作之中，在制定企业发展规划和年度生产经营计划中要突出安全生产，确保安全投入和各项安全措施到位。

26. 强制淘汰落后技术产品。不符合有关安全标准、安全性能低下、职业危害严重、危及安全生产的落后技术、工艺和装备要列入国家产业结构调整指导目录，予以强制性淘汰。各省级人民政府也要制订本地区相应的目录和措施，支持有效消除重大安全隐患的技术改造和搬迁项目，遏制安全水平低、保障能力差的项目建设和延续。对存在落后技术装备、构成重大安全隐患的企业，要予以公布，责令限期整改，逾期未整改的依法予以关闭。

27. 加快产业重组步伐。要充分发挥产业政策导向和市场机制的作用，加大对相关高危行业企业重组力度，进一步整合或淘汰浪费资源、安全保障低的落后产能，提高安全基础保障能力。

九、实行更加严格的考核和责任追究

28. 严格落实安全目标考核。对各地区、各有关部门和企业完成年度生产安全事故控制指标情况进行严格考核，并建立激励约束机制。加大重特大事故的考核权重，发生特别重大生产安全事故的，要根据情节轻重，追究地市级分管领导或主要领导的责任；后果特别严重、影响特别恶劣的，要按规定追究省部级相关领导的责任。加强安全生产基础工作考核，加快推进安全生产长效机制建设，坚决遏制重特大事故的发生。

29. 加大对事故企业负责人的责任追究力度。企业发生重大生产安全责任事故，追究事故企业主要负责人责任；触犯法律的，依法追究事故企业主要负责人或企业实际控制人的法律责任。发生特别重大事故，除追究企业主要负责人和实际控制人责任外，还要追究上级企业主要负责人的责任；触犯法律的，依法追究企业主要负责人、企业实际控制人和上级企业负责人的法律责任。对重大、特别重大生产安全责任事故负有主要责任的企业，其主要负责人终身不得担任本行业企业的矿长（厂长、经理）。对非法违法生产造成人员伤亡的，以及瞒报事故、事故后逃逸等情节特别恶劣的，要依法从重处罚。

30. 加大对事故企业的处罚力度。对于发生重大、特别重大生产安全责任事故或一年内发生 2 次以上较大生产安全责任事故并负主要责任的企业，以及存在重大隐患整改不力的企业，由省级及以上安全监管监察部门会同有关行业主管部门向社会公告，并向投资、国土资源、建设、银行、证券等主管部门通报，一年内严格限制新增的项目核准、用地审批、证券融资等，并作为银行贷款等的重要参考依据。

31. 对打击非法生产不力的地方实行严格的责任追究。在所辖区域对群众举报、上级督办、日常检查发现的非法生产企业（单位）没有采取有效措施予以查处，致使非法生产企业（单位）存在的，对县（市、区）、乡（镇）人民政府主要领导以及相关责任人，根据情节轻重，给予降级、撤职或者开除的行政处分，涉嫌犯罪的，依法追究刑事责任。国家另有规定的，从其规定。

32. 建立事故查处督办制度。依法严格事故查处，对事故查处实行地方各级安全生产委员会层层挂牌督办，重大事故查处实行国务院安全生产委员会挂牌督办。事故查处结案后，要及时予以公告，接受社会监督。

各地区、各部门和各有关单位要做好对加强企业安全生产工作的组织实施，制订部署本地区本行业贯彻落实本通知要求的具体措施，加强监督检查和指导，及时研究、协调解决贯彻实施中出现的突出问题。国务院安全生产委员会办公室和国务院有关部门要加强工作督查，及时掌握各地区、各部门和本行业（领域）工作进展情况，确保各项规定、措施执行落实到位。省级人民政府和国务院有关部门要将加强企业安全生产工作情况及时报送国务院安全生产委员会办公室。

国务院

二〇一〇年七月十九日